AGRO CONS CIENTE

José Luiz Tejon Megido ○ Victor Megido ○ Marco Zanini ○ Sonia Chapman

AGRO CONS CIENTE

A revolução criativa tropical

ns

SÃO PAULO, 2023

AgroConsciente: a revolução criativa tropical
Copyright @ 2023 by José Luiz Tejon Megido
Copyright @ 2023 by Victor Megido
Copyright @ 2023 by Marco Zanini
Copyright @ 2023 by Sonia Karin Chapman
Copyright @ 2023 by Novo Século Editora

EDITOR: Luiz Vasconcelos
GERENTE EDITORIAL: Letícia Teófilo
COORDENAÇÃO EDITORIAL: Driciele Souza
PRODUÇÃO EDITORIAL: Érica Borges Correa
AUXILIAR EDITORIAL: Graziele Sales
ILUSTRAÇÕES DE MIOLO: Diego dos Santos
PREPARAÇÃO DE TEXTOS: Thiago Fraga
PROJETO GRÁFICO E DIAGRAMAÇÃO: 3Pontos Apoio Editorial
REVISÃO DE TEXTOS: Diego Franco Gonçales

Todas as marcas e empresas foram mencionadas nesta obra a título de estudo de caso. Elas pertencem exclusivamente aos seus respectivos detentores e representantes. Texto de acordo com as normas do Novo Acordo Ortográfico da Língua Portuguesa (1990), em vigor desde 1º de janeiro de 2009.

Dados Internacionais de Catalogação na Publicação (CIP)
Angélica Ilacqua CRB-8/7057

AgroConsciente: a revolução criativa tropical/José Luiz Tejon Megido...[et al]. – Barueri, SP: Novo Século Editora, 2023.
320 p.: il., color.

Bibliografia
ISBN 978-65-5561-667-5

1. Agronegócio – Brasil 2. SustentabilidadeI. Megido, José Luiz Tejon

23-4844   CDD 338.10981

Índice para catálogo sistemático:

1. Agronegócio- Brasil

GRUPO NOVO SÉCULO
Alameda Araguaia, 2190 – Bloco A – 11º andar – Conjunto 1111
CEP 06455-000 – Alphaville Industrial, Barueri – SP – Brasil
Tel.: (11) 3699-7107 | E-mail: faleconosco@gruponovoseculo.com.br
www.gruponovoseculo.com.br

BIOGRAFIA DOS AUTORES

Prof. Dr. José Luiz Tejon Megido

Doutor em Educação pela Universidade de La Empresa/Uruguai, Mestre em Educação, Arte e História da Cultura pela Universidade Mackenzie, Jornalista, Publicitário. Especializações em Harvard, Pace University e MIT – Estados Unidos e Insead – França. Coordenador Acadêmico do Master Science Food & Agribusiness Management da Audencia Business School em Nantes/França, Coordenador do Agribusiness Center da FECAP em São Paulo/Brasil, professor convidado da FGV in Company, FIA/USP e INSPER. Comentarista de agronegócio da Rádio Eldorado e Band Terra Viva. Articulista do *Estadão Agro on-line*, dentre outras mídias. Autor e coautor de 35 livros.

Victor Megido

Executive Master em Marketing & Sales pela SDA Bocconi, de Milão, e pela Esade Business School, de Barcelona. Mestre em Comunicação pela Università La Sapienza, de Roma.

Especialista na área de gestão da inovação, Victor Megido é associado à empresa TCAI – *Tejon Communication & Action Internacional*, onde atua com projetos de consultoria para o setor do agronegócio.

É responsável pelo desenvolvimento de negócios da Audencia Business School no Brasil. Foi diretor-geral da faculdade italiana Instituto Europeo di Design – IED Brasil – e Managing Director da agência de marketing e comunicação Armosia Brasil. Atuou também como executivo na área de marketing e comunicação da TIM Itália e TIM Brasil, assim como colaborou em Roma com o sociólogo italiano Domenico De Masi, um dos maiores especialistas mundiais na área de estudos da cultura e da criatividade para as organizações, com quem se especializou.

Curador e autor dos livros *A revolução do Design* e *Luxo for ALL*, publicados ambos no Brasil pela Editora Gente, *Brand Imagination* (Isedi) e *Le Nuove Terre Della Pubblicità* (Meltemi), publicados na Itália. Lecionou em universidades italianas como La Sapienza, Lumsa, Accademia del Lusso, IED Roma, Università Gregoriana, e em universidades brasileiras, como IED São Paulo, ESPM, FGV. Atualmente leciona em cursos executivos para empresas.

Marco Zanini
Trento, Itália 1954

Arquiteto, Designer, Sênior Partner de Sottsass Associati de 1980 a 2002, membro fundador de Memphis, movimento que revolucionou o Design Italiano dos anos 1980, fez centenas de projetos em 30 países de 4 continentes, de cristais de Murano a superyachts; de 2002 a 2007 morou no Panamá construindo o Liquid Jungle Lab, laboratório de pesquisa biológica e oceanográfica. Opera principalmente na área de inovação. Mora no Rio de Janeiro, onde foi diretor científico do Instituto Europeo de Design. Nos últimos anos está focado na aplicação do Design no Agronegócio Brasileiro.

Sonia Karin Chapman

Diretora da Chapman Consulting, Sonia Karin Chapman é Administradora de Empresas pela Fundação Armando Álvares Penteado, com especialização em Finanças. Especialista em Sustentabilidade pela University of Cambridge, onde também atua como mentora, auditora de Responsabilidade Social e Ambiental pela ABNT, jurada de prêmios de Sustentabilidade da ABF, FIESP, Enactus, Pacto Global e GS1; leciona Sustentabilidade & Marketing no MBA Internacional de Agronegócio da Audencia School (Nantes, França), onde também integra o Corporate Steering Committee. Iniciou sua carreira como Auditora Externa na Price Waterhouse, com uma carteira composta por empresas multinacionais. A partir de 1995, assumiu desafios locais e globais de Controlling, M&A, Integração e Marketing da área de negócio Agro da BASF, maior empresa química mundial. Presidente da Fundação Espaço ECO de 2007 a 2012, Organização da Sociedade Civil de Interesse Público, instituída para a promoção do Desenvolvimento Sustentável na América Latina. De 2013 a 2016 estruturou e geriu a área de Relacionamento com Entidades em Sustentabilidade da Braskem. Desde 2017 é Diretora Executiva da Rede Empresarial Brasileira de Avaliação de Ciclo de Vida (Rede ACV).

"O Brasil tem o exemplo para todo cinturão tropical do planeta Terra, somos uma segurança genética e de vida para toda a humanidade."

Ney Bittencourt de Araújo

"Depois de copiar o modelo europeu por 450 anos e o modelo americano por 50, agora que ambos estão em crise e ainda não há um novo para substituí-lo, chegou a hora de o Brasil propor um modelo para o mundo... e a melhor coisa que um brasileiro pode fazer é ser totalmente brasileiro. Ser totalmente brasileiro significa ser solidário, ser alegre, em resumo, ser otimista em relação à existência. Apreciar e valorizar, acima de tudo, a diversidade de raças, diversidade cultural, diversidade de gêneros, que são as suas grandezas. Esses são os aspectos que eu mais aprecio, acima de tudo, e pelos quais digo que vocês podem ser um modelo para o mundo."

Domenico De Masi

Agradecimentos

Os autores agradecem a todos os stakeholders atuantes no setor do agronegócio, sem os quais este livro não poderia existir. ABAG, Abia, Sistema OCB, Conab, MAPA, Embrapa, estudos da FGV e PUC-SP, Rede ACV, FAO, ONU, Conectar Agro, Abras, Abrapa, Ital – Instituto de Tecnologia de Alimentos, ANDAV, CCAS – Conselho Científico do Agro Sustentável, CNA – Confederação Nacional da Agropecuária, FAESP – Federação da Agricultura do Estado de São Paulo, Anefac Agro – Associação Nacional dos Executivos, Pensa FIA, CNMA – Congresso Nacional das Mulheres do Agronegócio, Sebrae, Senar, Sescoop – Serviço Nacional de Aprendizagem do Cooperativismo, entre outros, foram as fontes e referências usadas e que nos ajudam a trazer uma provocação para o setor nesta década. A nossa visão de coautoria conjuga diferentes perspectivas de outros estudiosos também citados no livro. Essa é a força dialógica que nos permite debater e promover novas perspectivas.

Agradecemos às empresas que citamos neste livro, todas consideradas casos de sucesso que nos ajudam a trazer boas referências para o crescimento do setor.

Agradecemos ao nosso editor, Elias Awad, e a todo o time, por acreditar no projeto.

Obrigado, Roberto Rodrigues, pelo prefácio e por nos ter inspirado sobre o desafio do setor de crescimento da meta do trilhão; obrigado, Marcio Lopes, pelo direcionamento quando fala do design da prosperidade; e obrigado a Luiz Antonio Pinazza, pelo apoio e releitura crítica deste livro.

Sumário

Prefácio 17
    Agro é paz 17

Introdução: uma visão dos quatro autores 21
    Agribusiness é AgroConsciente 21
    Inovação em contextos complexos 32
    O design estratégico para o agronegócio 40
        Pessoas 42
        Execução 43
        Humanismo..43
        Experiência e energia 44
        Mindset (mentalidade) 44
        Ser global 45
        Métodos 46
        Ritmos e tempo 47
        Criatividade...47
    O desafio do desenvolvimento sustentável 49
        Pensamento de ciclo de vida 53
        Orientação intercultural 53
        Comunicação interpessoal e colaboração............................54
        Foco no cliente e inovação 54

Materialidade 54
Nota dos autores 57

1. **Agronegócio** 61
   1.1 O cenário: do bilhão ao trilhão de dólares, a meta mandatória para um Brasil AgroConsciente 61
   O plano do trilhão pede um novo agronegócio 64
   Capitalismo Consciente 68
   Agronegócio: perspectivas 68
   Mapa conceitual do agronegócio no Brasil 70
   Geopolítica e cenário 70
   O agronegócio como a "grande" indústria do Brasil 72
   O agronegócio como bioeconomia 73
   Concluindo 88

2. **Modelo de gestão e marketing** 91
   2.1 Um modelo de gestão, marketing e comunicação para o food system 91
   2.2 Marketing tem fórmula 95
   Os preconceitos moldam a percepção da realidade 99
   2.3 Comunicação tem fórmula 104
   Comunicação não é sinônimo de marketing 108
   Quais são os problemas que a comunicação pode ajudar a resolver? 113
   Qual o antídoto para a vaidade e a soberba? 117
   Perigos da obsolescência programada 121
   2.4 Uma comunicação falha 123
   2.5 O atraso cultural 129
   2.6 Cultura da inovação para o agro 134
   2.7 Por que o agronegócio é tão importante para o Brasil e para todos os países do mundo? 138

3. **Inovação AgroConsciente guiada pelo Design Thinking** 143
   3.1 O que é inovação guiada pelo design? 143
   3.2 O que é Design Thinking? 144
   3.3 Inovação guiada pelo design para a meta do trilhão 148

3.4 O pensamento inovador 165
3.5 O desafio da liderança sistêmica está na atitude 168
3.6 Capturar o valor potencial da inovação tecnológica 169
3.7 Os intérpretes da plataforma e o Design Thinking 173
3.8 Geração de valor AgroConsciente: o Canvas de modelo de
    negócios de três camadas..177

4. Sem bola de cristal... AgroConsciente é o caminho..................... 185
   4.1 E o futuro? 185
       Long term drivers 187
       Metas quantificáveis 188
       Como o Design Thinking nos levará até 2030? 188
       Uma visão comercial, fora da porteira....................................189
       Como ampliar os fatores controláveis.....................................190
   4.2 Transformação digital 193
       Digitalizando o agronegócio 201
       Jogar no lixo informação "um dia será proibido".................205
   4.3 A importância da economia circular – lixo vira luxo.............212
       A compensação ambiental versus a prevenção e a mitigação...218
       Sustentável, inclusivo e acessível...224
       A natureza que gera valor – Amazônia, quanto vale? 225
       Amazônia, na realidade como no metaverso, é um plano
           de futuro de longo prazo..227
       Quais são os desafios da Amazônia Legal?.................................229

5. Food system..235
   5.1 Um novo food system 242
   5.2 Autorrealização através do consumo consciente 251
   5.3 O modelo plataforma 260
   5.4 O design da prosperidade 270
       Alavancar o "know-how" cooperativo....................................275
   5.4 Empresas AgroConscientes 279
       Cacau virou luxo acessível 279
       A uva que faz história...281
       O algodão sustentável 283
       O plástico e a borracha que conquistam as passarelas...............288

O couro sustentável que vira indústria 292
O lixo que vira luxo 297
5.5 A lei do mínimo da inovação nas organizações, um resumo....299

Conclusão 303
Por isso, AgroConsciente é uma revolução criativa tropical.............304

Apêndice 1: E o NOSSO Brasil? 309
Fazer negócios com encantamento, com poesia.............................312

Apêndice 2: Um modelo de marketing sistêmico 315

Bibliografia..317

Prefácio

Agro é paz

Na irresistível marcha da humanidade em busca da descarbonização de sistemas produtivos – ou a transição da economia tradicional para a economia verde – há três temas debatidos diariamente em eventos realizados em todos os continentes, e que se destacam sobre outros: a segurança alimentar, a segurança energética e as mudanças climáticas.

Segurança alimentar não é uma mera expressão idiomática que habita discursos de todo tipo de pensadores: é a única garantia de estabilidade política e social de uma Nação. Um povo com fome derruba seu governo. Isso explica a ansiedade de governantes de países que não são autossuficientes na produção de comida quando a pandemia do covid-19 explodiu em março de 2020: correram ao mercado para se garantirem. Mas encontraram estoques baixos em termos históricos, o que levou os preços de grãos e proteínas a dobrarem em dólares, causando uma irrefreável inflação dos alimentos. Esse desastre afetou todo mundo: inflação universal. Que foi acompanhada pela perda de poder aquisitivo das populações de baixa renda em função do desemprego trazido pelo rompimento das cadeias de produção. Uma tragédia! Solução para isso é só uma: choque de oferta de comida. Cientes disso, governos e produtores se apressaram a aumentar a área de plantio, o que demandou mais insumos, como fertilizantes, defensivos agrícolas, sementes, máquinas etc. Pela mesma razão (rompimento das cadeias), não havia insumo para atender todo mundo, e seus preços também subiram, aumentando os custos de produção. Neste impasse estamos ainda mergulhados. Tanto que nos países desenvolvidos foi até autorizado o uso de áreas de "pousio" para produção de comida.

Já a questão energética se precipitou com a guerra na Ucrânia, que se supunha breve, mas se estendeu além das previsões mais pessimistas. Embargos europeus contra a Rússia levaram a uma redução da oferta de gás russo à Europa. Além do aumento de preços, a ameaça de falta de calefação no inverno levou governos europeus a reduzirem provisoriamente a preocupação com o meio ambiente, e a voltarem a queimar carvão e óleo em termoelétricas fechadas há anos. E de novo a emergência energética suspendeu por algum tempo a prioridade climática.

Como fica o Brasil nesse cenário? Fica numa posição privilegiada, e que passa pela agropecuária e o agronegócio.

Sobre o tema alimentar, nossa posição é extraordinária e muitos são os números que o provam. Por exemplo: demoramos 500 anos para produzir 100 milhões de toneladas de grãos, o que só aconteceu em 2001. Foi um sucesso. Mas apenas 14 anos depois, em 2015, chegamos ao dobro, 200 milhões de toneladas. E em 2023, ou 8 anos depois, vamos superar 300 milhões, segundo previsão do Ministério da Agricultura.

E tem mais: de 1990 para cá, a área plantada com grãos cresceu 103%, e a produção aumentou 441%, ou 4 vezes mais. Tecnologia tropical desenvolvida aqui mesmo por empresas públicas e privadas, universidades e instituições de pesquisa. E sustentável: hoje são cultivados 77 milhões de hectares com grãos. Mas se a produtividade por área fosse a mesma de 1990, seriam necessários mais 126 milhões de hectares para colher estas 300 milhões de toneladas. Em outras palavras: nossa tecnologia evitou o desmatamento de 126 milhões de hectares. Esses aumentos espetaculares de produtividade se repetem em todas as atividades agrícolas ou pastoris.

Por outro lado, nossa matriz energética é 44% renovável, enquanto a porcentagem global está em 15%. Mais importante: 16% da nossa matriz energética vem do agro, com os biocombustíveis (etanol de cana e de milho, biodiesel de soja, de palma ou de sebo bovino), com a cogeração de eletricidade nas indústrias sucroalcooleiras, e com a produção de metano em granjas de frangos e suínos em biodigestores. O etanol de cana emite apenas 11% do CO_2 emitido pela gasolina, e o biodiesel de soja só 20% do que emite o diesel fóssil. E tem muito mais: temos mais de 10 milhões de hectares plantados com florestas para uso em caldeiras de siderúrgicas, tudo renovável[1].

---

1 Fonte: 2023, Roberto Rodrigues em entrevista: https://www.brasilagro.com.br/conteudo/ceu-e-o-limite-para-o-agro-mas-e-preciso-enfrentar-bandidos-que-desmatam.html.

Por último, quanto ao complexo tema das mudanças climáticas, o Brasil é uma potência ambiental com poderosa influência nisso: ainda temos 66,3% de nosso território ocupado por vegetação nativa, só 9% cultivados com todas as plantas (de alface a eucalipto) e mais 21,2% com pastagem, que vem sendo transformada em novas áreas de geração de alimentos através do revolucionário Sistema de Produção chamado Integração lavoura/pecuária/floresta. Tudo isso coloca o Brasil numa posição privilegiada perante os três grandes assuntos globais da atualidade.

Podemos ser grandes exportadores de alimentos e energia. Mas muito mais do que isso: o crescimento da oferta desses produtos vai se dar no cinturão tropical do planeta, onde estão toda a América Latina, a África subsaariana e boa parte da Ásia. Podemos exportar tecnologia, equipamentos, legislações, tudo o que aprendemos e desenvolvemos com eficiência nos últimos trinta anos. Ou seja, o Brasil pode liderar um grande programa mundial de segurança alimentar e energética, tudo de forma sustentável.

Para isso, precisamos de uma estratégia integral, em que governo e setor privado se articulem com o objetivo de tornar o país um ator fundamental nesses pontos. Essa estratégia tem algumas prioridades evidentes. Uma delas é um amplo programa de infraestrutura e logística que reduza o custo de transporte da produção rural para os centros de consumo e dos portos. E isso terá que ser feito através de PPP, as parcerias público-privadas.

Outra é uma política comercial de resultados, buscando acordos comerciais com grandes países consumidores, o que garantirá a condição de crescimento agroindustrial. Uma política de renda rural é necessária, tendo em vista o funcionamento pleno de um seguro rural digno do setor. Isso atrairá o sistema financeiro privado, aliviando a pressão sobre os bancos públicos.

Absolutamente fundamental é o apoio vigoroso para pesquisa e inovação tecnológica, sem o que não haverá futuro. E a assistência técnica e extensão rural devem se somar ao assunto.

Defesa sanitária é outro ponto basilar, assim como o apoio incondicional às cooperativas agropecuárias e de crédito, únicas instituições capazes de incluir no mercado os milhões de pequenos produtores que ainda fazem uma agricultura de subsistência.

E todo esse pacote tem obrigatoriamente de ser embalado em sustentabilidade, hoje condição primeira para competitividade. E que se obtém com tecnologia. Mas também temos que eliminar ilegalidades que mancham a imagem positiva do agro. Desmatamento ilegal, invasão de terra, garimpo clandestino, incêndio criminoso: questões inaceitáveis e que devem ser definitivamente varridas do cenário interno. Para tanto, pontos como a regularização fundiária e a implantação do nosso rigoroso Código Florestal são prioritários.

Mas nada funcionará se não houver uma ampla articulação entre o campo e a cidade, o rural e o urbano, como já acontece nos países desenvolvidos, com a sociedade bem-organizada. O campo não existe sem a cidade, e esta perecerá sem aquele, ambos são gêmeos siameses e precisam reciprocamente um do outro. Essa integração é a base do sucesso de qualquer estratégia.

Cumpridos todos esses requisitos, o Brasil aumentará espetacularmente sua produção sustentável gerando riqueza e renda para todos os brasileiros; terá sua verdadeira imagem revelada e será sem dúvida o grande campeão mundial da segurança alimentar e, por conseguinte, o campeão mundial da paz; porque não haverá paz onde houver fome.

ROBERTO RODRIGUES,
Presidente da Academia Brasileira de Ciências Agronômicas – ABCA, ex-ministro da Agricultura, Pecuária e Abastecimento.

Introdução: uma visão dos quatro autores

Agribusiness é AgroConsciente

"Índias!" Imagino que Cristóvão Colombo tenha gritado assim quando estava chegando à ilha de San Salvador e declarando o achamento daquilo que ele considerava ser uma nova rota para as Índias. As novas terras do novo mundo, em contrapartida, foram atribuídas como nome e homenagem a outro navegante. Américo Vespúcio, anos depois, em 1501, navegou pela costa da América do Sul e, ao contrário de Colombo, afirmou estar em um novo lugar, e não na Ásia. Em 1507, Américo Vespúcio foi a inspiração para o nome do novo continente, por ter sido o primeiro a afirmar e a divulgar – com base nas descrições feitas durante sua viagem – que as terras que Colombo havia alcançado pertenciam a um novo continente. O cartógrafo alemão Martin Waldseemüller teve acesso aos escritos de Vespúcio sobre o Novo Mundo, atribuindo a ele o nome de América.

Eis aqui a primeira provocação: Colombo encontrou a América, e o continente não recebeu o nome Colômbia.

Assim, já iniciamos um mergulho nos princípios do *fight for perceptions* que este livro pretende suscitar. Colombo achou, mas foi o navegador Américo Vespúcio quem entendeu, comunicou e promoveu tal achamento. Por isso, realidade percebida se torna realidade. Realidade despercebida, por sua vez, perde a paternidade. Ao todo, Colombo realizou quatro viagens à América. Entretanto, nunca reconheceu que havia chegado a um novo continente e morreu acreditando ter chegado à Ásia.

Não se trata somente de "inovar", mas de gerar valor. Colombo foi para a sua época um verdadeiro desbravador, inovador. O que podemos aprender com ele? Colombo não foi contratado por uma alta liderança iluminada para descobrir novas rotas, nem participou de concorrências para projetos de inovação. Colombo passou a década de 1480 inteira à procura de financiamento real. Durante esse período, ele falou com todos. Apresentou sua ideia a dom João II, rei de Portugal, mas a proposta foi questionada por outros especialistas do assunto que aconselhavam o rei, e o pedido de financiamento foi negado. Falou com Isabel de Castela e com Fernando de Aragão; houve interesse, porém a prioridade era derrotar os mouros instalados em Granada. Em seguida, Colombo novamente procurou o apoio de Portugal, mas foi rejeitado igualmente. Buscou, ainda, apoio de Henrique VII, rei da Inglaterra, e também teve o pedido negado. Então começou a trocar correspondências com a França, e, quando cogitava ir para lá, a fim de conquistar o apoio do rei francês, foi convidado para uma nova audiência com os reis católicos. Nesta, os reis espanhóis acharam as suas exigências muito altas e resolveram dispensá-lo; no entanto, por intermédio de Diego de Deza, finalmente conseguiu o que queria.

Podemos aprender com Colombo (deixando claro que não queremos trazer este exemplo como uma lição de moral e sim somente pelo exemplo contextualizado em sua época histórica) o que neste livro chamaremos de dialógica e Design Thinking para gerar convergência em torno de propósitos comuns. E, também, aprender o que é marketing e venda consuntiva. Mas, sobretudo, que não basta realizar, implementar. Precisamos ter lucidez para compreender – durante o processo – aquilo que estamos realizando, pois as coisas estão sempre em movimento. "Empresas excelentes não acreditam em excelência – só em constante melhora e constante mudança", é a célebre frase de Tom Peters. É necessária muita disciplina de gestão para preservar valor. Podemos aprender com Vespúcio a importância da observação, e com Colombo, os perigos causados pelo preconceito, pela força do hábito, vieses cognitivos. Por exemplo, Colombo tinha uma certeza absoluta que o cegou perante aos fatos reais.

Aprendemos, inclusive, que as coisas partem sempre de nossas intenções, das escolhas que fazemos. E a primeira escolha é se queremos dialogar, divergir para convergir, ter resultados efetivos, ou se queremos ter a razão (a razão dos tolos).

Nesse sentido, temos alguns bons exemplos. A Associação Brasileira do Agronegócio (ABAG), em recente congresso, discutiu sobre a integração para prosperar. A Organização das Cooperativas Brasileiras (OCB), em estudo realizado em 2021, lançou o desafio do design da prosperidade. No Congresso Nacional das Mulheres do Agronegócio (CNMA) e do Youth Agribusiness Movement International (YAMI), promovida pelo grupo Transamérica, da qual sou curador, aplicamos dinâmicas de Design Thinking entre todos os stakeholders e participantes do evento, para, a partir do diálogo, compreender mais e melhor as diferentes perspectivas, preocupações, pautas e, assim, dentre tantas divergências naturais, conseguir encontrar pontos de convergência a partir dos quais poder iniciar um projeto comum de futuro, e assim poder prototipar novas rotas para o setor do agronegócio. Falaremos mais desse método da dialógica quando tratarmos do Design Thinking neste livro. Além disso, muitas outras importantes organizações do setor com as quais convivo direta e indiretamente discutem sobre integrar para agregar, confluir e conviver. O desafio de todas elas é aproximar pautas, reforçar posições, agilizar ações, gerar valor potencializando os ativos ou, como gostamos de dizer, "elevando à potência" ativos. Mas por que é tão importante integrar? Para gerar mais competitividade, proatividade, atrativos ou, oportunidades e confiança entre stakeholders. Qual o resultado desse agir sistêmico? Ao agir sistematicamente para alcançar esses objetivos, nos orquestramos para preservar, também, a soberania em relação aos ativos e recursos brasileiros, abençoados e ricos em biomas. Tem alternativa? Não.

Apesar das riquezas e dos potenciais do Brasil, a desigualdade social é alarmante. O mundo transita do crescimento pela economia para o crescimento pela financeirização, cresce a riqueza mas é mal redistribuída. A pobreza mundial e brasileira é significativa. O analfabetismo no Brasil e no mundo ainda é um ponto crítico. Além disso, há o dilema do aumento populacional e da longevidade, que demanda a ampliação de produção de alimentos, elevando os desafios socioeconômicos e os riscos ambientais. Certamente precisamos redesenhar esse futuro. A boa notícia é que dispomos de tecnologia e de conhecimentos nas áreas de gestão para promover essa transformação eminente.

Confiança e compliance são pilares do agir transformador no mundo. Não existe livre-comércio onde não há livre pensamento crítico, ESG[1] e uma filosofia moral estabelecida no mercado. Mas onde não há opinião pública, cultura e educação, é improvável que exista um livre-comércio que abasteça a todos e promova o bem comum. E esse não é um desafio puramente nacional. É global. Nos próximos dez anos, o Brasil deixará de ser somente celeiro do mundo para se tornar o "supermercado do mundo", o posto de biocombustíveis, o supply chain agroambiental, e, sem dúvida, prestará serviços humanitários fundamentais a uma agrofilantropia. Mais do que nunca, será provedor de paz, como bem nos disse Alysson Paulinelli, que mereceria certamente o Nobel da Paz por sua história e trajetória, e ao qual dedicamos este livro.

Quando as pessoas em estado de liberdade e o livre-arbítrio das decisões orientam para o melhor e para o bem comum, com governança corporativa, existirá a mão invisível que equilibra as forças. Uma sociedade com senso moral tem o senso de aprovação e desaprovação. O

---

[1] Sobre ESG, ou governança ambiental, social e corporativa, do inglês Environmental, social, and corporate governance (ESG), é uma abordagem para avaliar até que ponto uma corporação trabalha em prol de objetivos sociais que vão além do papel de uma corporação para maximizar os lucros em nome dos acionistas da corporação. Normalmente, os objetivos sociais defendidos dentro de uma perspectiva ESG incluem trabalhar para atingir um determinado conjunto de objetivos ambientais, bem como um conjunto de objetivos relacionados ao apoio a certos movimentos sociais e um terceiro conjunto de objetivos relacionados ao fato da corporação ser governada de forma consistente com os objetivos do movimento de diversidade, equidade e inclusão.

espectador imparcial que Adam Smith em seus estudos se refere existe quando há senso de confiança e justiça social. Mais do que nunca, "tratar o comércio como oportunidade, e não como guerra. Entre pares, e não entre inimigos". Ou "quem faz o comércio não faz a guerra", assim escreveu o poeta português Camões. Aliás, foi por isso que nasceu a Fundação Escola de Comércio Álvares Penteado (Fecap), em 1902. Os fundadores dela escreveram em seus documentos: "criamos esta escola porque sabemos produzir café, mas não sabemos comercializar". A Fecap nasceu, assim como outras instituições de ensino superior, para ajudar a aprender a via do diálogo com o mundo para fazer comércio e também para evitar guerras. A partir desse diálogo nasceram parcerias promissoras, por exemplo, master em dupla titulação em Food & Agribusiness Management com a Audencia Business School da França, que também nasceu a partir do comércio. É o multiculturalismo, é a aldeia global, são as novas rotas da educação possibilitando o melhor conhecimento do mundo como ele é, além da bolha, além das mídias, além do achismo.

Do mesmo modo, outras universidades no Brasil atuam na educação do agronegócio, como a Fundação Instituto de Administração (FIA) da Universidade de São Paulo (USP), na qual, na Faculdade de Economia, Administração, Contabilidade e Atuária (FEA), nasceu, em 1991, o Programa de Estudos dos Sistemas Agroindustriais (Pensa), criado pelo professor Décio Zylberstajn. E assim vai, porque a nave não para, sobretudo para aqueles que sabem usar dos bons ventos e têm um norte para onde navegar.

Educar, provocar para transformar lideranças do Brasil na arte do comércio global na era da complexidade! Aqui nos encontramos neste livro, em que apresento junto com outros autores uma linha acadêmica de estudos e pesquisas com ênfase em marketing, gestão, inovação, com base da visão estratégica das cadeias produtivas do agribusiness.

O conceito de agribusiness nasceu em Harvard nos anos 1950, com os professores Ray Goldberg e John Davis. Goldberg, quando criança, viu o pai, produtor rural, sofrer com a desconexão entre os agricultores e os donos dos armazéns e destes com os clientes agroindustriais.

Goldberg, ao realizar seus estudos, fundamentado na teoria de input e outputs das cadeias produtivas, compreendeu que a atividade agropecuária dependia dos insumos, das máquinas, das sementes, dos produtos veterinários, e estes, por sua vez, dependiam dos produtores. Todos eles dependiam do transporte, da logística, das agroindústrias, dos supermercados e dos consumidores finais. E, em paralelo a isso, havia o sistema de serviços financeiros, seguro e o planejamento agroalimentar do governo. Assim nasceu agribusiness.

No Brasil, foi traduzido como agronegócio e Ney Bittencourt de Araújo foi o pioneiro inspirador. Nasceu, então, a Associação Brasileira do Agronegócio (ABAG), no início dos anos 1990, ao lado do Pensa.

E agora aqui estamos, décadas depois, neste encontro com o leitor e leitora, avançando na visão contemporânea de agronegócio, trazendo o Design Thinking, a visão sistêmica, mas sem perder essa angulação original do marketing e do comércio.

Agribusiness, como visão sistêmica, tem, nos estudos do Centro de Estudos Avançados em Economia Aplicada do Departamento de Economia, Administração e Sociologia da Escola Superior de Agricultura Luiz de Queiroz (Cepea-Esalq), números em torno de 27,4% do total do produto interno bruto (PIB) do país (2022)[2]. Quando estudamos esses números na virada dos anos 1990, eles contavam 35% do PIB. Temos, portanto, um novo desafio: rever os números que contam no agronegócio e talvez encontrar os que não são contados e que contam. Um desafio para os nossos líderes, e inclusive para poder direcionar melhor as pautas do impacto social e ambiental da economia brasileira.

É fundamental termos um perfeito accountability das cadeias produtivas do agro nacional para podermos desenvolver propostas e visões de prioridades, investimentos e legislações, objetivando dobrar o agro nacional de tamanho e, assim, oferecer ao país o aumento digno

---

2 Fonte: https://www.cepea.esalq.usp.br/br/releases/pib-agro-cepea-pib-do-agro-cresce-8-36-em-2021-participacao-no-pib-brasileiro-chega-a-27-4.aspx.

do seu PIB, recentemente muito pequeno para a dimensão e o potencial brasileiro no mundo.

Acreditamos que via planejamento estratégico do agronegócio, de todas as suas cadeias produtivas, do A do abacate ao Z do zebu, incluindo agroindustrialização e inteligência de comércio, poderemos acessar rendas externas e, dessa maneira, desenvolver de modo capilar todo o interior brasileiro com logística, processamento, agregação de valor, comércio e serviços, ciência e tecnologia, e, sem dúvida, a bioeconomia.

São Paulo é a maior cidade brasileira de agribusiness, e provavelmente de toda a América Latina. Por quê? Porque a soma dos fatores do antes, dentro e pós-porteira aponta para a cidade de São Paulo como detentora dos maiores volumes das indústrias, do sistema financeiro, das bolsas, das agroindústrias, dos transportadores, da logística, do comércio, com a Companhia de Entrepostos e Armazéns Gerais de São Paulo (Ceagesp) e redes de supermercado e varejo da alimentação do país.

Ou seja, nada consta fisicamente em São Paulo do dentro da porteira, com exceção ao futuro próximo de agricultura vertical e alguma coisa de local farming nas periferias paulistanas, ou, ainda, do surgimento de um paisagismo e de uma jardinagem/hortas, de agricultores do asfalto, ou mesmo, quem sabe, "nerd farmers" produzindo com seus computadores.

Mas a renda acumulada da cidade de São Paulo, de fato, está no tamanho das organizações do antes da porteira e dos pós-porteira das fazendas. Assim, mesmo sem nada plantar, é a "plataforma" do maior volume financeiro e econômico do agro nacional! Curioso? Bem, basta ver a Holanda, pequeno território, porém é o segundo maior país do mundo em agribusiness, ficando atrás dos Estados Unidos, exatamente pelos aspectos de agregação de valor, de serviços e de comércio, com o espetacular Porto de Rotterdam. Além da melhor universidade de ciências agrárias do mundo, a Wageningen. E nós, brasileiros, temos aqui em São Paulo a Esalq-USP, a quarta melhor do mundo em ciências agrárias.

O ano de 2030 vem aí e precisaremos transformar urgentemente nossa visão. Temos um ótimo plano, o maior do mundo para uma agricultura sustentável: agricultura de baixo carbono (ABC). Inclui modelos de integração de sistemas agroflorestais. Integração lavoura, pecuária e florestas. Faz parte o plantio direto. E essa cultura de cultivo ultrapassa 17 milhões de hectares, com previsão de chegarmos a 30 milhões de hectares nos próximos dez anos.

Assim, a originação passa a valer muito mais do que no século XX. O novo século significa um sistema de saúde (Health system), como explica o professor doutor Ray Goldberg. Inclui meio ambiente, saúde de solos, plantas[3], animais, pessoas. Um agro consciente.

Assista à entrevista do Tejon com Ray Goldberg:

https://www.youtube.com/watch?v=zcbLjqSFHMw&list=PL_s9Hbgk8aSQmzHzYFo9SGvX_lZMXom2B&index=10

E, no século XXI, precisaremos educar toda a sociedade para a ciência, para valores nutricionais. Assistiremos agrônomos expertos em solos e plantas se aproximarem de médicos e de nutricionistas humanos e vice-versa. As áreas acadêmicas se reunirão, se integrarão.

Agribusiness será o algoritmo de todos os algoritmos. Alimento está em tudo e tudo está no alimento. Somos química natural. Não vivemos sem micronutrientes, potássio, boro, silício. Veremos a agroindústria lançando produtos biofortificados, o mundo do bionutritivo. Veremos a proteína do pescado crescer, ao lado de todas as demais, incluindo os lácteos. A hortifruticultura da mesma forma. A edição gênica conversará com a análise sensorial dos neurônios humanos. Além disso, a bioenergia, as fibras e o espetacular negócio das árvores plantadas, como a Ibá.

---

3   Por exemplo, a NPV, nutrientes pela vida, iniciativa da ANDA, que conecta nutrição de planta e solos à nutrição humana. Disponível em: https://www.nutrientesparaavida.org.br/.

O novo agronegócio na educação será a reunião de todos os retalhos do conhecimento num legítimo Design Thinking do todo, como Victor Megido, Marco Zanini e Sonia Chapman trarão junto comigo nas próximas páginas, traduzindo isso tudo em mapas, conceitos e exemplos.

Assista à entrevista do Tejon com Marco Zanini sobre o design para o agronegócio:

https://www.youtube.com/watch?v=91aUPB0mlPA

Além das especializações e multidisciplinaridades necessárias, cabe agora um diálogo transdisciplinar: administradores, economistas, biólogos, pessoal de tecnologia da informação, eletrônica, física, química, comunicadores e até astrônomos, pois sem dúvida iremos ter colônias em Marte e precisaremos de sementes e plantios em atmosferas controladas.

Os educadores do agronegócio precisarão compreender a dimensão humana desse mega setor. Talvez movimente no planeta algo em torno de US$ 30 trilhões. E, quando olharmos para as zonas de pobreza e miséria no mundo, concluiremos que iremos diminuir as desigualdades planetárias por meio de projetos sistêmicos de agronegócio, com começo meio e fim, ou seja, com ciência e tecnologia, com treinamento dos produtores e suas equipes e com agroindústrias, agregação de valor e comércio, incluindo o cooperativismo, crédito, seguro e planejamento.

Ressalto aqui o lado do comércio nesse brilhante agronegócio. Precisaremos, sim, de uma organização mundial do comércio forte e respeitada. O Brasil precisa compreender e lutar nesse sentido, pois as negociações bilaterais podem e são úteis, entretanto, os desequilíbrios precisam ter um fórum justo e de autorregulamentação, como um código de ética para que o fair trade prevaleça acima do distrust. Vamos carecer de "trust" doravante.

O papel do agronegócio, como também afirma o ex-ministro da agricultura doutor Roberto Rodrigues, a quem agradeço pelo prefácio ao livro, é de paz, pois alimento é paz.

O comércio está no DNA do modelo capitalista, agora precisa inserir outro C: de Consciente.

Comércio, Capital, Consciente. Isso é agronegócio. Sem se esquecer de inovar sempre.

Um estudo realizado pela Universidade de Austin nos Estados Unidos e a Deloitte, sobre por que empresas centenárias continuavam bem-sucedidas, apontou para três fatores: inovação, vendas e os dois anteriores.

Ou seja, quem não vende não inova, pois, para inovar precisa vender. Nisso, integrar a visão do pensador brasileiro Marcos Cobra, quando diz que marketing é a forma de identificar sonhos, desejos e necessidades de consumidores, a maioria ainda não percebida, desenvolver produtos e serviços que criem felicidade, alegria e prosperidade.

Nos próximos dez anos, o Brasil terá imensas oportunidades em todas as cadeias do agribusiness. Precisará, sobretudo, de todos os detentores do saber das distintas cadeiras acadêmicas junto de os tantos profissionais em seus postos de comando agindo com visão interdisciplinar.

O mundo que temos pela frente é maravilhoso, e não nos dá muito tempo para perder. Antigamente dizíamos que o presente era o resultado do passado. Agora dizemos que o presente é o resultado do futuro.

Para dobrarmos o agro brasileiro, objetivando US$ 1 trilhão de movimento na soma total das cadeias produtivas em dez anos, sem dúvida precisaremos de inovação, infraestrutura, desburocratização, crédito, logística, educação dos agentes e inteligência do comércio. Produzir de maneira moderna envolve uma mistura de todas as ciências, no entanto, sem o comércio nada se move. E sem um AgroConsciente, tudo será em vão. Por isso decidimos dar esse título ao livro, pois ele vem para nos provocar a mudança para melhor, nesta década. Temos criatividade tropical para fazer acontecer.

Mesmo proibido de dizer que a Terra **não** era o centro do universo, Galileu Galilei reafirmava nas entrelinhas de seu discurso: *eppur si muove* (mesmo assim, ela se move).

Vamos ao agronegócio consciente, deste século XXI, com o comércio, para mover o país. O comércio é o que continuará movendo o novo agronegócio.

José Luiz Tejon

Inovação em contextos complexos

A filosofia moral citada por Tejon nesta introdução quando fala de um agro consciente é clara. Respeito mútuo. Governos pró-mercado e não pró-business. Inserida nessa moral democrática, transparente e competitiva, as nações humanas evoluem naturalmente para o bem maior, e não é necessário um design central top down para isso. Pois caminhamos para redes distribuídas, como iremos tratar neste livro.

Quando falamos de inovação, aqui neste livro a entendemos como um processo causado por humanos intencionados a resolver problemas reais, potenciais, bem como um resultado de um desejo de futuro cocriado. Para isso, aplicamos conceitos do design estratégico, falamos de um método que não impõe visões de mundo ideológicas e que consolida vozes diferentes durante o processo de escuta ativa. Floresce a diversidade. Falamos de ambidestria. Em linhas gerais, empresas ambidestras são aquelas que conseguem, simultaneamente, ser eficientes na exploração de seu modelo de negócio tradicional, e dinâmicas com eficácia na implementação de modelos novos, aproveitando as vantagens das tecnologias disruptivas presentes no ambiente digital. Pode haver uma tendência a um conflito entre os gestores responsáveis pela condução das unidades tradicionais (que geram os lucros agora) e aqueles que irão cuidar dos negócios futuros (que no início podem constituir unidades de negócio deficitárias ou pouco lucrativas). O balanceamento entre a gestão do core business tradicional e os esforços de inovação é uma questão central na estratégia das organizações ambidestras: definir uma identidade abrangente para o negócio, conciliando os objetivos dos modelos de negócio atual e futuro.

O design estratégico permite atuar "coletivamente" com ações individuais humanas, e não design individual humano. Dialoga com todos os stakeholders envolvidos no processo e na cadeia de valor, como falaremos neste livro, e considera os impactos não somente econômicos, mas também os socioambientais. E é o que as escolas de negócios deveriam estar ensinando hoje aos jovens futuros líderes. Design estratégico é observação *big picture*, exploração dos fenômenos à nossa volta com inovação, onde nenhuma estratégia é perfeita e deve ser aprimorada coletivamente durante o processo, e, dada a complexidade da nossa era, os temas precisam ser tratados com transdisciplinaridade e sistemicamente, ou seja, não podem ser abordados por partes separadas, pois assim se perde de vista o todo. Esse esforço não é em vão, faz parte da luta de todas as lutas: reduzir a desigualdade.

Em seu aclamado livro *O capital no século XXI*, o economista francês Thomas Piketty diz que o que se observa nos anos 1870-1914 é uma estabilização da desigualdade em nível extremamente elevado, e, em certos casos, é possível identificar uma espiral de disparidade acompanhada de concentração progressiva da riqueza. Segundo o autor, seria muito difícil dizer o que teria acontecido com essa trajetória se os choques econômicos e políticos deflagrados na Primeira Guerra Mundial não tivessem ocorrido. Com o auxílio da análise e do distanciamento de que dispomos hoje, Piketty nos diz que esses choques foram as únicas forças munidas de peso suficiente para reduzir a desigualdade desde a Revolução Industrial[4].

O estudo do famoso economista Simon Kuznets sobre a redução da desigualdade entre pobres e ricos nos Estados Unidos, entre 1913 e 1948, sinaliza que foi um processo nada espontâneo, desencadeado por vários choques, como a Grande Depressão dos anos 1930 e a Segunda Guerra Mundial. Mesmo revelando esses fatores, o próprio autor sugere ingenuamente que a lógica interna do desenvolvimento econômico pode levar por si só à redução de desigualdade.

A longo prazo, a força que de fato impulsiona o aumento da igualdade não são os muros de "Berlim" (ou do mar mediterrâneo que divide da África pobre, ou o muro norte-americano contra a América Latina), e sim a difusão do conhecimento e a disseminação da educação de qualidade.

---

4   PIKETTY, Thomas. **O capital no século XXI**. Rio de Janeiro: Intrínseca, 2014.

Disso sabe bem a Organização das Nações Unidas (ONU), e por isso insiste muito no Pacto Global, algo que deve ser respeitado e vivido com muita maior atenção. São ainda demais os milhões de pobres no Brasil, e a concentração de renda é sempre menos justificável (e sustentável).

Uma em cada dez pessoas no mundo é extremamente pobre, cerca de 780 milhões, e sobrevivem com menos de US$ 1,90 por dia, segundo recente estimativa das Nações Unidas sobre pobreza e crescimento econômico[5]. O Programa das Nações Unidas para o Desenvolvimento (PNUD, 2021) calculou que cerca de 1,3 bilhão de pessoas vivem em situação de pobreza no mundo, quase um quarto da população dos 104 países para os quais índice de pobreza multidimensional (IPM) é calculado. Metade dessas pessoas tem menos de 18 anos. Os recentes números mostram que em 104 países de renda média e baixa, 662 milhões de pessoas com menos de 18 anos são consideradas multidimensionalmente pobres. Além dos 1,3 bilhão classificado como pobres, outros 879 milhões correm o risco de cair na pobreza multidimensional, o que poderia acontecer rapidamente se sofrerem com conflitos, doença, seca, desemprego etc. (PNUD).

Jim Yong Kim, ex-presidente do Grupo Banco Mundial, em uma de suas públicas entrevistas de 2018, disse que "para acabar com a pobreza até 2030, precisamos de muito mais investimento, em especial na criação de capital humano, para ajudar a promover o crescimento inclusivo que será necessário para alcançar os pobres restantes"[6].

O Banco Internacional para Reconstrução e Desenvolvimento (Bird) estima que, até nos cenários mais otimistas, a pobreza ficará em dois dígitos até 2030, na ausência de mudanças significativas da política.

O atual neoliberalismo (uma interpretação equivocada de Adam Smith) infelizmente gera desemprego, precarização, aumento de desigualdade e erosão do planeta. Gera desvalor. Com senso crítico, unindo as pontas, temos clareza de como o capital é, em grande parte, usado

---

[5] Fonte: https://unric.org/pt/eliminar-a-pobreza/#:~:text=Embora%20a%20taxa%20global%20de,do%20que%20esta%20quantia%20di%C3%A1ria.
[6] Fonte: https://www.worldbank.org/en/news/press-release/2018/09/19/decline-of-global-extreme-poverty-continues-but-has-slowed-world-bank.

equivocadamente, indo na contramão dos princípios defendidos e promovidos por Adam Smith e economistas progressistas. Falta conectar com o C de Consciente.

Oitenta e dois por cento de toda a riqueza mundial gerada entre setembro de 2016 e setembro de 2017 ficou nas mãos do 1% mais rico da população, enquanto a metade mais pobre do globo, que equivale a 3,7 bilhões de pessoas, não foi beneficiada com nenhum aumento (dados da Oxfam[7]). Se a desigualdade nos países não tivesse aumentado ao longo desse período, outras 200 milhões de pessoas teriam saído da pobreza. Esse número poderia ter aumentado para 700 milhões se os pobres tivessem sido mais beneficiados pelo crescimento econômico do que seus concidadãos ricos.

Um grande desafio do Brasil está nas questões de compliance. Na perspectiva da Organização para a Cooperação e Desenvolvimento Econômico (OCDE), a regulação, entendida em seu sentido amplo, é um dos temas mais relevantes para a realização de seus objetivos institucionais, relacionados às boas práticas, ao desenvolvimento socioeconômico e à promoção do modelo político democrático liberal. No entendimento da Organização da qual o Brasil pretende fazer parte, cuja perspectiva acerca do tema foi consolidada ao longo de vários anos e expressa em uma série de documentos, a regulação deve ser compreendida em um contexto de relação entre os Estados e as sociedades nacionais e o mundo exterior. Para saber mais sobre "O Brasil como visto pela OCDE", leia-se o paper coordenado por Vera Thorstensen, de organização de Mauro Kiithi Arima Jr, em 2020[8]. O tema é relevante, uma vez que impacta di-

---

7 OFXAM BRASIL. Relatório País Estagnado: um retrato das desigualdades brasileiras, 2018. Disponível em: https://media.campanha.org.br/acervo/documentos/relatorio_desigualdade_ 2018_pais_estagnado_digital.pdf. Acesso em: 11 dez. 2022.

8 THORSTENSEN, Vera (coord.); ARIMA JR., Mauro Kiithi (org.). *O Brasil como visto pela OCDE*. São Paulo: Centro de Estudos do Comércio Global e Investimentos e VT Assessoria Consultoria e Treinamento Ltda., 2020. Disponível em: https://ccgi.fgv.br/sites/ccgi.fgv.br/files/u5/CCGI_Brasil%20como%20visto%20pela%20OCDE_jul_2020.pdf. Acesso em: 11 dez. 2022.

mensões da transparência, tributarias e fiscais, meio ambiente, e tantos outros onde o Brasil precisa evoluir, e onde o setor do agronegócio é direta ou indiretamente protagonista. Promove a mudança, se beneficia da mudança.

Pacto global da ONU, regras da OCDE, Conferência das Nações Unidas sobre Mudanças Climáticas (COPs) que desde 1972 ocorrem no fomento do debate para uma convergência ambiental, tudo para nos salvar da possível extinção no planeta.

Em quinhentas gerações, transformamos o mundo. A população mundial, atualmente em cerca de 8 bilhões de pessoas[9], deverá chegar a 8,6 bilhões em 2030, 9,8 bilhões em 2050 e 11,2 bilhões em 2100. O saldo de humanos por dia é positivo, 240 mil pessoas a mais para alimentar e cuidar. Os animais selvagens estão em extinção. Os animais domésticos estão em expansão. A raça humana passou de 1 bilhão para oito em cerca de 120 anos.

O planeta é aparentemente grande, porém é habitado em pequenas partes em alta concentração, onde bate constantemente a luz do Sol. É graças à energia solar que temos vida na Terra. O oceano é grande, porém somente em 2% de suas águas temos recifes, e nesses ecossistemas se concentram 50% dos peixes existentes no oceano. Nos trópicos, o Sol mantém-se constante gerando uma vigorosa vibração e sustentando muita vida. Três por cento de terra tropical do planeta é beijada vigorosamente e constantemente pelo Sol, abrigando mais de 50% de todos os animais e plantas do nosso sistema de vida. Esse é o poder da criatividade tropical para o futuro do planeta, fazer mais eficiência no uso das energias escassas para promover eficácia e prosperidade, paz através do alimento e da saúde dos biomas.

Bilhões de anos para gerar um sistema propício à vida. Apenas um quarto das terras do planeta está livre dos impactos das atividades humanas e esse número deverá cair para apenas um décimo até 2050. Precisamos prestar atenção.

---

9   Disponível em: https://www.worldometers.info/br/.

> Fazer isso também nos dá dignidade. Vale assistir este lindo e importante filme: *Terra*[10]. Veja no QR Code:
>
> https://www.youtube.com/watch?v=VPWjORkUiLA

Nos últimos cinquenta anos, 20% da vegetação da Amazônia já desapareceu. Especialistas indicam que se o desmatamento total alcançar 25%, esse bioma chegará ao "ponto de não retorno", podendo entrar em colapso. Além das perdas para a biodiversidade, o desmatamento no bioma põe em risco a segurança hídrica do país, uma vez que as águas que nascem no cerrado alimentam seis das oito grandes bacias hidrográficas brasileiras e alguns dos maiores reservatórios de água subterrânea do mundo. E o motivo disso é a impunidade, e não o setor do agronegócio. Mais de 65% da vegetação nativa é preservada no Brasil, aponta a Empresa Brasileira de Pesquisa Agropecuária (Embrapa)[11]. E, entre os únicos 10 países do mundo, com mais de 2 milhões de quilômetros, é, de longe, o que mais protege o seu território, tanto em termos absolutos como relativos, como mostram os dados do Protected Planet Report 2016[12]. O fato de o Brasil proteger o bioma é honroso e deveria ser mais valorizado, inclusive economicamente, como vem tentando negociar nas tantas mesas internacionais. O planeta deveria pagar o Brasil por isso, com novas moedas que ainda não existem. É de nosso interesse criá-las, além do dólar, o carbono, o H_2O.

---

10 FILME "TERRA" – Yann Arthus-Bertrand e Michael Pitioto – Dublado, 2017. 1 vídeo (1:37:55). Publicado pelo canal Ascensão de Gaya. Disponível em: https://www.youtube.com/watch?v=VPWjORkUiLA. Acesso em: 11 dez. 2022.
11 Síntese Ocupação e Uso das Terras no Brasil. Disponível em: https://www.embrapa.br/car/sintese. Acesso em: 16 mai. 2023.
12 Ibidem.

Mas o problema não está somente na produção e uso dos recursos, mas também, e sobretudo, no consumismo e nas ineficiências das cadeias desintegradas.

Sobre a má alimentação, uma epidemia que afeta muitos países desenvolvidos, como os que estão em desenvolvimento, é a obesidade. Segundo a Organização das Nações Unidas para a Alimentação e a Agricultura (FAO), ela é uma questão ainda não equacionada e que vai afetar o futuro da saúde humana de uma maneira que nós ainda não conseguimos visualizar.

E sobre a demanda natural de mais alimento, de acordo com a FAO, se o atual ritmo de consumo for contínuo, em 2050 o mundo precisará de 60% mais alimentos e 40% mais água. São necessários esforços concentrados e investimentos que promovam essa transição global para sistemas de agricultura e gestão de terra sustentáveis. Essas medidas implicam aumento de eficiência do uso dos recursos naturais – principalmente a água, energia e terra – e também redução considerável de desperdício de alimentos. Não último, uma nova maneira sustentável de se alimentar.

A Embrapa afirma que:

> A expansão da demanda mundial por água, alimentos e energia é fenômeno que ocorre há décadas, tendo se intensificado nos últimos anos, em decorrência do aumento populacional nos países em desenvolvimento, da maior longevidade, da intensa urbanização, do incremento da classe média, principalmente no Sudeste Asiático e das mudanças no comportamento dos consumidores. Projeta-se, como consequência desses fatores, o crescimento da demanda global por energia em 40% e por água em 50% e a necessidade de expansão da produção de alimentos em 35%2, até 2030[13].

---

[13] VISÃO 2030: o futuro da agricultura brasileira. Distrito Federal: Embrapa, 2018. Disponível em: https://www.embrapa.br/visao/o-futuro-da-agricultura-brasileira. Acesso em: 11 dez. 2022.

O que fazer? Planejar, como defende Tejon nesta introdução, com visão sistêmica, orquestração e design estratégico, sobre o qual Marco Zanini falará mais adiante.

Design estratégico é uma metodologia pensada para dialogar com todos os stakeholders envolvidos, para avaliar o impacto econômico e socioambiental, buscando trazer um *big picture* do fenômeno sob observação e análise. É exploratório por definição e, assim, descobre e evidencia os gargalos durante os processos de ação, assim como reduz pré-conceitos de todos os envolvidos, o que tende a atrapalhar bastante. Sobretudo, tem a capacidade de engajar todos os atores envolvidos na almejada busca pela solução. Não é varinha de condão, portanto funciona onde as intenções humanas sejam efetivas.

É importante nos atentarmos para novas visões de logística, transporte e armazenamento de alimentos que possam ter efeitos sobre a demanda por alimentos e o combate à má nutrição, os pontos cegos que aumentam a desigualdade, os riscos da financeirização e seus efeitos colaterais, o aumento da riqueza não redistribuída e seus impactos. Certamente precisamos redesenhar esse futuro.

Sam Cooke cantou, após um episódio racista sofrido junto à sua banda em um motel só para brancos, em Louisiana: "It's been, a long time coming, but I know a change is gonna come". Ou, em tradução livre: "Já faz muito tempo, mas eu sei que uma mudança virá".

Ou, "imagine todas essas pessoas vivendo em paz. Você poderá dizer que sou um sonhador. Mas não sou o único. Venha com a gente". Pode parecer utópico, mas, como canta John Lennon em Imagine, "join us", venha com a gente. Que seja essa a missão do Brasil. Darcy Ribeiro dizia que mais que copiar dos outros, "será nossa missão buscar ensinar o mundo a viver mais alegre e mais feliz", pois "a coisa mais importante para os brasileiros [...] é inventar o Brasil que nós queremos".

Victor Megido

O design estratégico para o agronegócio

A ideia deste livro é provocar, provocar divergências, buscar convergências e propor soluções. Apesar de termos ciência da impossibilidade de abraçar com transdisciplinaridade todos os campos do saber, buscamos trazer uma visão de totalidade. O agronegócio brasileiro é um projeto global, portanto requer efetiva colaboração nacional e internacional, uma excelente comunicação interna e externa para reforçar a reputação e gerar confiança nos vários clientes, por isso é necessária uma enorme capacidade de liderança, não de uma, mas de tantas que, em coro, contribuam para a harmonia.

A força de um coro é a capacidade de agrupar diferentes vozes e coordená-las (e não condená-las) para que sejam harmonia. Faz da união a sua força, e por isso é maravilhoso quando um conjunto de pessoas cantam em coral. O matemático italiano Luca Pacioli, em sua obra *Divina Proportione*, afirma que "toda parte tem em si a predisposição de unir-se ao todo, para que assim possa escapar à sua própria imperfeição". Na harmonia, poderemos unir as diferentes partes do agronegócio com outras partes da sociedade, de tal modo que cada uma continuará preservando sua identidade e também se integrará ao padrão maior de um só todo que aqui chamamos de AgroConsciente. Não negamos as diferenças, pois não somos ingênuos, e nesse sentido buscamos uma relação na qual elementos diferentes e, muitas vezes contrastantes, complementam-se ao unirem-se.

E é essa visão de totalidade que buscamos fomentar. Falar de Design Thinking no agronegócio significa, portanto, desenvolver uma modalidade de trabalho que favoreça produtividade, qualidade, lucratividade, sustentabilidade inserida em um grande Big Data, afinal são muitas as cadeias que precisam ser realinhadas, sejam elas vertical ou transversalmente, uma vez que seria um grande desperdício não transformar toda essa informação desintegrada em um grande Big Data Brasil de inteligência pulsante.

Essa maneira de pensar em ecossistema permite agir proativamente, favorecendo aquilo que muitos chamam de inovação. Inovação é uma questão cultural, que pode ocorrer de modo incremental ou disruptivo. Ambas são importantes para chegarmos à meta do trilhão de dólares (como Tejon bem citou nesta introdução), respeitando a qualidade, o social, o ambiental, conforme Victor Megido e Sonia Chapman mencionam. Serve muita inovação para esse agir virtuoso.

Inovação, no entanto, precisa de patrocínio e de forte engajamento das lideranças. Lideranças apaixonadas pelo negócio, lideranças educadoras e pedagógicas, que fazem da cultura do diálogo o jeito de se relacionar, trabalhar, respeitando princípios e valores-guia declarados publicamente. Lideranças design driven atuam entre divergências e convergências, sempre no respeito mútuo. Elas pensam WIN-WIN.

Elas escutam os antagonistas, para deles aprender, e, lúcidas, captam os fundamentos que reduzem as distâncias, para, a partir desses pontos de convergência, projetar o futuro, em constante diálogo, pois as polaridades não são sintetizáveis. E elas – que são realistas – sabem disso. Deem-me um ponto de apoio e moverei a Terra, disse Arquimedes. Esse ponto de apoio para nós hoje é a convergência em torno de um projeto de país a partir do AgroConsciente.

Os desafios do setor para obter a meta do trilhão são muitos e enormes, e iremos explanar melhor isso ao longo deste livro. São estes:

1. Fazer a informação circular, integrada em plataforma, para torná-la inteligência, permitindo, assim, ações em sinergia.
2. Abraçar definitivamente e com fé a causa da sustentabilidade. O Brasil precisa ser o responsável e o primeiro grande defensor da causa. Se trata de um plano de governança de longo prazo do país, além dos grupos políticos de turno atuantes nos poderes.
3. Pesquisar, fomentar e abraçar a cultura da inovação nas empresas e organizações.
4. Educar mais e integrar conhecimento.
5. Comunicar mais e melhor, cuidando da coerência e da consistência daquilo que é declarado para os tantos stakeholders internos e externos.

Simplificar o complexo é possível! Essa é a missão da inovação, tornar as coisas simples, mas não simplórias. Em primeiro lugar, precisamos definir para qual porto ir. É a meta do trilhão de dólares de PIB até 2030?

Definida a meta, desenhamos um mapa para chegar aonde queremos. Com ele, saberemos como navegar, que mares evitar, que correntes e ventos usar a favor. Quis os novos aliados que precisamos buscar hoje, tendo em vista aquilo que visualizamos no futuro? O mapa permite preparar melhor a viagem, fazer um "checklist da inovação" para que as organizações liderem a transformação e, assim, cheguem ao seu destino com prosperidade.

É como a lei do mínimo. Sem um destes elementos, a organização não prospera: pessoas, execução, humanismo, experiência e energia, mindset, ser global, métodos, ritmos e tempo, criatividade e dimensão digital.

Pessoas

Essa é a chave, a inovação é as pessoas, a química das pessoas, a liderança que ativa a competência e a motivação de todos, mantendo-os distantes das fraquezas que podem ser fatais para um projeto. São as pessoas que promovem a prosperidade, ou fazem falir uma organização. Pessoas competentes e bem-intencionadas no lugar certo são o êxito da organização. Seria como na produção de um filme: pessoas altamente especializadas, em geral muito criativas, autônomas, e talvez difíceis de gerenciar, que se reúnem em torno de um propósito, por um período determinado de tempo, para executar um projeto específico, cada uma contribuindo com sua capacidade. Encontrar as pessoas certas, colocá-las na posição correta, gerenciá-las de maneira precisa é mais uma arte e menos uma profissão codificada. As pessoas vêm e vão, mudam de vida, de país, de profissão. É necessário estar pronto para lidar com isso. Mas o que elas deixam de legado na organização – o conhecimento acumulado e transformado em melhoria contínua – nós podemos tornar cultura, e isso permanece.

E por falar da importância das pessoas, a alienação da pessoa na organização é gerada pela ausência de propósito, ou quando propósitos entre pessoas e empresas não se conectam. Consequência deste descompasso são pessoas com a "mente distraída" com exterioridades para evitar pensar, refletir, procurar compreender o trabalho a ser feito para resolver os problemas. No ambiente empresarial, a ausência de propósito real gera desânimo, fofocas, abre espaço para os sabotadores, os terroristas, os traidores e abandona os colaboradores "turistas" ao próprio destino. O negativismo na organização é um grande perigo.

Execução

Designers tendem a pensar que tudo é um projeto, uma concepção, ideia, visão e execução em um tempo determinado. Para executar algo é necessário dispor de pessoas concretas e disciplinadas, com inteligência lógico-matemática aprimorada. Um negócio é sempre um negócio que necessita de retorno econômico, e precisa ser executado como tal. Inovação é um equilíbrio entre ideias e execução, entre emoção e regra. Junto de o pensamento lateral típico da imaginação, precisamos do pensamento analítico, típico da lógica. A mistura de ambos faz o pensamento ser produtivo. E tal é a atitude criativa.

Humanismo

Essa é a ferramenta fundamental e cultural que se diferencia da inovação tecnológica anglo-saxônica. É baseada na hipótese de que o componente "humano" é o fator mais importante no espaço da inovação. A dimensão humanística, sociológica, antropológica e política é necessária e relevante e pode reorientar a inovação em uma direção mais compatível e apropriada para muitos: indivíduo, sociedade e mercado. É uma questão cultural, e propõe uma reflexão sobre o que o humanismo significa para uma organização (interna e externa), em termos de comunicação (que é colocar algo em comum e precisa, portanto, de reciprocidade). Humanismo coloca na pauta dos negócios a questão da empatia cognitiva, emocional e compassiva. Sem isso, não é possível realizar o C de consciente.

Experiência e energia

A relação entre gerações está mudando. Os antigos modelos organizacionais piramidais em redes centralizadas e decentralizadas estavam baseados em um poder direcional top down, porém atualmente não é mais assim. Vivemos em uma sociedade em rede distribuída que pede colaboração equilibrada, entre energia e criação, futuro e experiência acumulada de diferentes modos, maior equilíbrio de governança entre lideranças e a força do bottom up, em que é possível construir inovação em um ambiente aberto à mudança. As equipes são sempre mais enxutas, as pessoas da organização agem com atitude sistêmica, e assim é possível prosperar nos métodos de trabalho ágeis. Pessoas com atitude transdisciplinar, com alta competência e com amplitude de visão podem agir com maior autonomia, pois sabem aprender a aprender, e nela podemos confiar.

Mindset (mentalidade)

A cultura da inovação é resultado de mentalidade e comportamento. Minimiza a burocracia, é lúcida e não perde tempo com coisas sem sentido, contorna obstáculos irrelevantes para o objetivo criativamente, simplifica a complexidade sem superficialismos, não constrói muros, é inteligente, rápida e leve. É flexível e antifrágil (na visão do autor Nassim Taleb), pois, considerando a complexidade dos enfrentamentos, a incerteza dos resultados, a dificuldade de garantir resultados, não busca recorrer exclusivamente à lógica ou ao pensamento linear para explicar virtualmente todas as coisas e situações, mesmo as inexplicáveis. Evita racionalizar tudo. Quando o modo linear se revela inadequado ou ineficaz, recorre ao pensamento abrangente e à inteligência criativa. Não foge do problema assumindo postura defensiva, vertical, isto é, não se aliena com álibis e distrações para ficar só nos sintomas dos problemas. Assume uma atitude proativa, realiza diagnóstico e busca a causa-raiz dos problemas. Não toma "doril", pois se a dor sumiu, desaparece também a chance criativa de promover a solução. Sem isso não há inovação. Em empresas com atitude vertical, o turn over de talentos é alto, e níveis de ausências por motivos clínicos são maiores que a média.

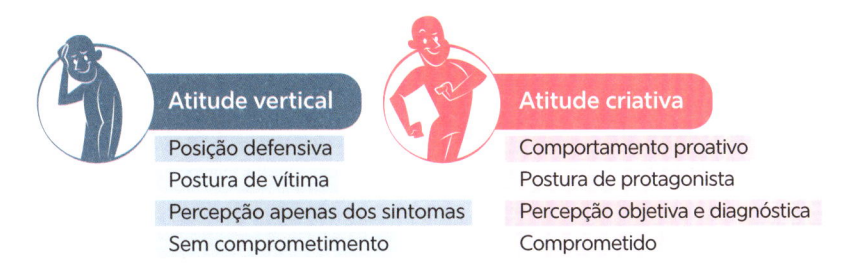

Atitude vertical	Atitude criativa
Posição defensiva	Comportamento proativo
Postura de vítima	Postura de protagonista
Percepção apenas dos sintomas	Percepção objetiva e diagnóstica
Sem comprometimento	Comprometido

Criatividade é um ato, e nas empresas se baseia na definição de uma direção estratégica e no investimento em ativos tangíveis e intangíveis. Por isso é antes mentalidade, e é fundamental ser abraçado pela liderança da empresa. É um processo baseado em habilidade e disciplina de gestão, como dizia Peter Drucker, e é a capacidade de avaliar e construir capital social, como pensava o fundador da Sony, Akio Morita, quando dizia em célebre afirmação que uma companhia não iria a lugar algum se todo o pensamento fosse deixado para seus executivos. Ele incitava os colaboradores para que tentassem criar as condições em que as pessoas pudessem se juntar num espírito de trabalho em equipe e exercer até o máximo o desejo de seus corações, sua capacidade tecnológica.

Talvez sejam processos menos visíveis, mas não menos sistemáticos. A liderança precisa compreender isso, para assumir isso, e promover isso. E só compreendemos um sistema quando tentamos transformá-lo.

Ser global

É uma mentalidade que é natural, por exemplo, para aqueles que operam em multinacionais, para a coletividade científica, para a comunidade financeira e, até certo ponto, também para o mundo da arte. Contudo, ser global ainda não é uma realidade para muitos setores mais fechados ou tradicionalistas. É uma maneira de pensar que considera as fronteiras irrelevantes, línguas e culturas como algo a se misturar e que sabe fazer delas novas alianças. Ser cosmopolita é navegar na complexidade. Ser global significa ter acesso a uma base maior de repertório cultural e recursos financeiros, bem como a uma fatia de mercado maior.

Segundo a teoria dos seis graus de separação (que hoje é de três), qualquer pessoa digital está a três contatos de distância de qualquer outra pessoa no mundo. Globalização significa acesso ao melhor, independentemente de onde a pessoa esteja localizada.

Métodos

A sociedade contemporânea usa novas regras e procedimentos que compartilham o objetivo geral de ser mais rápido, mais leve e mais eficiente. Equipes atuam em outsourcing, em colaboração, como fontes abertas, com tentativa, erro e prototipagem rápida.

A inovação funciona muito como a biologia, de maneira orgânica, e é feita de colisões. Ou como na botânica, é um rizoma. Rizoma é utilizado pelos filósofos Gilles Deleuze e Félix Guattari para descrever uma maneira de encarar o indivíduo, o conhecimento e as relações entre as pessoas, ideias e espaços, a partir de uma perspectiva de fluxos e multiplicidades, que não possui uma raiz ou centro. Em biologia, rizoma é uma estrutura de algumas plantas onde seus brotos podem se ramificar em qualquer ponto, transformando-se num bulbo ou tubérculo, podendo operar como raiz, talo ou ramo, independentemente de sua localização. Trata-se de um modelo que não tem centralidade, que se ramifica e dispersa para vários lados[14].

Há uma enorme quantidade de inovações que podem brotar graças a métodos (que precisam ser aprendidos), coisas diferentes em lugares di-

---

14 CARRASCO, Bruno. *Rizoma em Deleuze e Guattari*. Disponível em: https://www.ex-isto.com/2020/07/rizoma-esquizoanalise.html. Acesso em: 11 dez. 2022.

ferentes, mas conectados em redes. Por isso, conhecimento e networking não se delegam. Uma coisa que também precisa ser aprendida é como aprender. Mudanças culturais levam muito mais tempo para serem implementadas do que fazer download e começar a usar um novo aplicativo. A rápida absorção e metabolização desses fenômenos representa uma grande vantagem competitiva, caso seja transformada e adaptada em capacidade operacional. É a capacidade de mudar que torna o ambiente competitivo.

Ritmos e tempo

Inovação é sobre leveza e velocidade, é sobre avançar agilmente, especialmente superando coisas triviais, é sobre saltar obstáculos e manter o *momentum*, tanto no nível psicológico como no operacional. Um problema bem conhecido é a incompatibilidade entre pessoas, com ritmos diferentes, sejam rápidos ou lentos. No entanto, nem tudo pode ser resolvido apenas na correria, em algum momento é preciso desacelerar e pensar, algo raro hoje em dia. Mas tampouco podemos imaginar que precisamos de um "tempo e espaço" para "ser criativo". Isso não existe. Ser criativo é ter pensamento produtivo sempre e no arco do processo, inovação é avanço contínuo.

Criatividade

A questão é que a criatividade enquanto atitude viaja junto à disciplina de gestão. A execução é mais uma arte do que uma ciência exata. Arte também é rigorosa. O engajamento e a criatividade das pessoas são a *chave* que fazem a execução do dia a dia dar certo. Hoje a questão não é quantidade e, sim, qualidade; é inteligência, e não força; é pensamento lateral junto ao pensamento analítico; é mais problem solving (solução de problemas) e menos by the book.

Concluindo essa introdução, ao empregar princípios e métodos utilizados por designers, o Design Thinking para o agronegócio propõe diversos ângulos e perspectivas para solução de problemas, priorizando o trabalho colaborativo em equipes interdisciplinares e transdisciplinares, e buscando soluções inovadoras com os stakeholders. Assim, busca-se "mapear" a cultura, os contextos, as experiências pessoais e os processos na vida dos indivíduos e atores para ganhar uma visão mais ampla e, assim, identificar melhor as barreiras e gerar alternativas para transpô-las.

Boa navegação!

Marco Zanini

O desafio do desenvolvimento sustentável

Quando Raj Sisodia, cofundador do movimento global Capitalismo Consciente, palestrou na HSM Expo Management, em São Paulo, em 2014, destacou uma tendência que ele via e que remetia muito às condições para uma maior orientação à sustentabilidade na tomada de decisão (individual e coletiva): a ascensão do que ele chamou de valores femininos. Veja o gráfico abaixo:

Ascensão de valores femininos

Masculinos	Femininos
Competir	Colaborar
Hierarquias, regras	Redes, alianças
Infiltrar	Adaptar
Explicar	Explorar
Independente	Interdependente
Firme	Flexível, conciliadora
Convicto	Compreensiva
Durão	Discussão, aberta
Realização	Relacionamentos
Disciplinado	Aprendizado

Adaptado de: DR. NORMAN CHORN. *Is Good Leadership a Feminine Thing? – Something Different is Happening*. Disponível em: http://www.normanchorn.com/future-strategy/good-leadership-feminine-thing. Acesso em: 16 dez. 2022.

Ele também elencou características de convivência, que demonstravam uma aproximação, como humanidade, ao perfil de cidadania, em linha com os pensamentos do renomado autor Peter Senge:

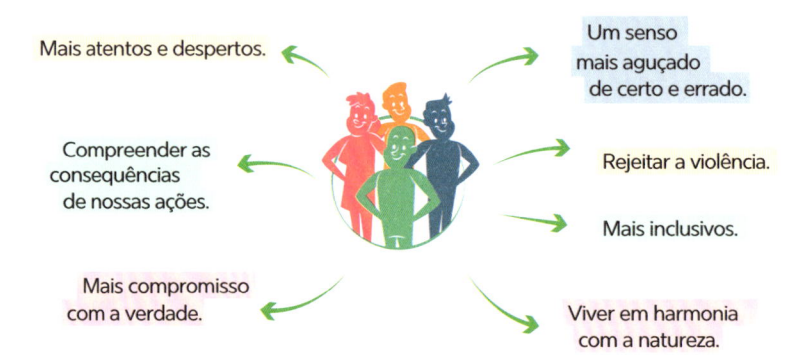

- Mais atentos e despertos.
- Um senso mais aguçado de certo e errado.
- Compreender as consequências de nossas ações.
- Rejeitar a violência.
- Mais inclusivos.
- Mais compromisso com a verdade.
- Viver em harmonia com a natureza.

Fonte: Raj Sosidia, cofundador do movimento Capitalismo consciente.

Todos nós estamos mais conscientes de que não há respostas fáceis para os desafios globais.

Fala-se em "novo normal", mas como assegurar que sua orientação é para o desenvolvimento sustentável?

O ideal seria alcançarmos o índice de desenvolvimento humano (IDH) superior usando mais adequadamente nossos recursos ("pegada ecológica"), e sem comprometer a capacidade de regeneração do planeta. Qual país no mundo já conquistou isto? Nenhum! Essa realidade nos obriga a rever hábitos e a maneira como tomamos decisões nas corporações e/ou como cidadãos no ato da compra. E foi diante desse desafio que em 2015 foi celebrado o lançamento de 17 Objetivos de Desenvolvimento Sustentável, integrados e indivisíveis, detalhados em 169 metas. Por terem prazo para se tornarem realidade, esses objetivos também são chamados de "Agenda 2030".

O agronegócio permeia todos eles, em razão de suas diversas funções: alimento, vestuário, embalagens, moveleiro, construção, por exemplo. No agronegócio há terreno fértil para a discussão de temas inerentes ao setor, como o papel das certificações, ou dos padrões, das mesas-redondas da soja, pecuária, esforços de minimização de perdas e desperdício, pegada de carbono e hídrica, a discussão dos benefícios da produção orgânica e convencional, entre outros. São desafios relevantes nos negócios, com maior ou menor grau de previsibilidade em seus êxitos. Como transformar esses desafios em oportunidades de diferenciação, de negócio?

Nos negócios como um todo é fundamental ter a orientação ao ciclo de vida, o qual considera todos os impactos, ao longo de todo o processo, de qualquer parte do processo: desde a extração de matérias-primas, o consumo de água e de energia, a fase de beneficiamento, do consumo/uso, o descarte ou reaproveitamento até o início de um novo ciclo, considerando, também, o transporte, com suas emissões, transformações e impactos sociais.

Políticas públicas, como o RenovaBio[15] e a Política Nacional de Resíduos Sólidos (PNRS) estão orientadas ao ciclo de vida, que tem uma norma para amparar cálculos concretos de impactos – comparativos, inclusive.

Há fontes de financiamento que privilegiam as empresas que demonstram os benefícios de determinada inovação ou tecnologia, no ciclo de vida. A Lei do Bem – que estimula investimentos privados em pesquisa e desenvolvimento tecnológico, a fim de gerar maior competitividade no mercado – e a Rota 2030 – um programa de desenvolvimento do setor automotivo no país, com o objetivo de ampliar a inserção global da indústria automotiva brasileira por meio da exportação de veículos e autopeças – são alguns exemplos.

Vários atores do agro adotam o conceito sustentável do ciclo de vida para fundamentar suas atividades, por exemplo o Instituto Nacional de Processamento de Embalagens Vazias (inpEV).

O debate atual está focado, sobretudo em rodas de investidores, no ESG (environmental, social, and corporate governance), que significa ambiental, social e governança (ASG) em português. Estes três aspectos do ESG são compreendidos como dimensões de impactos, que remetem a riscos e oportunidades, se geridos adequadamente. Assim como a economia circular conseguiu tornar o debate em torno da responsabilidade social mais concreto e individual, esse é um esforço de conquistar

---

15 O RenovaBio é uma iniciativa do Ministério de Minas e Energia (MME), lançada em dezembro de 2016, que visa expandir a produção de biocombustíveis, fundamentada na previsibilidade e sustentabilidade ambiental, econômica e social.

a atenção no ambiente financeiro em geral. Isso tudo é necessário, pois têm potencial de gerar engajamento, revisão de decisões de consumo, de investimento e de transformar o mundo ao nosso redor.

Quando estamos à frente de um negócio, há vários impactos, de maior ou menor grau de previsibilidade. Quanto maior o impacto e menor sua previsibilidade, mais importante é ter processos e ferramentas, para estar preparado e se destacar da concorrência.

Uma tendência de sustentabilidade que impacta os negócios e é especialmente imprevisível envolve todo o tema de certificações, rastreabilidade, selos (estes considerados sinônimos e garantias de sustentabilidade), demandas de clientes que surgem sem aviso prévio e que determinam a participação em uma concorrência, a permanência em um mercado específico. Se a organização não tiver processos e ferramentas para atender esse tipo de demanda, correrá o risco de não conquistar o cliente ou de perder participação de mercado.

Maior cobrança do consumidor, gerenciamento de risco, restrição de acesso a crédito, orientação à cadeia de valor e preocupação com o meio ambiente impactam significativamente os agronegócios, em empresas de pequeno, médio ou de grande porte.

Em contrapartida, existe mercado para a sustentabilidade. Recente pesquisa na Alemanha demonstrou que empresários, desde que tivessem acesso à informação de qualidade e tecnologia, estavam dispostos a investir 2,5% de seu faturamento com gestão de resíduos e de água, redução de emissão, energia renovável, eficiência energética.

Se em 2015, quando a ONU propôs aos seus países membros uma nova agenda de desenvolvimento sustentável para os próximos 15 anos, a Agenda 2030, praticamente todos os países assinaram tais compromissos importantíssimos, por que avançamos tão lentamente? Evidentemente a pandemia da covid-19 representou um desafio gigantesco, em muitos aspectos e níveis, mas o cenário desenhado por ela não seria também um convite à reflexão, à revisão de hábitos, a focar o que é realmente importante?

Se concordamos que os desafios são de todos nós, também reconheceremos que precisamos adquirir novas competências para lidar com os novos desafios. Façamos uma análise prática, comparando os desafios determinados pelas metas globais em si, os Objetivos de Desenvolvimento do Milênio (ODM) e os Objetivos de Desenvolvimento Sustentável (ODS), também chamados Agenda 2030. Alguns temas serão apresentados a seguir.

Pensamento de ciclo de vida

Se de 2000 a 2015 os ODM miraram a pobreza extrema e a falta de acesso aos recursos básicos (comida, água, saneamento, energia, habitação e educação, por exemplo), os ODS reforçam a necessidade de equilibrar as três dimensões da sustentabilidade (ESG), ou seja, o uso eficiente de recursos naturais e práticas sociais justas, sendo economicamente viáveis. Mas por ser um desafio global, a solução precisa ser sistêmica. Pois não adianta resolver o problema em uma parte do mundo, ou de uma cadeia de valor (do ciclo de vida!), se descuidarmos de outro canto do mundo, migrando o problema resolvido de um lugar para outro lugar. Temos que migrar soluções e não problemas.

Mas como se aprende a pensar ciclo de vida? É simples, basta se perguntar sempre:

- Qual é a função (a utilidade, o objetivo) do que eu estou analisando?
- Quais são as alternativas que atendem essa função?
- Quão eficiente é cada alternativa no atendimento dessa função?
- Quais são os impactos ambientais, sociais e econômicos de cada alternativa no ciclo de vida?
- Há inovações?
- Como *eu* posso contribuir no processo?

Orientação intercultural

Se o foco dos ODM era transformar a realidade de cerca de 1 bilhão de pessoas vivendo na pobreza absoluta, recaindo principalmente sobre países subdesenvolvidos, nos ODS reconhecemos que o envolvimento tem que ser global, exigindo que países desenvolvidos liderem e chamem para si a responsabilidade pela mudança de padrões insustentáveis de produção e consumo. Para que essa transformação seja possível é essencial ser capaz de escutar e de compreender pontos de vista e motivações distintos dos países que fazem parte da ONU, tendo em vista os diferentes contextos culturais e históricos.

Comunicação interpessoal e colaboração

Se os ODM previam que a pobreza extrema seria erradicada em países desenvolvidos e em alguns em desenvolvimento – e havia ferramentas disponíveis para tal –, os ODS reconhecem que nenhum país alcançou o desenvolvimento sustentável, que são necessárias reformas profundas e uma agenda internacional integradora, além de que há diferentes respostas, ainda a serem construídas, em conjunto.

Foco no cliente e inovação

Os ODM pautaram o dinheiro público e a filantropia. Os ODS dão especial importância aos recursos privados, representando grandes oportunidades de negócio, o desenvolvimento e a introdução de novas tecnologias, amparadas por incentivos tributários e investimento das próprias empresas.

É importante aliar conhecimento (saber teórico), habilidade (treinamento prático) e atitude (aplicação concreta). Muitas vezes ouço que a esperança está nas crianças e nos jovens, que já discutem esses temas na escola e que, portanto, estão mais conectados globalmente, acompanham manifestações mundo afora e trazem novas ideias. Mas são os adultos de hoje (você e eu!) que estão tomando as decisões, e que ainda estão (ou deveriam estar!) aprendendo e praticando essas competências.

Materialidade

Com a imensa quantidade de informações que recebemos, ou que buscamos, é compreensível que percamos a noção do que é, de fato, importante, ou "material", em termos mais técnicos.

Há mecanismos que tentam orientar nosso olhar para aquilo que deveria nortear nossa tomada de decisão, como selos, certificações, campanhas e influências de toda natureza. É importante lembrar que materialidade significa vulnerabilidade (fragilidade), o que remete à identificação e mitigação, à gestão de riscos, mas, também, a oportunidades de diferenciação.

Em um mundo tão integrado e potencialmente transparente, a vulnerabilidade não está, necessariamente, naquilo que controlamos, em nossas próprias práticas, por exemplo, mas em algum elo da cadeia de valor.

No agro, falamos "antes, dentro e fora, ou depois da porteira". Mas, assim como não existe o "jogar fora", pois tudo fica, de alguma maneira, neste planeta, também não tem um "fora" no agro – precisamos estar atentos a inúmeras variáveis.

Questões financeiramente "materiais" são as com razoável probabilidade de ter impacto na condição financeira ou no desempenho operacional de uma empresa e, por conseguinte, são mais importantes para os *investidores*. Em última análise, as empresas decidem o que é financeiramente material e qual informação deve ser divulgada, considerando, inclusive, os requisitos legais.

Empresas em todo o mundo estão (re)aprendendo a reportar sobre aspectos de sustentabilidade que mais interessam aos seus investidores. Estes, por sua vez, estão se capacitando no tema e ampliando suas expectativas de informação, sua qualidade e periodicidade. Embora haja muita informação ESG e de sustentabilidade divulgada publicamente, muitas vezes pode ser difícil identificar e avaliar qual informação é mais útil para a tomada de decisões financeiras.

Para auxiliar esse olhar, gosto do Mapa de Materialidade do Sustainability Accounting Standards Board (SASB[16]), organização que procura definir padrões de informação e transparência na gestão. Nesse mapa são analisados diversos setores, por exemplo, o de alimentos e bebidas, bens

---

16 Disponível em: https://www.sasb.org/standards/materiality-finder/.

de consumo, energias renováveis, infraestrutura, mineração, transporte, entre outros. Para cada setor há subcategorias, nas quais são detalhados impactos ambientais, sociais, econômicos e de governança, sempre com o foco sistêmico da cadeia de valor. Cada impacto é descrito e justificado.

Não é um levantamento perfeito nem exaustivo, é necessário entender a fonte e a real compreensão das avaliações, além de tudo ter que ser considerado à luz de circunstâncias específicas locais e temporais. É um bom exercício para o olhar de ciclo de vida.

Para avançarmos de fato, o importante é tentarmos ser mais objetivos nas conversas sobre desenvolvimento sustentável, sustentabilidade, economia circular, economia regenerativa, ESG e afins. Não que a emoção não seja necessária, claro que é, para assegurar o engajamento (moral, por exemplo), mas tatear no escuro ou, pior, adotar números e estatísticas, sem um senso crítico, pode ser mais desastroso que não fazer nada.

E nunca perder o histórico da tomada de decisão! Trabalhei em uma empresa que incluiu essa "objetividade" na remuneração variável de seus executivos. Chamavam de Rucksackprinzip, ou Princípio da Mochila, em tradução livre. Consiste em seguir atribuindo ao responsável por uma decisão de investimento, por exemplo, os desdobramentos dessa recomendação, mesmo que não seguisse mais à frente daquela área. Todos seguiam "carregando na sua mochila" os impactos (para o bem e para o mal) de suas defesas, quando responsáveis. Isso pressupõe um rigoroso acompanhamento de expectativas, indicadores, inclusive macroeconômicos, uma constante lembrança do que se disse (ou do que se deixou de dizer) e um aguçado senso de responsabilidade com as consequências de seus/nossos atos.

Não é genial?

Sonia Karin Chapman

Nota dos autores

Este livro foi concebido como um "jazz section" entre os quatro autores e outros colaboradores pesquisadores. Não se trata de uma obra linear. É experimental conceber um livro que privilegia mais o prisma do futuro do que o do passado; que vislumbra a nova economia; alia agronegócio a design estratégico num novo food system, health system, inovação, geração de valor intangível, ESG, estudos de caso – tudo isso com um dinamismo e uma autonomia que permitem ao leitor mais liberdade para conduzir a leitura da maneira que desejar, seja pulando, priorizando ou retomando capítulos de seu interesse. E que aqui chamamos de Agro-Consciente.

Não é fácil aceitar a ideia de que nem sempre aquilo que ultrapassa a razão é irracional. No entanto, também é difícil entender que a pretensão de racionalizar tudo é uma manifestação de irrealismo e irracionalismo. Dada a complexidade do tema e do desafio, não encontramos outra abordagem efetiva que nos pudesse orientar. Assim, desejamos bom proveito. Consideramos válido, de toda a forma, oferecer um mapa de navegação que permita compreender a lógica deste livro.

Existem questões globais e nacionais externas e internas. Contextos macro e micro que conectados se influenciam. Navegar tais mares pede conhecimento, autoconhecimento, visão sistêmica e ambidestria. Pede uma nova atitude sistêmica de **Chief Agribusiness Officer** que estamos trazendo ao livro. A partir dessa visão de orquestrador, compreender o que é valor para todos os stakeholders envolvidos no ecossistema em que cada um age. Definir estratégias e planos de execução flexíveis tanto quanto necessário para não "quebrar" no meio do caminho. Compreender sobre as mudanças que ocorrem hoje e amanhã para junto caminhar. Evoluir.

Navegar é preciso, viver não é preciso. Brasil, sempre mais importante e agora necessário para o mundo prosperar.

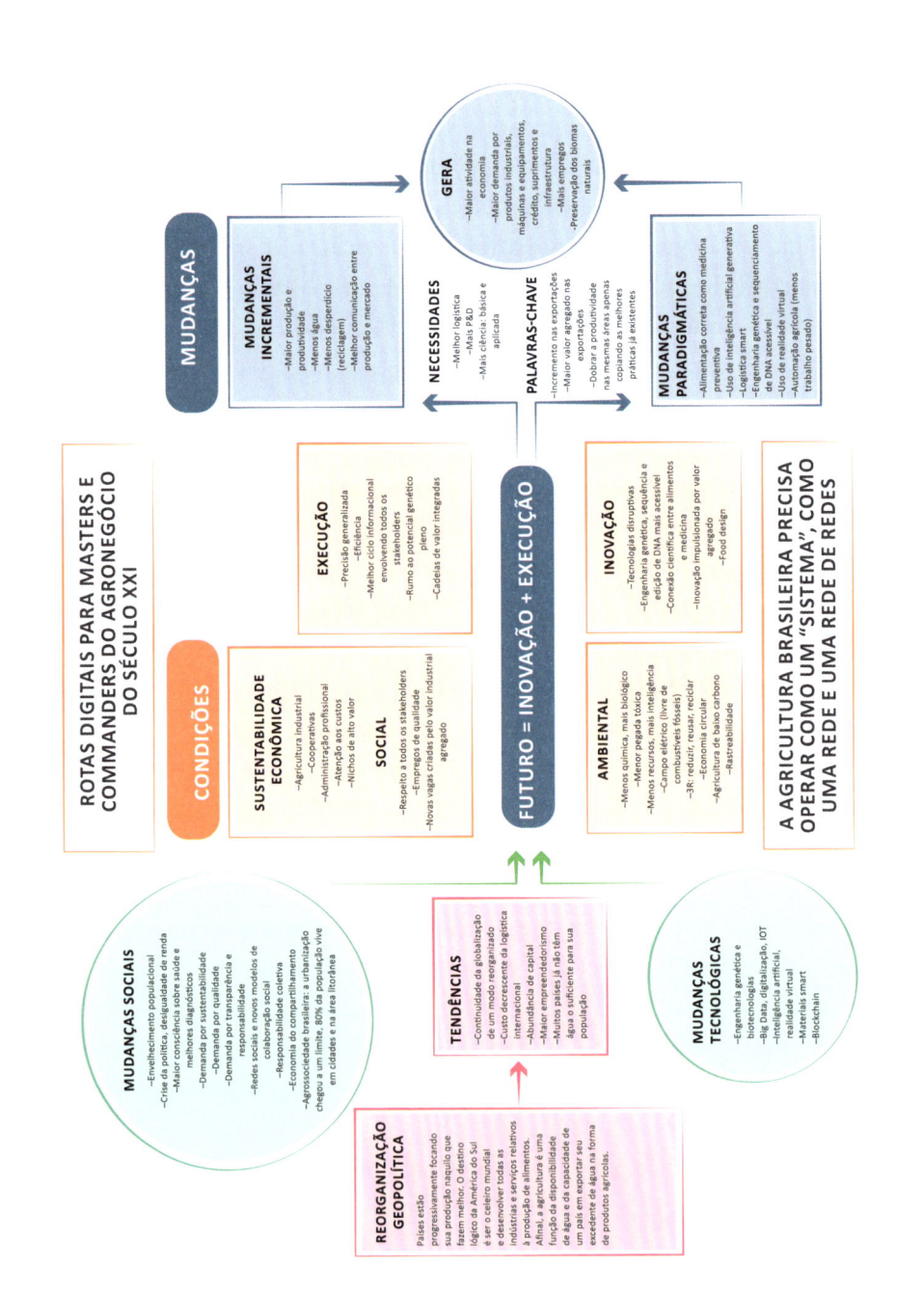

ROTAS DIGITAIS PARA MASTERS E COMMANDERS DO AGRONEGÓCIO DO SÉCULO XXI

CONDIÇÕES

SUSTENTABILIDADE ECONÔMICA
- Agricultura industrial
- Cooperativas
- Administração profissional
- Atenção aos custos
- Nichos de alto valor

SOCIAL
- Respeito a todos os stakeholders
- Empregos de qualidade
- Novas vagas criadas pelo valor industrial agregado

EXECUÇÃO
- Precisão generalizada
- Eficiência
- Melhor ciclo informacional envolvendo todos os stakeholders
- Rumo ao potencial genético pleno
- Cadeias de valor integradas

AMBIENTAL
- Menos química, mais biológico
- Menor pegada tóxica
- Menos recursos, mais inteligência
- Campo elétrico (livre de combustíveis fósseis)
- 3R: reduzir, reusar, reciclar
- Agricultura circular
- Agricultura de baixo carbono
- Rastreabilidade

INOVAÇÃO
- Tecnologias disruptivas
- Engenharia genética, sequência e edição de DNA mais acessível
- Conexão científica entre alimentos e medicina
- Inovação impulsionada por valor agregado
- Food design

FUTURO = INOVAÇÃO + EXECUÇÃO

MUDANÇAS

MUDANÇAS INCREMENTAIS
- Maior produção e produtividade
- Menos água
- Menos desperdício (reciclagem)
- Melhor comunicação entre produção e mercado

GERA
- Maior atividade na economia
- Maior demanda por produtos industriais, máquinas e equipamentos, crédito, suprimentos e infraestrutura
- Mais empregos
- Preservação dos biomas naturais

NECESSIDADES
- Melhor logística
- Mais P&D
- Mais ciência básica e aplicada

PALAVRAS-CHAVE
- Incremento nas exportações
- Maior valor agregado nas exportações
- Dobrar a produtividade nas mesmas áreas apenas copiando as melhores práticas já existentes

MUDANÇAS PARADIGMÁTICAS
- Alimentação correta como medicina preventiva
- Uso de inteligência artificial generativa
- Logística smart
- Engenharia genética e sequenciamento de DNA acessível
- Uso de realidade virtual
- Automação agrícola (menos trabalho pesado)

MUDANÇAS SOCIAIS
- Envelhecimento populacional
- Crise da política, desigualdade de renda
- Maior consciência sobre saúde e melhores diagnósticos
- Demanda por sustentabilidade
- Demanda por qualidade
- Demanda por transparência e responsabilidade
- Redes sociais e novos modelos de colaboração social
- Responsabilidade coletiva
- Economia do compartilhamento
- Agrossociedade brasileira: a urbanização chegou a um limite, 80% da população vive em cidades e na área litorânea

TENDÊNCIAS
- Continuidade da globalização de um modo reorganizado
- Custo decrescente da logística internacional
- Abundância de capital
- Maior empreendedorismo
- Muitos países já não têm água o suficiente para sua população

REORGANIZAÇÃO GEOPOLÍTICA
Países estão progressivamente focando sua produção naquilo que fazem melhor. O destino lógico da América do Sul é ser o celeiro mundial e desenvolver todas as indústrias e serviços relativos à produção de alimentos. Afinal, a agricultura é uma função da disponibilidade de água e da capacidade de um país em exportar seu excedente de água na forma de produtos agrícolas.

MUDANÇAS TECNOLÓGICAS
- Engenharia genética e biotecnologias
- Big Data, digitalização, IOT
- Inteligência artificial, realidade virtual
- Materiais smart
- Blockchain

A AGRICULTURA BRASILEIRA PRECISA OPERAR COMO UM "SISTEMA", COMO UMA REDE E UMA REDE DE REDES

A seguir, apresentamos sete pontos que consideramos vitais para o navegador dos novos mares do AgroConsciente, o líder chief agribusiness officer:

1. O agro tradicional (como um todo) opera entre setores sempre mais integrados, onde a eficiência é fator determinante de sucesso, com margens sempre menores. Esse tipo de inovação incremental não vai ajudar a dobrar o PIB do agro. Essa inovação promove consolidação.
2. O setor trata pouco de Ray Goldberg e seus novos conceitos de agronegócio, como SISTEMA DE SAÚDE. As lideranças estão motivadas com o crescimento dos mercados, mas prestam menos atenção às ações estratégicas de longo prazo para gerar novo valor econômico, social e ambiental. Se o agro é estratégico para o país, se e é visto como uma plataforma com potencial de dobrar o valor econômico de seus ativos, e se é entendido como o ativo principal sobre a qual fazer crescer o PIB do Brasil com impacto social e ambiental, então precisamos ampliar o escopo do agronegócio para AgroConsciente.
3. Os vetores da inovação a partir das novas tecnologias são as corporações (insumos, mecanização e agroindústrias). Cabe aos orquestradores do agro organizar-se para escolher as tecnologias de seu interesse. O líder é um "context curator".
4. As ações coletivas representam estratégias estruturantes de criação de valor. Não nascem de modo espontâneo, devem ser cultivadas. Cooperativismo, integração e associativismo em uma sociedade colaborativa é essencial.
5. A governança dos sistemas agroindustriais (SAG) ainda é um desafio. À medida que o consumidor se sofistica e crescem as interações midiáticas nas redes, individuais e nas grandes mídias, aumentam as exigências, onde estratégias compartilhadas são necessárias. Por isso é fundamental doravante orquestrar.
6. Como contemporaneamente aborda o professor Ray Goldberg, viveremos um health system (sistema de saúde, do qual falaremos neste livro). As lideranças devem investir no conhecimento e integração

com demais setores (por exemplo, Pesca e Aquicultura, Energia, Nutrição etc.). A desconfiança de outros setores e de parcelas da sociedade também está presente e precisaremos atuar em uma ótica de food citizenship.
7. Os papéis dos atores dentro do complexo do agribusiness se transformaram nos últimos anos: agricultores agora são gestores de recursos, clima, tecnologias para produção de alimentos, fibras, ração, energia, fármacos, sendo responsáveis, também, pela água e pelos solos; são gestores de ativos da natureza, do planeta e da vida; e são especialistas em tecnologia da informação.

As organizações de insumos e mecanização se transformaram em companhias de ciência da vida. As de trading e processamento se tornaram provedoras de ingredientes e companhias de soluções. As empresas de alimentos e bebidas viraram criadoras de nutrição e sabor, companhias de bem-estar. Além de construtores de redes de abastecimento, distribuição e varejo são agora advogados dos consumidores: segurança dos alimentos, saúde e nutrição. Tudo isso, como explicaremos neste livro, em uma nova topologia de rede distribuída, conectada, ágil, inteligente, criativa, mais parecida com um jogo dinâmico do atual futebol, vôlei ou basquete moderno, em que todos jogam com atitude sistêmica, alta intensidade, mutável em questão de minutos, ocupando com versatilidade e dinamismo o inteiro campo de jogo. No futebol, não se joga mais por "zonas do campo"; no vôlei, não havia rodízio de posições; e no basquete havia pontos fixos... Hoje não mais. Na era bani (brittle, anxious, non-linear, incomprehensible; em português, frágil, ansioso, não linear e incompreensível) nem o mundo é mais fixo, pois ele também viaja em expansão pelo universo, e em torno dele precisamos girar como em um divertido rock and roll.

Boa navegação!

CAPÍTULO 1

Agronegócio

> "Mudam-se os tempos, mudam-se as vontades,
> Muda-se o ser, muda-se a confiança;
> Todo o mundo é composto de mudança,
> Tomando sempre novas qualidades."
>
> Luiz de Camões

1.1 O cenário: do bilhão ao trilhão de dólares, a meta mandatória para um Brasil AgroConsciente[1]

O Departamento de Agricultura dos Estados Unidos (USDA) tem clareza de que o Brasil é o único país do mundo com condições de aumentar em 41% a atual produção de alimentos em dez anos, enquanto o crescimento mundial seria de 20% (USDA, 2019)[2].

Para Ray Goldberg e John Davis, professores de Harvard, agribusiness é a soma total das operações de produção e distribuição de supri-

---

[1] Neste capítulo, e em outros, os autores estão usando dados de diferentes fontes, se referindo a períodos recentes e tendo em vista os desafios desta década até 2030. Como tudo é muito dinâmico no mercado, assim como vários fatores como o câmbio do dólar influenciam os números, recomendamos aos leitores o acompanhamento direto nas fontes mais consolidadas no Brasil para dados econômicos do setor. Abag, Sistema OCB, Conab, MAPA, Embrapa, estudos da FGV, FAO, ONU, entre outros. As fontes e os métodos do design thinking aplicados neste livro nos ajudam a trazer uma visão autoral e isso pode apresentar em alguns momentos diferentes perspectivas com outros estudiosos. Essa é a força dialógica que nos permite debater e promover novas perspectivas.

[2] Disponível em: https://feedfood.com.br/producao-de-alimentos-deve-crescer-41/.

mentos agrícolas, das operações de produção das unidades agrícolas, do armazenamento, processamento e distribuição dos produtos agrícolas e itens produzidos a partir deles.

A agricultura não pode ser tratada em separado dos demais setores da economia, ela afeta e é afetada pelos demais setores. Ao longo do tempo a parcela de valor gerado no sistema agroindustrial que permanece no setor agrícola é declinante, sendo capturado pelos setores a montante do agro. Esse fato tem implicações estratégicas.

Chegou a hora de sonhar um novo sonho maior: para nós autores, um bilhão de toneladas de produtos do agro brasileiro com 1 trilhão de dólares de valor é possível. O bilhão de toneladas já é realidade, embora nem todos percebam. Os números do Brasil são impressionantes: mais de 315 milhões de toneladas de grãos, 620 milhões de toneladas de cana, 62 milhões de sacas de café, 273 milhões de caixas de laranja, 28 milhões de toneladas de carnes (10 da bovina, 14 de aves, 4 da suína, e vem aí o pescado), 37 bilhões de litros de leite, mais de 30 bilhões de litros de biocombustíveis, cerca de 45 bilhões de ovos, 13 milhões de toneladas de hortifruti, sem contar a madeira (com papel e celulose), mandioca, palma, borracha, cacau e assim por diante (FGV Agro, 2019)[3].

Ao somarmos a economia do antes da porteira (ciência, tecnologia, máquinas, defensivos, fertilizantes, sementes, produtos veterinários e serviços) com o valor bruto da produção agropecuária, dentro da porteira e ainda adicionando as receitas produzidas com o pós-porteira das fazendas (agroindústria, processamento, distribuição, comércio e serviços, incluindo sistema financeiro, bolsas, educação, agregação de valor), chegamos a um total de cerca de US$ 500 bilhões (dependendo da taxa do câmbio e dos fatores computados dentro da cadeia do agronegócio).

---

3 TEJON, José Luiz. *1 bilhão de toneladas e 1 US$ trilhão: a meta para o agronegócio*. Disponível em: https://blogs.canalrural.com.br/agrosuperacao/2019/06/18/1-bilhao-de-toneladas-e-1-us-trilhao-a-meta-para-o-agronegocio/#:~:text=Chegou%20a%20hora%20impor%20uma,trilh%C3%A3o%20de%20d%C3%B3lares%20de%20valor.&text=O%20bilh%C3%A3o%20de%20toneladas%20j%C3%A1%20%C3%A9%20realidade%2C%20embora%20nem%20todos%20percebam.

O produto interno bruto (PIB) do Brasil oscila em torno de US$ 2 trilhões, dos quais cerca de 30%, portanto, vêm do nosso agro. Mas veremos que o percentual do agronegócio é maior se somarmos todos os impactos gerados pelo agronegócio indiretamente, desde o pet food dos cães e gatos em expansão, a digitalização, os deliveries, a indústria de eletroeletrônicos ligados ao agro, o turismo e a bioeconomia, para citar alguns exemplos.

Sobre o PIB do agro, ele muda organicamente, por diferentes fatores internos (exemplo a produção) e externos (exemplo o fator cambial do dólar). A ideia é usar os dados para dar uma referência de partida nesta década, de "onde estamos", para assim podermos imaginar para onde queremos ir. Desejável, viável, praticável?

Também temos clareza de que os pesos econômicos do setor bem se visualizam no infográfico abaixo, dando-nos uma adequada fotografia do cenário. Veja na figura:

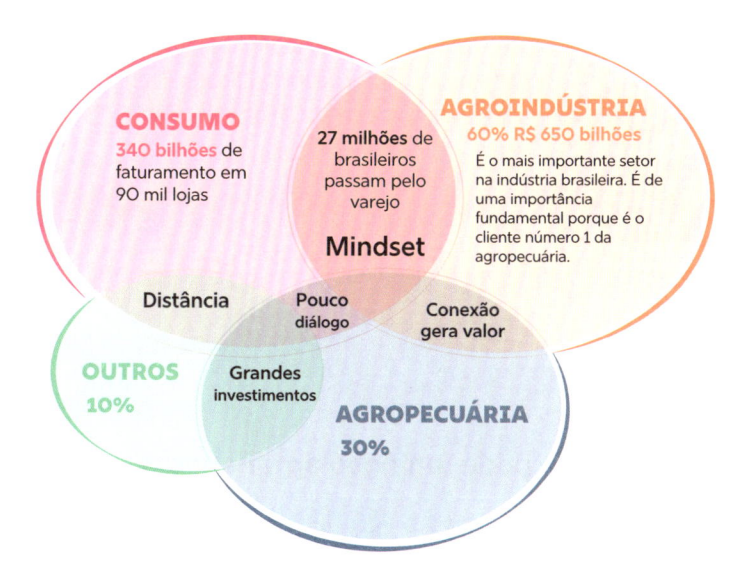

CONSUMO
340 bilhões de faturamento em 90 mil lojas

AGROINDÚSTRIA
60% R$ 650 bilhões
É o mais importante setor na indústria brasileira. É de uma importância fundamental porque é o cliente número 1 da agropecuária.

27 milhões de brasileiros passam pelo varejo

Mindset

Distância

Pouco diálogo

Conexão gera valor

OUTROS
10%

Grandes investimentos

AGROPECUÁRIA
30%

Ação requer imaginação, ou seja, a capacidade de pensar que as coisas podem mudar, para poderem ser mudadas.

Eis então o tema: seria apenas uma aspiração sonhadora dobrarmos o tamanho do valor econômico do agronegócio nacional? Ou melhor seria enquadrar a questão como estratégica e vital? Qual outro macrossetor do Brasil tem condições científicas, tecnológicas, recursos humanos, empreendedorismo e cooperativismo para contribuir decisivamente com a eliminação da fome no mundo, e, assim, permitir que o PIB do país cresça cerca de 4% ao ano, chegando perto de US$ 2,5 trilhões em cinco anos?

O Brasil não resistirá, nenhum governo sobreviverá se não crescermos. Assim, o sonho do "US$ 1 trilhão" do nosso agronegócio no final desta década de 2020 é realizável, sobretudo considerando que o agribusiness global vale cerca de US$ 20 trilhões (isso sem computar os efeitos indiretos do sistema agribusiness nas demais indústrias). Aumentar o PIB em 4% ao ano, criando e distribuindo valor através de quase 90 mil lojas de supermercados, transformando-as em pontos de educação alimentar do consumidor, será realidade se soubermos discernir entre sonho e ilusão.

> Assista no QR Code ao vídeo da entrevista do Tejon com o ex-ministro da agricultura Roberto Rodrigues, no qual eles falam sobre o 1 bilhão de toneladas e US$ 1 trilhão: a meta, das metas do agronegócio.
>
> https://www.youtube.com/watch?v=R4ZFLITlz24&list=PLqqsvkz8oJYVGD_6-wEhKfrsV0HKQ_azd

Se "por que fazer" está claro, o próximo passo é descobrirmos o "como realizar".

O plano do trilhão pede um novo agronegócio

Alcançar o trilhão de dólares no agronegócio trata da urgência de um plano de negócios (com cronograma) para saltarmos dos atuais US$ 500 bilhões para o dobro do tamanho. Da mesma maneira, como Francisco Gracioso, ex-presidente da Escola Superior de Propaganda e Marketing (ESPM), raciocinava em seu prefácio do livro *Marketing & agronegócio*, publicado em 1992, isso só será possível com a participação efetiva e coordenada da agroindústria do país[4]. O acesso aos mercados globais, a internacionalização e interdependência do supply chain nos condenam ao comércio e, como dizia Camões, o poeta português, quem faz o comércio, não faz a guerra.

Um exemplo da dependência internacional brasileira são os ativos dos produtos químicos usados nas lavouras, além da imensa maioria dos fertilizantes. Sem eles não teríamos o agro brasileiro produzindo. Assim como estamos mantendo a economia brasileira com exportações para os grandes mercados mundiais: China, Ásia, Europa e países islâmicos, que são os maiores clientes do Brasil. Logo, o fomento de mais US$ 500 bilhões para a economia brasileira nos elevaria a um patamar total do PIB de cerca de US$ 2,5 trilhões, e uma média de crescimento anual de 4%. Em qual outro macrossegmento com todas as suas ramificações econômicas, sociais e de clusters poderíamos realmente buscar essa meta?

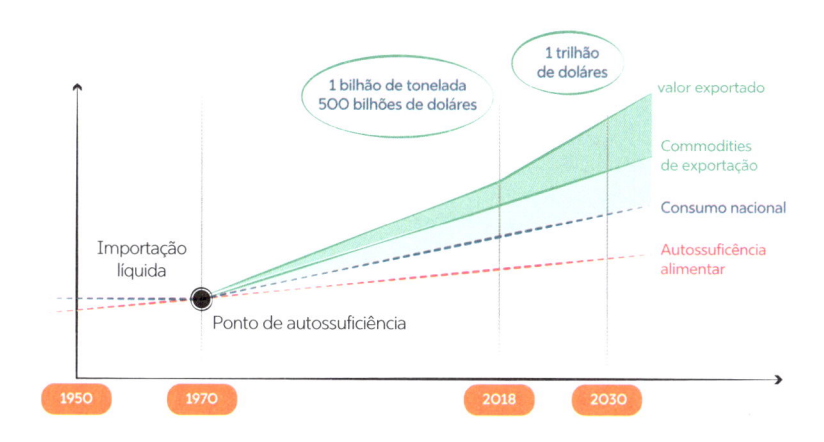

O agronegócio é prioridade de qualquer planejamento estratégico do Brasil para estabelecer crescimento sustentável do seu PIB. E precisa ser sistêmico. A provocação que lideranças como o ex-ministro da agricultura Roberto Rodrigues e que nós aqui estamos trazendo à tona é para "inco-

---

4   TEJON, José Luiz; XAVIER, Coriolano. **Marketing & agronegócio: a nova gestão – diálogo com a sociedade**. São Paulo: Pearson, 1992.

modar", no bom sentido, as lideranças para dobrarmos o agro de tamanho nesta década. Essa meta é lucida e se confirma possível também graças ao caminho que abre a obra-prima de Ray Goldberg sobre um novo agribusiness: Food Citizenship – Food System Advocates in an Era of Distrust[5]. De tamanha envergadura e dimensão nos provoca a ampliar o conceito de agribusiness/agronegócio para Food Citizenship, ou em português como estamos interpretando aqui neste livro, um AgroConsciente.

Esse é o desafio mais recente que Ray Goldberg nos lança, nos envolve e nos revolve para uma nova dimensão, um Design Thinking de todo esse megassetor que surge na ciência e na tecnologia, passa pelos produtores rurais do mundo (incluindo águas e mares com o desenvolvimento das áreas de Pesca e Aquicultura), continua pela logística, distribuição, os caminhoneiros, inclui o processamento agroindustrial, os serviços e o comércio, food service, delivery e impressoras 3D, que vão revolucionar os estoques, transferindo-os cada vez mais para os pontos de venda e lares – além de veganismo e as proteínas desenvolvidas com células em laboratórios, com um programa nutricional para o consumidor e também seus pets. Não é apenas agronegócio, mas uma sociedade agro. Ou, melhor ainda, uma agrocidadania.

Assista à entrevista do Tejon com Ray Goldberg:

https://www.youtube.com/watch?v=zcbLjqSFHMw&list=PL_s9Hbgk8aSQmzHzYFo9SGvX_lZMXom2B&index=11)

As reflexões colocadas por Goldberg nos levam a ampliar a nossa visão sobre o que é valor. Qual o valor agregado e inspiracional dos bio-

---

5 GOLDBERG, Ray A. **Food Citizenship: Food System Advocates in an Era of Distrust**. Oxônia: Oxford University Press, 2018.

mas brasileiros? Quanto vale a Amazônia Legal? Com certeza milhares de vezes mais do que todos os parques da inteligentíssima Walt Disney Corporation.

Os fundamentos de Ray Goldberg nos deixaram ainda mais realistas esperançosos – como diria Ariano Suassua – e com legitimidade de uma proposta, na qual podemos dobrar de tamanho o agro brasileiro consciente, um novo padrão de comércio, um biomarketing, um Design Thinking.

Sem esquecer do bom e sempre atual marketing de Kotler, que podemos continuar usando com a mesma fórmula:

sistema de marketing P (pesquisa, percepções) + STP (segmentação, target e posicionamento) + 4Ps (produto, preço, posicionamento, promoção), e tudo isso elevado à potência V (valores). E agora 5.0.

Logo, o comando do algorítmico de toda a fórmula começa e se encerra em valores, "values", como sempre enfatizava Steve Jobs, fundador da Apple, em suas apresentações.

Falar de valores é falar de confiança. Mas a desconfiança está presente no segmento do agronegócio, desde as desinformações sobre as tecnologias que foram criadas no antes da porteira, com defensivos químicos, sementes geneticamente modificadas, antibióticos, microbiologia etc., passando pelo dentro da porteira, com bem-estar animal, rastreabilidade, concentração, despreparo para o uso correto da ciência, falta de mão de obra para a agricultura 4.0 (digital), comércio justo na distribuição de valores ao longo da cadeia produtiva, preservando produtores rurais, confusão de percepções entre nichos e segmentos, como orgânicos, biodinâmicos etc., seguindo pelo pós-porteira das fazendas, com desperdício de um terço de tudo o que se produz, além de burocracias, tributações, logística inadequada (por omissão e desorganização de governos e de entidades representativas da sociedade civil), responsabilidade com desmatamento, água, ar, guerras comerciais, e protecionismos injustos.

Capitalismo Consciente

Há um novo papel do capitalismo consciente por parte das grandes corporações planetárias, no qual as 500 maiores impactam 70% de todo agronegócio global, e o modelo cooperativista, no qual as 300 maiores cooperativas do mundo fazem um movimento de US$ 2,1 trilhões, resultando na sétima economia do planeta.

Para 2049, a projeção é de 10 bilhões de seres humanos no mundo, e em 2022 com cerca de 8 bilhões tem-se praticamente 5 bilhões de pessoas que vivem com menos de US$ 69 por semana para comer; dentre elas, 1 bilhão sobrevivendo com menos de US$ 1,23, ou seja, estão da zona da pobreza para a miséria e a fome. Que desafio enorme, estamos diante de um grande incômodo. Mas quanto maior o incômodo, maior pode ser a criatividade para sua solução.

Ray Goldberg afirma que temos um escopo de trabalho mais amplo atrelado à Saúde[6]. Ou seja, o sentido de rebrand para o agronegócio é Saúde ou Health System. Um estudo amplo, capitaneado por Roberto Rodrigues e com a participação de diversas entidades sobre saúde humana do planeta, dos produtores e de uma sustentabilidade com responsabilidade social, descreve que o Brasil ultrapassou a marca do bilhão de toneladas de grãos produzidos. Em 1983, no primeiro curso de marketing rural na pós-graduação da ESPM, em São Paulo, detectamos que o Brasil produzia em torno de 50 milhões de toneladas de grãos.

Agronegócio: perspectivas

Para a IBM, o agronegócio estaria para ela hoje como esteve o setor da medicina nos últimos dez anos. Em conversa no Instituto Mauá de Tecnologia (IMT) com o reitor dr. José Carlos de Souza Jr., ele disse que "o digital está à serviço da melhoria de todo o analógico". Como citado na

---

6 TEJON, José Luiz. *2033: o agro que irá prevalecer já está revelado em 2023*. Disponível em: https://summitagro.estadao.com.br/colunistas/jose-luiz-tejon-megido/2033-o-agro-que-ira-prevalecer-ja-esta-revelado-em-2023/#:~:text=Quer%20dizer%20vamos%20produzir%20e,civil%20organizada%20com%20agentes%20p%C3%BAblicos.

introdução do livro, e vale repetir, os fundadores da Fundação Escola de Comércio Álvares Penteado (Fecap), a primeira escola de economia do país, em 1902, declararam: "...fundamos esta escola, pois sabemos produzir café, mas não sabemos comercializar". Décio Zylbersztajn, fundador do Programa de Estudos dos Sistemas Agroindustriais (Pensa), centro avançado dedicado à gestão e coordenação de agronegócios da FEA/USP, do mesmo modo, compreende e atua para a necessidade de aprofundarmos a gestão integrada das cadeias produtivas como única fórmula para dar um novo salto no agro brasileiro e, sobretudo, o agro agora é o único macrossetor com competências e possibilidades reais de elevar o PIB brasileiro para um nível em que emprego, qualidade de vida e bem-estar se reincorporam. Mais recentemente o Pensa está sob a coordenação do prof. dr. Cláudio Antonio Pinheiro Machado Filho.

Para elevar o PIB brasileiro, o caminho factível natural é por meio de um plano de negócio, cadeia produtiva a cadeia produtiva, de A a Z, do abacate ao zinco da carne passando por todos os produtos, em uma gestão de cadeia de valor. Luiz Pretti, ex-presidente da Cargill Brasil e presidente da Amcham, ressaltou em entrevista que os países que mais cresceram o PIB nos últimos vinte anos foram aqueles que buscaram o comércio mundial[7].

O consumo per capita precisa voltar a crescer no mundo, passando pela soja com rastreabilidade de origem, o milho e o Renovabio globalizado, o arroz e feijão nacional para o mundo, a cachaça como o spirit da alegria deliciosa, o café com cápsulas e cafeterias, a palma e a pecuária sustentável da Amazônia.

Para estarmos em sagrada sintonia com nossos fundamentos e valores, com o legítimo agribusiness de Ray Goldberg, agora rejuvenescido e reprogramado para os próximos cinquenta anos, está na hora de termos metas de crescimento e de planos de negócios, em que as reformas devem vir como solução para gargalos encontrados em cada cadeia produ-

---

7 *Luiz Pretti assume a presidência na Câmara Americana de Comércio*. **Canal Rural**, 11 abr. 2023. Disponível em: https://blogs.canalrural.com.br/agrosuperacao/2019/04/11/luiz-pretti-na-presidencia/.

tiva, e não os retalhos desfocados se anteciparem à visão da colcha que precisamos cerzir.

Mapa conceitual do agronegócio no Brasil

Um mapa conceitual do agronegócio brasileiro ajuda a visualizar o *status* atual e entender onde seria aplicável uma inovação mais eficiente. Algumas áreas já estão bem desenvolvidas, estudadas, com problemas isolados, como por exemplo, a logística de grãos ou o etanol.

Outras áreas estão com baixo desempenho ou têm grande potencial inexplorado. Parte do processo de inovação é identificar os pontos em que as mudanças paradigmáticas e/ou a inovação radical teriam o maior impacto. Mapear os gargalos ajuda a identificar onde estão as oportunidades. A inovação no agronegócio brasileiro, de maneira geral, já está acontecendo de forma contínua, principalmente com o uso de recursos privados. Há muito ecossistema a ser conectado, e achar uma maneira para se fazer isso é, por si só, por meio da inovação. Nas economias globalizadas do século XXI, cada área deve funcionar como um ecossistema/plataforma amigável a plugs.

Geopolítica e cenário

A premissa inicial é de que o agronegócio é a única área em que o Brasil pode ser um "grande player" reconhecido internacionalmente e, ao mesmo tempo, reconhecer que essa é a principal vocação natural do país do ponto de vista macroeconômico. No planeta há uma divisão de territórios não demarcada, no entanto, é real e reconhecida: a inovação na ciência e nos serviços é forte nos Estados Unidos, no Japão e em outros países menores (em Israel, por exemplo). A Europa é identificada pela cultura e qualidade. A Ásia é reconhecida pela industrialização, especialmente em grande escala. A África é um antigo e enorme território – rico em recursos naturais e biodiversidade – em busca de inovação para crescimento e um novo papel econômico a nível global. A América do Sul é caracterizada pelos recursos naturais, produção de alimentos e biodiversidade.

CAPÍTULO 1   Agronegócio   ▪   71

O Brasil é 50% da América do Sul e é o único país do mundo capaz de aumentar, a curto prazo, sua produção agrícola sem destruir mais florestas. Atualmente, o Brasil está utilizando uma fração disponível de vasta terra arável e tem a maior disponibilidade mundial de água doce superficial. Enquanto isso, a população mundial está aumentando em número, assim como em capacidade de compra.

Para continuar produzindo e exportando principalmente commodities, a necessidade prioritária será sempre agregar valor, aplicando ciência e pesquisa. É possível agregar valor nos produtos e serviços, marca, território, comunicação, sonhos de consumo. Se essas premissas são consideradas efetivas pelos atores em jogo no mercado do agronegócio, a principal consequência é de que o setor se torna o baricentro cultural da economia brasileira: industrial, logística, consumo e financeira. Todas as áreas da economia podem encontrar no agronegócio o "canal" para se tornarem internacionalmente relevantes, competitivas e inovadoras. O turismo, por exemplo, poderia usar melhor esses ativos.

O agronegócio como a "grande" indústria do Brasil

O agronegócio moderno tem a ver com ciência, processo e gestão, considerando toda a galáxia do agro como um "vetor", que vai do campo ao consumidor final global e inclui pesquisa básica e aplicada, genética, design, produção de ferramentas, equipamentos, maquinarias, química, logística, gerenciamento de informações e todos aqueles serviços que podem, de alguma maneira, agregar valor ao produto. Isso envolve, por sua vez, uma enorme e crescente variedade de atividades diferentes, das quais o Brasil poderia se tornar relevante ou conquistar uma posição de liderança, tornando-se o maior produtor/ exportador mundial de alimentos. Alimentos significa energia, saúde e vida.

O agronegócio é um negócio de quantidade e volume. O Brasil garante participação no mercado global por ter um território extenso, a produção avançada e o clima ambiental que são prerrequisitos para inovação no cenário atual. O Brasil é reconhecido como um grande player, insubstituível, que justifica investimentos nacionais e internacionais, tornando-se uma "plataforma" conectada. Neste mundo globalizado e hipercompetitivo, o espaço para geração de empregos de qualidade está diminuindo à medida que o capital se torna volátil e livre para se movimentar e ser aplicado onde as condições são mais favoráveis para o máximo retorno, enquanto a tecnologia substitui e reduz o trabalho convencional.

Um agronegócio moderno e sofisticado, baseado no conhecimento, com foco em agregar valor nas commodities básicas, em integrar novas tecnologias, como Big Data, engenharia genética off the shelf (de prateleira), pronta para o uso, e logística inteligente, oferece a médio prazo as melhores chances de empregos de qualidade para quem está entrando agora no mercado de trabalho. Todas as condições sugerem que, com uma política sólida e determinada, em um futuro próximo, o agronegócio poderá ser o setor mais promissor da economia brasileira em relação a crescimento, emprego e renda. O resto do mundo simplesmente não pode competir, por falta de espaço e recursos naturais, mas, em contrapartida, é necessário manter o agronegócio sempre moderno e atualizado para que não fique rapidamente obsoleto em seu modelo de gestão. Pois, como trataremos quando falaremos da transformação digital, essa década é desafiadora para a melhoria contínua, para tornar o dentro da porteira "smart", para aplicar a rastreabilidade na cadeia como um todo, para unir pontas soltas, e para tudo isso precisamos de campos conectados (e com conectividade de rede).

O agronegócio é dinâmico e, por isso, requer visão sistêmica, união do Design Thinking com inovação e muito marketing.

O agronegócio como bioeconomia

Um agronegócio sustentável é a grande indústria do Brasil e representa naturalmente o baricentro econômico onde logo seremos o primeiro exportador de alimentos do mundo, o único setor em que o Brasil lidera mundialmente.

É exportador de alimentos e, de acordo com a Embrapa, cultiva somente cerca de 8% das terras aráveis[8]. É um grande produtor da agricultura tropical, detém 13% da água doce superficial do planeta e seis biomas naturais. Nisso, considerando os biomas florestais, tem acesso a um novo e imponente mercado de carbono. E pode contar também com a liderança da Empresa Brasileira de Pesquisa Agropecuária (Embrapa), ou seja, tem todas as condições para desenvolver seu potencial natural com ciência, tecnologia, gestão e design de um agronegócio do século XXI.

O Brasil tropical de seis biomas e suas amplas planícies é uma das maiores biodiversidades e tem a maior floresta natural sobrevivente do mundo: a Amazônia. Esta, por sua vez, tem um destino para além da agropecuária sustentável, totalmente viável, em que mais pode ser produzido utilizando menos espaço, menos água, com know-how. *Amazônia é sinônimo de bioeconomia.*

Na era do metaverso, a Amazônia poderá ser mais entretenimento do que agropecuária. Mais experiência de consumo do que local de produção de bens. É difícil visualizar esses novos modelos quando não estamos preparados para eles. Mas, como declarou o filósofo Baruch Spinoza aos inquisidores de seu tempo: *Ignorantia non est argumentum* (ignorância não é argumento). É importante ter clareza de que a raça humana prevaleceu neste planeta graças à ciência e cultura do progresso. A cultura é a forma pela qual um grupo de pessoas resolve problemas. Neste livro, estamos propondo a cultura sistêmica, e estamos imaginando uma nova figura central orquestradora, o chief agribusiness officer.

---

8   *NASA confirma dados da Embrapa sobre área plantada no Brasil.* **Embrapa.** Disponível em: https://www.embrapa.br/busca-de-noticias/-/noticia/30972114/nasa-confirma-dados-da-embrapa-sobre-area-plantada-no-brasil.

Agilidade, inteligência, não por ignorância ou negacionismo.

Ignorância é o estado de quem não está a par da existência de algum acontecimento, que não tem conhecimento, sem repertório cultural, por falta de estudo, experiência ou prática. Ignorância não é justificativa de razão.

A Amazônia é um plano de futuro de longo prazo. Está mais para economia criativa e entretenimento, turismo ecológico, educação ecológica, história dos povos originários, história natural sobre o nascimento da vida neste planeta, do que para agropecuária. Amazônia é como o filme *Avatar* de James Cameron, é uma emocionante e poderosa plataforma cultural sobre a vida neste planeta. O potencial narrativo desse bioma é até o momento imensurável. Se mais criativos e inovadores se concentrarem sobre a Amazônia como nova economia sustentável, certamente isso terá impacto exponencial sobre o PIB do país.

Os biomas são, sobretudo, locais da saúde do planeta vivo, como nos alerta este estudo do WWF:

https://wwflpr.panda.org/pt-BR/

Amazônia, Mata Atlântica, Cerrado, Caatinga, Pampa e Pantanal são importantes não somente como recursos naturais no Brasil, mas também se destacam como ambientes de grande riqueza natural no planeta. Mas em que momento e contexto essas histórias deverão ser contadas? Definitivamente nesta década. Qual história iremos contar? Junto ou contra as organizações que atuam a favor dos ativos do planeta? Nesse sentido, nos posicionaremos como parte do problema ou da solução? Junto ou contra os clientes e consumidores? A primeira escolha é buscar ou não um ponto de convergência que nos permita caminhar juntos. Arquimedes disse: "deem-me um ponto de apoio e moverei a Terra". O ponto fixo é o mundo (na realidade, nada é fixo no universo, pois ele sempre está em expansão), a aldeia é global, e, por meio do conhecimento, não importa onde você estiver, qualquer lugar é um espaço fluido e ideal para o diálogo. "Mas o outro não quer ouvir!" Basta um simples ponto de apoio em qualquer lugar que permita a convergência afetiva, e você poderá mudar o mundo. Estará menos "rígido" nesse mundo, pois se os pontos não são fixos, você também não está determinado à imutabilidade. Mesmo estando aí, lançado no mundo, podemos escolher divergir nas cores e nos cheiros, nos sabores e nas imagens, nas peles e nos toques, e podemos ainda assim convergir em torno de uma identidade abrangente chamada Brasil. A nossa provocação é: "vamos juntos fazer a meta do trilhão acontecer". Mas também provocamos quando dizemos que não é de qualquer jeito, precisamos fazer com excelência. Senão, são só boas intenções. A palavra excelência deriva do latim *excellentiae*, e significa superioridade, derivada de *excellere*, com sentido de erguer, de ficar em um lugar mais elevado, de ser superior. Ou seja, é um aspecto norteador do como fazemos as coisas, algo atrelado à atitude das pessoas que se envolvem nas coisas, inerente às causas. O "como fazemos" define o resultado das nossas ações. E, se fazemos com excelência, estamos sempre em melhoria contínua. A questão da excelência é cultural, do indivíduo e do grupo. É, sobretudo, uma atitude, uma postura consciente na maneira como abordamos as coisas da vida.

Não podemos prever com certeza o futuro, mas muito do que virá do ponto de vista tecnológico já está sendo criado nos laboratórios de pesquisa, e, a partir disso, com imaginação, podemos criar o futuro a partir de tais indicadores disponíveis no presente. A partir de desejos e aspirações, como veremos quando falarmos da inovação guiada pelo design. Uma regra do marketing que vale para o agronegócio brasileiro é que, se você quer algo novo, você precisa parar de fazer algo velho. As organizações brasileiras precisam ser criativas para encontrar parceiros que complementem suas forças e compensem suas fraquezas (nacional e internacionalmente). Afinal, muito já foi feito no quesito produto, e muito precisa ser feito diferente para acompanhar o ciclo de vida do mercado que está em evolução. Profissionais de marketing não criam necessidades: as necessidades existem antes dos profissionais de marketing. Estes, paralelamente a outras influências da sociedade, influenciam desejos.

O agronegócio com visão sistêmica busca perspectivas mais amplas. Explora o modo como se dá a evolução na vida das pessoas e de seus stakeholders:

- em termos socioculturais (por que as pessoas/clientes compram as coisas?);
- em termos ambientais (como as tecnologias e o ambiente estão moldando/impactando o nosso cenário?).

Se conecta com o espírito do tempo. Espírito do tempo ou sinal dos tempos significa o conjunto do clima intelectual e cultural do mundo, em uma época, ou as características genéricas de um determinado período. Assim, hoje não é mais possível fazer hidrelétricas, construir casas, fazer agricultura, tratar os indígenas, implementar um PAC como há trinta anos.

No novo paradigma, o meio ambiente e o social não estão subordinados ao desenvolvimento econômico. Fugir disso é negar o presente, é ignorar a realidade como ela é hoje, e precisa ser não por bondade, e sim por necessidade.

Para o setor do agronegócio, é significativa uma outra visão sistêmica desenvolvida por professores da Universidade de Estocolmo: uma nova maneira de ver os Objetivos de Desenvolvimento Sustentável (ODS) pelas Nações Unidas e como todos eles estão ligados à alimentação. Em junho de 2016, os professores Johan Rockström e Pavan Sukhdev pressionaram por uma nova maneira de ver os aspectos econômicos, sociais e ecológicos dos ODS.

POLÍTICA ALIMENTAR
ACESSO A ALIMENTOS
CONTROLE DOS
RECURSOS NATURAIS
RELAÇÕES POLÍTICAS
E ECONÔMICAS
ALÉM E ATRAVÉS DOS
ALIMENTOS

DIPLOMACIA ALIMENTAR

VIDA CIRCULAR

ECONOMIA CIRCULAR
PERDA E DESPERDÍCIO
DE ALIMENTOS
CIDADES E CASAS
INTELIGENTES

COMIDA
É ENERGIA, É VIDA
É CULTURA, É CUIDADO
É TRADIÇÃO
É INCLUSÃO, É
DIVERSÃO
É PRAZER

ECOSSISTEMAS CLIMATICAMENTE INTELIGENTES

PROSPERIDADE

IDENTIDADE ALIMENTAR

MODELOS DE NEGÓCIO
REGENERATIVOS
NEW DEAL VERDE
COMPENSAÇÃO DE
CARBONO
ADAPTAÇÃO CLIMÁTICA

NOVO KPI PARA NEGÓCIOS
SGDS COMO FRAMEWORK
PARA OS NEGÓCIOS
FINANÇAS VERDES

CULTURA
CELEBRAR TRADIÇÕES
ALIMENTOS COMO REMÉDIOS
INCLUSÃO SOCIAL
DIVERSIDADE COMO VALOR
MUDANÇA COMPORTAMENTAL

[9]

Eles realizaram um infográfico que descreve como as economias e as sociedades devem ser vistas de forma sistêmica como partes incorporadas da biosfera. Essa visão vem para essa década de 2020 como uma superação da abordagem setorial, em que até então o desenvolvimento social, econômico e ambiental eram vistos como partes separadas.

---

9 LARICCHIA, Claudia; LOMBARDI; Mariarosaria e ROVERSI, Sara. *Sustainable Development Goals and Agro-food System: the Case Study of the Future Food Institute*. Disponível em: https://www.oneplanetnetwork.org/sites/default/files/sustainable_development_goals_and_agrofood_system_2020_paper_lombardi_laricchia_roversi.pdf. Acesso em: 26 mai. 2023.

Veja o infográfico em alta resolução acessando este QR Code:

https://stockholmuniversity.app.box.com/s/euiqoxn55c0pesh-464bijlwhy3i9trz0

Os autores do infográfico argumentaram – e nós concordamos – que todos os objetivos de desenvolvimento sustentável estão direta ou indiretamente ligados à alimentação sustentável e saudável.

Assista à apresentação da Universidade de Estocolmo acessando o QR Code:

https://stockholmuniversity.app.box.com/s/g28oorypbvjl-3vs7mu6we7ccgcty50pz

Em síntese, um AgroConsciente permite a conexão das organizações com os diferentes stakeholders. E com o espírito do tempo. Está na mentalidade e no comportamento das próprias pessoas que atuam nesse setor.

É o fluxo de caixa de futuro, e para isso, serve novas moedas, que interessam sobretudo ao Brasil.

Novas moedas: água, carbono

Pudemos observar diversas fontes que tratam da água. Fazendo uma síntese, estima-se que "97,5% da água existente no mundo é salgada e que não é adequada ao consumo direto nem à irrigação da plantação.

Dos 2,5% de água doce, a maior parte (69%) é de difícil acesso, pois está concentrada nas geleiras, 30% são águas subterrâneas (armazenadas em aquíferos) e 1% encontra-se nos rios"[10].

Logo, o uso desse bem precisa ser pensado para que nenhum dos diferentes usos para a vida humana seja prejudicado. E precisa haver uma mensuração correta para, com lucidez, podermos tomar as melhores decisões cabíveis a médio e longo prazos. Por exemplo, o agro no mundo consome mais que 70% da água potável, mas esse número vem de estudo de propriedades na Espanha, que foi generalizado para o mundo. No Brasil, a Organização das Nações Unidas para a Alimentação e a Agricultura (FAO), a Embrapa e o Pacto Global estão calculando o percentual correto, diferenciando em área irrigada e área não irrigada (FAO).

> Veja, no portal da Embrapa, perguntas e respostas sobre o tema água e algumas práticas para melhor uso da água no agro, como irrigação por gotejamento (que aumenta a produtividade!), cultivares mais resistentes à seca etc.:
>
> https://www.embrapa.br/agua-na-agricultura/perguntas-e-respostas#:~:text=%C3%89%20poss%C3%ADvel%20otimizar%20a%20utiliza%C3%A7%C3%A3o,dentro%20de%20uma%20%C3%A1rea%20agr%C3%ADcola

Brasil "produtor" de águas

Como um dos países mais ricos em florestas do mundo, o Brasil tem papel fundamental para estimular iniciativas individuais e coletivas que favoreçam a manutenção, a recuperação ou a melhoria dos serviços ecossistêmicos providos pelas florestas, como a conservação dos ecossistemas, dos recursos hídricos, do solo e da biodiversidade. A

---

10 Agência Nacional de Águas e Saneamento Básico (ANA). *Água no mundo*. Disponível em: https://www.gov.br/ana/pt-br/acesso-a-informacao/acoes-e-programas/cooperacao-internacional/agua-no-mundo#:~:text=Estima%2Dse%20que%2097%2C5,%25%20encontra%2Dse%20nos%20rios.

Política Nacional de Pagamentos por Serviços Ambientais (PNPSA), Lei n. 14.119[11], se bem interpretada e colocada em prática, fará da década de 2020 uma "divisora de águas" para este século. Essa lei estabeleceu o arcabouço jurídico necessário para avançar na agenda da sustentabilidade brasileira, e poderá fazer do Brasil o promotor número 1 do ativo água no planeta. Assim como países prosperaram com o petróleo, o Brasil poderá prosperar muito mais com a água, quando esta se tornar uma moeda de troca.

Como esse tema é "fluido", para continuar acompanhando o assunto, uma fonte crível é a The Nature Conservancy (TNC), que tem trabalhado para proteger as terras e águas. Do seu histórico trabalho de aquisição de terras às suas pesquisas pioneiras, que influenciam políticas globais, a TNC está constantemente se adaptando para dar conta dos maiores desafios do planeta. Fica como uma das tantas fontes para formar opinião sobre tais temas. Veja no site maiores informações.

https://www.tnc.org.br/conecte-se/comunicacao/artigos-e-estudos/lei-psa-1ano/

Carbono

Em diálogo com Daniel Vargas, coordenador do Observatório Bioeconomia da Fundação Getúlio Vargas (FGV), ficou claro para nós autores que uma das pautas principais para o Brasil seja tropicalizar as métri-

---

11 BRASIL. *Lei n. 14.119, de 13 de janeiro de 2021*. Institui a Política Nacional de Pagamento por Serviços Ambientais; e altera as Leis n. 8.212, de 24 de julho de 1991, 8.629, de 25 de fevereiro de 1993, e 6.015, de 31 de dezembro de 1973, para adequá-las à nova política. Brasília, DF: Presidência da República, [2021]. Disponível em: http://www.planalto.gov.br/ccivil_03/_ato2019-2022/2021/lei/L14119.htm. Acesso em: 18 dez. 2022.

cas e metodologias na mensuração de carbono. As moedas são reflexo do mundo, e o mundo a certo ponto se torna um reflexo da moeda. "A Cesar o que é de Cesar." Os grandes impérios nos ensinam sobre a importância das questões tributárias, jurídicas, de compliance, fazer comércio, abrir rotas. Não por acaso, para fazer parte do grupo de países da Organização para a Cooperação e Desenvolvimento Econômico (OCDE), desejo brasileiro, o Brasil precisa se organizar em muitos desses aspectos. A política comercial da União Europeia (UE), por exemplo, reforça a aplicação da Agenda 2030 e dispõe que o desenvolvimento sustentável será realizado mediante os acordos preferenciais de comércio assinados pela UE. Assim, os parceiros comerciais da UE, entre eles o Brasil, devem seguir os padrões e os acordos internacionais de trabalho e meio ambiente, além de cumprir efetivamente as leis ambientais e incentivar o comércio sustentável dos recursos naturais. Há, ainda, que combater o comércio ilegal de espécies ameaçadas, combater os efeitos negativos das mudanças climáticas e promover práticas de responsabilidade social corporativa. A OCDE compreende que a capacidade de obter melhorias no PIB e no bem-estar, a longo prazo, depende da conservação e do uso sustentável dos recursos naturais. Significa que se deve atuar de modo a provocar menos impactos ao meio ambiente, ao mesmo tempo em que se usa menos recursos naturais.

Dentro dessas mesas de negociação, uma vez que um player joga um papel ativo, é possível ter mais força de negociação para criar novas dinâmicas compensatórias e trabalhar junto proativamente para influenciar de maneira positiva a criação das novas moedas.

A potencial dimensão de todo o universo ambiental monetizável em dólares do carbono, se virasse um ativo, equivaleria a 50% de todo o PIB mundial, ou seja, entre US$ 40 e US$ 50 trilhões.

Esse é um tema em aberto, que será desvendado ainda na década de 2020, e sobre o qual ainda precisamos formar muita opinião. Para isso, vale a pena a leitura de um estudo da Câmara Internacional do Comércio (ICC) com WayCarbon sobre o potencial do Brasil no mercado de créditos de carbono. Veja o link no QR Code:

> https://blog.waycarbon.com/2022/10/brasil-pode-atender-a-ate-487-da-demanda-global-de-creditos-de-carbono-ate-2030/

Uma citação daquilo que poderá ser lido no site, mas que achamos válido ressaltar:

> Sabemos que ainda existe falta de clareza no mercado de crédito de carbono como um todo, com questões que partem desde o seu papel na agenda climática a como identificar os atores, incluindo dúvidas mais objetivas, como os métodos de rastreamento dos créditos. O nosso objetivo é entregar uma bússola que indique o caminho aos agentes econômicos de forma transparente para que eles possam desenvolver, estruturar e fortalecer esse mercado... é necessário fortalecer os fluxos das etapas de geração do crédito de carbono, por isso, um dos objetivos deste trabalho é nivelar o conhecimento e melhorar a qualidade do debate sobre o crédito de carbono no Brasil. (Laura Albuquerque, gerente-geral de consultoria da WayCarbon)

A ICC Brasil, presença nacional da maior organização empresarial do mundo, em parceria com a WayCarbon, tem estudado e apresentado regularmente publicações sobre oportunidades para o Brasil nesse segmento, além de montar o quebra-cabeça desse ecossistema nacional com todos os stakeholders envolvidos.

Uma hipótese, uma aposta, uma necessidade o tema da bioeconomia como possibilidade gigantesca para o que hoje ainda pode ser visto como impossível. Reiteramos: ignorância não é argumento.

Ratificação de Nagoya é vital para bioeconomia no Brasil

Após a década passada refletir sobre o tema, o Brasil iniciou esta nova década ratificando o Protocolo de Nagoya. O Protocolo de Nagoya é intrínseco ao potencial da bioeconomia brasileira e de um universo de possibilidades desconhecidas a ser explorado como forma de fomentar conhecimento, inovação, investimentos e benefícios socioeconômicos e ambientais. A aprovação do tratado internacional encerra as discussões sobre o tema, e o Brasil poderá participar das deliberações futuras nas Conferências das Partes da Convenção sobre Diversidade Biológica (CDB), nas quais o país somente compareceu como observador nos últimos anos (2014, 2016 e 2018), sem envolvimento direto nas discussões. O acordo internacional regulamenta as regras no que diz respeito à pesquisa, ao acesso e à repartição justa e equitativa dos benefícios advindos da utilização de produtos baseados em recursos genéticos. Ele obriga os países signatários a agirem com mais segurança jurídica e clareza em sua legislação de acesso e repartição de lucros e a encararem com mais seriedade a importância da biodiversidade para o desenvolvimento sustentável. O protocolo garante, sobretudo, o respeito à soberania nacional sobre recursos genéticos em negociações internacionais, de modo que os lucros de produção e venda serão obrigatoriamente repartidos com o país de origem, e reconhece os direitos dos povos originários sobre seus conhecimentos tradicionais associados (CTA), por meio do recebimento de benefícios para essas comunidades indígenas e locais.

Para os stakeholders envolvidos como empresas, universidades e órgãos de pesquisa públicos que usam recursos genéticos, se faz prioritário ter clareza e previsibilidade sobre as regras que regem o tema no plano internacional. A ratificação fará com que o Brasil amplie a gestão da agenda nacional e internacional sobre o tema, e pedirá maior atenção, capacidade e habilidade em se promover a biodiversidade brasileira, evitando barreiras ao uso de recursos genéticos *ex situ* encontrados historicamente no Brasil, e impulsionando uma visão realista e que fomente a inovação com base nos recursos e conhecimentos da biodiversidade, que precisa ser cada vez mais conservada e utilizada de forma sustentável. Os reais benefícios serão colhidos após resolver todos desses desafios.

O acordo é um passo importante para o Brasil no que tange à questão ambiental e à participação mais efetiva do país nas negociações internacionais com relação ao Protocolo, principalmente considerando as dimensões da diversidade biológica do país. Ter um arcabouço legal como o Protocolo de Nagoya garante ao povo brasileiro uma soberania sobre o material que a gente tem no país.

Os desafios de fazer parte da OCDE

A OCDE formalizou em 2022 o convite para início da adesão do Brasil à organização. Isso é o que chamamos de ponto de não retorno. Há décadas o Brasil namorou a ideia, foi se organizando para isso e agora foi convidado. Esse "casamento" é um rito de passagem nada banal.

Essa decisão de fazer parte, uma escolha intencional, reflete o desejo de fazer parte e promover os valores fundamentais da OCDE: a defesa da democracia, das liberdades, da economia de mercado, da proteção do meio ambiente, dos direitos humanos, sendo prioridade número 1 do nosso país e da organização. Por outro lado, é uma necessidade que se faz virtude, no sentido de que precisamos pertencer a essa "rede de países avançados" para um maior protagonismo global, e que para fazer isso, temos que mudar para práticas excelentes. Ou seja, transparência, compliance, meio ambiente etc. Saiba mais no importante estudo recente sobre como o Brasil é visto hoje pela OCDE.

O estudo "O Brasil como visto pela OCDE" é digno de nota e merece ser lido na íntegra:

https://eesp.fgv.br/noticia/o-brasil-como-visto-pela-ocde

Queremos ressaltar a importância de fazer parte da OCDE, para neste grupo poder negociar, influenciar, priorizar pautas, além das gritarias midiáticas e *guerrillas* comunicacionais. Como veremos quando falaremos do Design Thinking pra gerar valor, é necessário pertencer a ecossistemas de inovação. A nível global, para um país das dimensões do Brasil, é condição necessária fazer parte da OCDE. Nessa mesa, o futuro do Brasil se joga, e muito. Agora que o convite foi concretizado, o Brasil passará por um difícil processo de exame pelos membros da Organização, compreendendo análises de todas as suas políticas.

Criada em 1961, e com sede em Paris, a OCDE é uma organização internacional formada atualmente por 37 países (número que está variando e se ampliando), incluindo algumas das principais economias desenvolvidas do mundo, como Estados Unidos, Japão e países da União Europeia. É vista como um "clube dos ricos", mas também tem entre seus membros economias emergentes latino-americanas, como México, Chile e Colômbia. O Brasil manifestou formalmente o interesse em tornar-se membro pleno da organização em 2017. Para deixar claro o desafio, até agora, ao longo de mais de três décadas, o Brasil aderiu a 103 dos 251 instrumentos normativos da OCDE.

É importante frisar que a OCDE é, primordialmente, uma organização de boas práticas regulatórias, entendidas e defendidas pelo sistema capitalista ocidental. O modelo de regulação das atividades econômicas tem sido foco de atenção de diversos atores das sociedades contemporâneas. Grupos específicos de interesses, organizados de maneira difusa no tecido social, demandam, progressivamente, os mais variados tipos de regras, formuladas para proteger bens, interesses e valores considerados relevantes pela coletividade. Muitas dessas regras, entretanto, incidem sobre o funcionamento da economia e de segmentos específicos de mercado. Essas regras podem, inclusive, causar problemas importantes na alocação de recursos. Torna-se relevante, assim, compreender como essas regras são feitas e como é possível minimizar efeitos negativos e maximizar resultados positivos sobre a economia e a sociedade. Fazer parte ajudará a modernizar o Brasil. O diálogo e a identificação dos vários organismos internacionais de regulação são pertinentes na perspectiva internacionalista desenvolvida pela OCDE. A atividade regulatória de um país não pode ser executada de maneira nacional e insulada, sem conexão com a produção normativa e cognitiva internacional. Em muitos casos, as regras, os princípios, as diretrizes e os estudos analíticos produzidos no âmbito desses arranjos internacionais expressam o consenso vigente sobre determinado tema, bem como, nos casos de relação direta da normatividade com ciência, indicam o estado da arte em determinado assunto.

Na perspectiva da OCDE, portanto, a atividade regulatória, necessidade das sociedades contemporâneas, deve ser compreendida no contexto político-democrático e de economia de mercado. A ideia de política e de reforma regulatória abarca essas categorias, uma vez que todas elas, direta ou indiretamente, têm impacto sobre as atividades dos atores econômicos, sobre as decisões de empresas e sobre as escolhas dos consumidores. Os efeitos econômicos recebem destaque. São mencionados os seguintes efeitos econômicos: aumento da produtividade, diminuição de preços, aumento da oferta e estímulo à inovação. Será necessária muita negociação, pois há reconhecimento da necessidade de medidas compensatórias em certos casos, pois a regulação pode afetar desigualmente os atores econômicos. Embora haja situações de perdas para alguns setores, o efeito geral é positivo para a sociedade, pois ocorre dinamização das atividades econômicas. Para isso, é preciso ter uma visão sistêmica do PIB brasileiro e como eixo central o agronegócio, que direta e indiretamente impacta todos os segmentos sociais e ambientais do país, temas primordiais para fazer parte da OCDE.

Os efeitos econômicos dessa estratégia dentro da OCDE são enormes, por exemplo, o incremento de oportunidades comerciais e de investimentos diretos, com efeitos positivos sobre o crescimento econômico. Os efeitos positivos dinamizam a economia, criam empregos, distribuem os ganhos de produtividade e melhoram os bens e serviços consumidos pelas pessoas. Os efeitos não se limitam à qualidade dos serviços prestados pelos organismos públicos. As empresas privadas, ao terem que cumprir normas jurídicas mais racionais, diminuem custos e aumentam sua eficiência na prestação de serviços e no fornecimento de bens. Outro aspecto relevante da reforma regulatória consiste em tornar a regulação complementar ao alcance de metas estipuladas para as políticas públicas. Na perspectiva da Organização, segurança, saúde e proteção do consumidor podem ser promovidas em mercados mais competitivos, desde que eles sejam devidamente supervisionados, para que a competição gere benefícios aos consumidores. Destaca-se, primeiramente, a necessidade de uma liderança política para conduzir a reforma. Os atores privados e públicos, mesmo que desvinculados da atuação estatal, devem ser comunicados e, se possível, devem se engajar em todas as etapas da reforma, a fim de conferir força e legitimidade ao processo. Reformas mais abrangentes costumam funcionar melhor do que reformas pontuais, porque o esforço político e técnico de convencimento e demonstração são feitos uma única vez para diversas frentes. A cooperação e a coordenação internacional são também importantes instrumentos no processo de reforma, pois possibilitam o contato direto com práticas exitosas adotadas por outros países e, igualmente, que as mudanças decorrentes da reforma tornaram o país economicamente mais integrado à economia mundial.

Concluindo

Concluindo esse capítulo, falar de água e de carbono como novas moedas é sentar-se à mesa da OCDE com outro peso específico. É falar do ciclo de vida do planeta, que se traduz em produtos e serviços e que voltam de uma forma ou de outra a serem água e carbono, como lixo ou nova vida para cerca de 8 bilhões de seres humanos, junto a toda a flora e fauna do planeta. É complexo porque pede um novo paradigma. É o desafio da década de 2020. Considerando tudo isso, o Brasil precisa ser proativo.

E nessa proatividade, merece destaque o trabalho da Rede Empresarial Brasileira de Avaliação de Ciclo de Vida (Rede ACV) lançada em

2013 exatamente com essa missão de mobilizar as empresas, articular governos e educar o consumidor, visando incorporar a ACV como ferramenta para determinar a sustentabilidade dos produtos. Para isso, ela visa criar um ambiente de cooperação para o uso de ACV no Brasil; educar e capacitar a sociedade sobre esse conceito, sua aplicação e seus benefícios; disponibilizar e disseminar para diversos públicos informações sobre ACV no Brasil e colaborar e apoiar o governo brasileiro na consolidação do Banco Nacional de Inventários do Ciclo de Vida.

"Muitos consideram estudos de ACV um tanto complicados, mas este é o caso da ACV refletindo as complexidades de nosso mundo"[12]. (Baumann e Tillman)

Vale acompanhar e fazer parte deste hub:

https://redeacv.org.br/

---

12 BAUMAN, Henrikke; TILLMAN, Anne-Marie. **The Hitch Hiker's Guide to LCA: an Orientation in Life Cycle Assessment Methodology & Applications**. Lund: Studentliteratur, 2004. p. 41.

CAPÍTULO 2

Modelo de gestão e marketing

"Demora dias para se aprender marketing.
Infelizmente, leva-se uma vida inteira para ser um mestre."

Philip Kotler

2.1 Um modelo de gestão, marketing e comunicação para o food system

Marketing como filosofia administrativa, tendo no seu centro a percepção, corações, mentes e almas humanas, segue imbatível e é um dos principais fundamentos para essa jornada de presente-futuro. Marcos Cobra e Peter Drucker convergem ao falar de marketing como a geração de satisfação do consumidor e, como consequência, o lucro para empresa. E que aqui neste livro estamos traduzindo em geração de valor com impacto econômico, social, ambiental. O marketing continua central nas organizações, local de orquestração de stakeholders, e em razão disso essa ciência evolui constantemente. Conecta-se com branding, com Design Thinking, com psicologia social, com neurociência[1]

---

1   A psique do consumidor pode ser representada como um iceberg, cuja massa emergente, cerca de 5% a 10% do volume total, representa as necessidades explícitas e os comportamentos manifestados, enquanto 90% a 95% da massa escondida é a parte emocional. Em estudos recentes, nas nossas tomadas de decisão, somos apenas de 5% a 10% conscientes, e o resto do tempo agimos pelas forças do inconsciente (hábitos, crenças). Na internet existem vários cursos e estudos sobre neurociência, como por exemplo a excelente aula da Prof. Ana Carolina Souza sobre Neurociência, comportamento e perfor-

e neuromarketing[2], com a transformação digital. Além disso, precisa de disciplina de gestão para obter êxito. Marketing no agronegócio é, portanto, saber identificar e apresentar soluções agroalimentares, energéticas, ambientais, originadas dos solos, águas e mares, reunindo o estado da arte científica à educação perpassando todos os elos das cadeias de valor, até os consumidores finais. Fazer isso – como nos incita Marco Zanini, um dos co-autores deste livro – com processos velozes. Fazer através de lideranças pedagógicas que ofereçam – a partir de suas organizações – apoio para a compreensão das cadeias de negócio em sua totalidade de valor, que aqui chamamos de Food System. Fazer isso agindo com sustentabilidade nas relações sob governança sistêmica com foco elevado no que é prática de excelência conhecida, e com curiosidade vital na busca e pesquisa por novas práticas ainda desconhecidas, porém necessárias e desejadas. Isso tudo dito tanto para os mercados quanto para iniciativas filantrópicas.

Nosso agro será do tamanho que as tantas perspectivas novas irão trazer e abrir ao mundo. Um agro onde a percepção de suas realidades o possa exprimir em seu maior potencial, e onde seremos finalmente reconhecidos pela dimensão continental do valor e talento brasileiro para competir e cooperar. Será esse agro, nesta década, que trará ao mundo

---

mance, na Casa do Saber. Vale a pena assistir ao breve trecho do Curso da Casa do Saber. Disponível em: https://www.youtube.com/watch?v=YU9a6GS4fC8.

2   Neuromarketing é um campo de estudo recente do marketing que estuda a essência do comportamento do consumidor. Com a necessidade de obter resultados mais assertivos surge o neuromarketing, uma ciência que coloca na mesma casa marketing, antropologia, psicologia, biologia e neurociência para entender a raiz do comportamento do consumidor. Seus desejos, impulsos e motivações de compra, estudando diretamente as reações neurológicas. Uma resposta mais "verdadeira", por partir da análise do cérebro reagindo aos estímulos. A pesquisa científica nessa área usa técnicas biométricas na busca de uma análise detalhada das preferências, necessidades, experiências, emoções, memórias, cuidados e percepção do consumidor, usando modernas técnicas e metodologias como eletroencefalograma (EEG) e técnicas biométricas como medição da frequência cardíaca e galvânica

Por meio da análise profunda das reações aos estímulos de comunicação, procura-se levantar não aquilo que sejam peculiaridades individuais, mas, sim, o que é próprio do imaginário coletivo.

segurança alimentar, paz, e uma nova dimensão ascensional de esperanças e de percepções humanas. Essa é a proposta que estamos querendo lançar neste livro.

Compreender o potencial a ser dimensionado e interpretado requer, sobretudo, visão sistêmica e marketing. Compreender os desejos que movem o mundo e as necessidades de segurança alimentar que de grande necessidade se fazem para nós práticas virtuosas, esse é o mote do agro consciente brasileiro, a bandeira branca que poderá contribuir para a paz mundial. Sem ufanismos, com pragmatismo e, reiteramos, com disciplina de gestão.

Para enfrentar esse destino, é preciso desvendar a fórmula do marketing e da comunicação. Não há espaço neste livro para uma visão didática do que é e como funciona o marketing que Kotler e Marcos Cobra já ensinaram e publicaram. O que traremos aqui é uma visão holística, avançada e mais estratégica sobre o assunto, aliando a muito conhecimento de modo multidisciplinar e, quando possível, transdisciplinar, buscando despertar mais interesse nos leitores, de modo que possam se aprofundar nos tópicos que sentirem mais interesse e necessidade.

A formula do marketing:

sistema de marketing P (pesquisa, percepções) + STP (segmentação, target e posicionamento) + 4Ps (produto, preço, posicionamento, promoção), e tudo isso elevado à potência V (valores). E agora 5.0.

Existe a realidade, e existe a percepção da realidade. É preciso gerenciar percepções.

Falar de percepção é falar de seres humanos, dos cinco sentidos, de questões do inconsciente individual e coletivo, nesta década e neste momento histórico de uma sociedade complexa, e que está em acelerada mudança. É falar, também, de novas plataformas de interação e encantamento. Atualmente, falar de futuro é desvendar um enigma em parte desvendado, em parte em ebulição, portanto com potenciais desvios de caminho pouco previsíveis. O que acreditamos ser um vetor que não irá mudar – independentemente dos ventos do presente-futuro – é a questão do capitalismo consciente no qual estamos inseridos, e para onde sempre mais iremos. Olhar para o passado é essencial par aprender com ele como chegamos até aqui, e as melhores práticas. Trilhar esse caminho é agir com força de vontade na experimentação e inovação – e daremos mais enfoque nisso.

O *continuum* realidade-virtualidade abrange uma infinidade de objetos, eventos e ambientes que vão desde entradas multissensoriais do mundo real até simuladores virtuais multissensoriais interativos, nos quais a integração sensorial pode envolver combinações muito diferentes de entradas físicas e digitais. Essas diferentes formas de estimular os sentidos podem afetar a consciência do consumidor, potencialmente alterando seus julgamentos e comportamentos. Tecnologias como realidade aumentada (RA) e realidade virtual (RV) irão modificar o sensório humano e atuar na consciência do consumidor. Qual o impacto potencial dessa consciência alterada no comportamento do consumidor e, também, como isso pode abrir caminho para novos encantamentos[3]?

A consciência pode ser entendida como uma alucinação controlada baseada em previsões sobre os inputs sensoriais mais recentes. Muitos pesquisadores que trabalham na neurociência destacaram o papel fundamental dos inputs sensoriais e do feedback recorrente no estabelecimento/manutenção da consciência[4]. A consciência depende de como um estímulo é perceptível e de como, exatamente, a atenção é desdobrada.

No contexto do comportamento do consumidor, a consciência também desempenha papel crucial, pois contribui para as escolhas e o bem-

---

3 PETIT, Olivia; VELASCO, Carlos; WANG, Qian Janice. *Consumer Consciousness in Multisensory Extended Reality*. Disponível em: https://www.frontiersin.org/articles/10.3389/fpsyg.2022.851753/full. Acesso em: 23 dez. 2022.
4 Acredita-se que a experiência visual consciente emerja do processamento e da transmissão de informações de áreas sensoriais até regiões corticais e motoras de ordem superior. Por sua vez, o espaço de trabalho occipital temporo-parietal é continuamente escaneado e acessado pela rede de atenção. Enquanto os mecanismos subcorticais de baixo para cima suportam a vigília, os mecanismos corticais de cima para baixo são importantes no que diz respeito à entrega do conteúdo da consciência.

-estar, principalmente ao alinhar o comportamento do consumidor com o *self*. A consciência do consumidor pode assumir várias formas com diferentes impactos no comportamento do consumidor. Por exemplo, a consciência da saúde do consumidor demonstrou ter efeito positivo na intenção de comprar produtos alimentícios orgânicos. A consciência corporal também demonstrou impactar como as mulheres imaginam ser possível controlar a aparência física, levando-as a investir tempo na criação de autorretratos para expressar sua identidade nas mídias sociais.

É importante notar que destacar a consciência do consumidor não diminui o papel dos processos inconscientes e o impacto dos inputs sensoriais sobre eles. Nossa experiência do mundo sensorial sempre tem um leve atraso, o que levanta a possibilidade de que todas as funções mentais conscientes sejam iniciadas inconscientemente. Os processos inconscientes têm sido reconhecidos como uma das principais causas do comportamento do consumidor. E sobre isso falaremos mais adiante quando abordaremos a fórmula da comunicação.

O ponto-chave a ser discutido aqui pelo marketing é como uma diminuição e/ou alteração da consciência gerada por uma mudança na qual os inputs sensoriais são transmitidos aos consumidores podem impactar fortemente a(s) forma(s) em que eles são influenciados e tomam decisões.

2.2 Marketing tem fórmula

Quem tem medo de matemática pode ficar tranquilo. A ideia aqui é reunir a sabedoria de Philip Kotler, a de Raimar Richers (*in memoriam*), a de Marcos Cobra, a de Francisco Gracioso (*in memoriam*) a uma frase lapidar de Isaac Newton: "*Se vemos mais longe, é porque estamos sobre ombros de gigantes*".

E isso vale para o marketing, que é uma ciência da administração para gerar valor no mercado. Ontem, hoje e no futuro. O sábio Raimar Richers, ex-professor da Fundação Getulio Vargas (FGV), com Marcos Cobra, nos ensina que marketing é uma filosofia administrativa que exige uma análise dos fatores incontroláveis e dos fatores controláveis. Kotler, o pai e símbolo global de marketing, inclui, dentre tantos Ps, o P das pesquisas, com forte ênfase nas percepções humanas, e eleva a enorme importância da segmentação, do target e do posicionamento. Nesse eixo sutil da inteligência de marketing, para compreender como segmentar, obter a consciência do target dentro do segmento e o posicionamento estrutural na mente dos clientes, stakeholders, consumidores e facilitadores, nos valemos dos saberes do professor Francisco Gracioso, profundo detalhista sobre essa arte da segmentação e do posicionamento. Para implementar a estratégia de marketing em ações "elevando ao quadrado", temos outra fórmula sagrada em um dos fundamentos menos estudados nas academias e nas organizações: consciência, vendas e people to people. Marketing é sistêmico, ou não é marketing. No apêndice deste livro estamos disponibilizando para o leitor um trabalho importante e ainda atual realizado por Tejon com o Prof. Coriolano Xavier sobre marketing avançado e sistêmico para o agronegócio, que merece leitura: Marketing & agronegócio: a nova gestão – diálogo com a sociedade.

Para cada um dos elementos da fórmula do marketing existem centenas de estudos que formam um grande conhecimento, e que nos levam além do próprio marketing, desde o conceito de disruption, que nasceu do livro *Digital Disruption*, de James Macquivey[5], até o livro *The Selfish Gene*, do biólogo evolutivo Richard Dawkins[6], onde ele fala da importância dos memes como uma "unidade de conhecimento", um análogo cultural daquilo que os genes representam para a genética e biologia. Nessa visão, os memes influenciam a evolução tanto quanto os genes, e por isso deveria ser possível estudar a cultura através do processo de evolução por "seleção natural de memes" também, ou seja, de comportamentos, ideias e conceitos que prevalecem uns sobre os outros. E onde, nessa visão, os memes altruístas podem vencer os genes egoístas. E assim, através do diálogo e da cooperação, permitir a prosperidade prevalecer, superando preconceitos. Temas esses transdisciplinares que nos ajudam a entender como orquestrar ecossistemas de inovação.

Outros aspectos da formula, a ativação das estratégias de produto e de pricing conjugadas às decisões de ponto de venda englobando logística,

---

5 MACQUIVEY, James. **Digital Disruption**. Amazon Publishing, 2013.
6 DAWKINS, Richard. **The Selfish Gene**. Nova York: Oxford University Press, 2016.

distribuição, canais (o mundo phygital[7]), e tudo isso alinhado com promoção, publicidade, propaganda, o mundo virtual[8], serviços e vendas, já nos permite (tal ativação) começar a reger essa orquestra mercadológica. Daí para a frente precisamos da avaliação com métricas, indicadores, performance, rentabilidade, lucro, participação de mercado e feedback das percepções humanas do brand, concorrentes diretos e categorias competitivas. É claro que, se construirmos com isso um ótimo algoritmo, poderemos colocar o modelo digital a serviço de um bom modelo analógico. De uma maneira sintética, aí está a fórmula de marketing,

Um sistema de marketing foi criado. Mas como implementá-lo sistemicamente no agronegócio brasileiro? Como implantar o sistema de marketing em cada cadeia produtiva do agro brasileiro? Como colocar tal perspectiva interdisciplinar nas categorias de insumos, tecnologia, mecanização, seguro, irrigação etc.? Como fazer um plano de marketing para o agronegócio dialogar melhor com a sociedade consumidora? Qual a abordagem mais eficaz para, por exemplo, tratar de genética do alimento com o cidadão leigo? Falaremos sobre controle fitossanitário com a consumidora da Vila Madalena, em São Paulo? Iremos ter um

---

7   Phygital é um termo resultante da contração de Physical (físico em inglês) com Digital, que propõe a união de experiências de átomos e bits; compreende que os mundos real e o virtual estão cada vez mais próximos; que estes mundos colidiram e já não existem motivos para haver barreiras que os separem. Enfim, Phygital é o momento que físico se encontra com o digital e isso tem tudo a ver com experiência e engajamento. Para garantir uma experiência phygital, é preciso se atentar a vários aspectos da operação, "always on and eveywhere", das estratégias de comunicação ao atendimento e formas de entrega. A experiência nos diferentes pontos de contato em torno do "planeta" marca pela sua força gravitacional, e todos nós nessa dinâmica somos atraídos e viajamos em expansão pegando carona na sua orbita espiral elíptica. Movimento gera movimento, é um diálogo constante.

8   Quanto maior a integração social (real e virtual) da marca com a comunidade, quanto mais sensível e criativo for o elo entre as pessoas, na alma da marca, e mais efetivo o big data, maior a disposição das pessoas para comprar e promover. Independentemente do local, é fundamental que as interações (mesmo quando analógicas) sejam integradas em plataformas digitalizadas habilitadas a recolher as informações das trocas em linguagem de dados, para que os algoritmos possam interagir e prosperar.

plano de marketing para a cadeia da proteína animal *versus* um plano para os vegetarianos, os veganos ou os *flexitarians*[9]?

A resposta é sim. E isso tudo pede curadoria com estratégia clara daquilo que buscamos gerar na percepção dos tantos clientes. Enquanto não compreendermos a necessidade de um plano estratégico de marketing para cada cadeia produtiva, para insumos vitais do agronegócio que serão julgados pelos consumidores finais e revelados na rastreabilidade, não estaremos realizando a gestão racional que integra as ciências exatas e biológicas com as humanas. E isso é marketing.

E o Brasil? É o único país do mundo que tem nome de árvore e seis biomas naturais diferentes em seu território! Somos um marketing puro, natural. Então, o que falta para dobrarmos o tamanho do agribusiness nacional? Só falta "o plano", um business plan desembocando em um marketing plan, com metas quantificadas de vendas alinhadas ao planejamento estratégico. E tudo isso pensado e direcionado pelo Design Thinking como método de inovação, e controlado e demonstrado no accountability. Pensadores da estratégia, executivos da implementação, especialistas da mensuração e outros do controle dos resultados: é preciso liderança sistêmica para orquestrar! Isso tudo integrado, com recursos e processos consistentes, de modo que a organização possa evoluir. São as pessoas que fazem a organização avançar. Pessoas integradas impulsionam alta performance.

Quais as habilidades e competências são necessárias para colocar em prática um plano que busca produtividade e inovação, primando também pela manutenção do bem-estar dos stakeholders? Uma proposta dos autores será dada dentro da ideia de um novo food system, que trataremos neste livro mais adiante. Como desenvolver visão sistêmica, em que empresa, processos e pessoas caminham juntos e alinhados, criando ambientes saudáveis, integrados e produtivos? Para entender qual caminho seguir, considere a abordagem da inovação guiada pelo design sobre a qual falaremos no capítulo a seguir. Como se aprofundar no entendi-

---

9 Semivegetarianismo ou flexitarianismo é um termo usado para descrever a prática de comer carne em menos de três refeições por semana. Não é uma dieta vegetariana.

mento sobre si mesmo, no desenvolvimento da empatia com o outro, no alinhamento dos níveis organizacionais e na implementação de inovações que desafiam criativamente toda a equipe de trabalho? Com atitude sistêmica, criatividade, soft skills e liderança.

Na teoria, a observação empática e o uso do pensamento divergentes são óbvios, porém a prática é muito diferente. Existe uma dificuldade muito grande de grupos de pessoas conseguirem trabalhar o pensamento divergente antes de convergir, ou seja, conseguirem dialogar antes de discutir. Para isso é preciso competência de comunicação. Mas, antes, se a consciência é tão importante nessa fórmula de marketing, é preciso olhar melhor um ardiloso inimigo: o preconceito.

Os preconceitos moldam a percepção da realidade

Conceito é aquilo que a mente humana concebe ou entende: uma ideia, representação geral e abstrata de uma realidade. É como um símbolo mental ou uma "unidade de conhecimento". Falamos de memes anteriormente porque esse tema é importante nas tomadas de decisão de futuro, onde preconceitos moldam a percepção da realidade.

O preconceito é um juízo preconcebido, manifestado geralmente na forma de uma atitude aplicada a coisas e fatos. Costuma indicar um conhecimento prévio acerca de um conceito. Não raro, o preconceito é uma opinião superficial, sem julgamento, como diz o filósofo Voltaire. O preconceito é muito mais emocional do que racional, uma vez que entendemos conceitos e as coisas da vida por meio da percepção, uma função cerebral que atribui significado a estímulos sensoriais a partir do histórico de vivências passadas. Por meio da percepção, um indivíduo organiza e interpreta as suas impressões sensoriais para atribuir significado ao seu meio. Isso basicamente consiste na aquisição, interpretação, seleção e organização das informações obtidas pelos sentidos. Isso explica por que toda a memória do passado é uma reedição dos fatos, baseada nos nossos preconceitos, conceitos e percepções.

A percepção é uma função biológica e envolve estímulos elétricos evocados pelos estímulos nos órgãos dos sentidos. Do ponto de vista psicológico ou cognitivo, a percepção envolve os processos mentais, a memória e outros aspectos que podem influenciar na interpretação dos dados percebidos. Os conceitos são formados de tal maneira. E preconceitos, a partir de um histórico de vivências. Ou seja, há muito de invisível e esquecido nesse processo.

Como o leitor poderá constatar nas páginas a seguir, nosso interesse é refletir sobre a percepção e seu efeito no conhecimento e na aquisição de informações do mundo – é por isso que vale a pena dedicar tempo para isso. Já que para compreender as coisas da vida usamos a nossa percepção do mundo, e essa tecnologia é útil para a caça na savana, mas imperfeita quando o assunto é buscar a razão que, invisível, move o mundo. Por esse motivo, essa ferramenta biológica pede constante higiene mental e prudência. No fundo, essa é a postura virtuosa de um profissional que sabe que aquilo que a emoção traduziu em razão para ele pode ser fruto da própria ilusão, de um perigoso excesso de confiança, então ele precisa pensar, silenciar para entender se existe equívoco. A sua força é lutar contra a força do hábito.

E infelizmente esqueceu-se disso John Sedgwick, o famoso oficial militar e general do Exército da União durante a Guerra de Secessão americana. O major-general foi um dos oficiais mais experientes e competentes do Exército do Potomac. Ele também era muito respeitado e amado por seus homens. Durante uma batalha, atiradores confederados estiveram na área durante toda a manhã. Oficiais do estado-maior alertaram Sedgwick para não se aproximar da estrada, mas ele ignorou os avisos. Quando seus homens o alertaram para se proteger, Sedgwick respondeu brincando: "Eles não poderiam acertar um elefante a essa distância". E levou um tiro que o matou.

Para a psicologia, a nossa percepção é o processo ou resultado de tornar consciente a nós os objetos, relacionamentos e eventos. Faz isso por meio dos sentidos, incluindo reconhecimento, observação e discriminação. Essas atividades permitem que os organismos se organizem e interpretem os estímulos. Na psicologia, o estudo da percepção é de extrema importância porque o comportamento das pessoas é baseado na interpretação que fazem "da" realidade e não necessariamente "na" realidade em si.

Então devemos sempre lembrar que existe a realidade, e que existe a percepção que cada um tem dela. Por esse motivo, a percepção do mundo é diferente para cada um de nós, cada pessoa percebe um objeto ou uma situação de acordo com os aspectos que têm especial importância para si própria. Isso pode parecer estranho à primeira vista, mas é um fato e talvez seja o motivo pelo qual as pessoas brigam e se desentendem tanto, tornando a comunicação uma arte e um verdadeiro desafio do novo século, já que nunca comunicamos com tanta velocidade como hoje, e talvez nunca as pessoas estiveram tão desatentas como hoje quando se relacionam.

Preste atenção no que segue: o processo de percepção tem início com a atenção. Isso é um processo de observação seletiva, ou seja, das observações por nós efetuadas. Esse processo faz com que percebamos alguns elementos em desfavor de outros. Desse modo, são vários os fatores que influenciam a atenção e que se encontram agrupados em duas categorias: a dos fatores externos (próprios do meio ambiente) e a dos fatores internos (próprios do nosso organismo e da nossa mente, crenças, medos, traumas, sucessos).

ARGUMENTAÇÃO MOTIVADA
As pessoas tendem a avaliar os dados de acordo com as próprias preferências

Esperança	Viés de confirmação	Viés de informação	Falácia dos custos irrecuperáveis
As pessoas criam crenças com base no que gostariam de que acontecesse em vez de pautarem pelas evidências.	Buscam evidências que confirmem suas hipóteses e colocam mais peso nisso do que em dados que as contrariem.	A busca por informação nos leva a colocar mais peso nisso.	Quanto maior o custo irrecuperável, maior a probabilidade de as pessoas manterem a rota.

O meio de contato, interação e linguagem e a mídia são fatores externos que influenciam a compreensão da realidade. Os conceitos apresentados pelas linguagens da arte (desenho, pintura e arquitetura, por exemplo), mídias tradicionais (televisão, por exemplo) e digitais (Instagram etc.) são representações da realidade e mostram as reflexões sobre a inter-relação do homem com o mundo. Desde o começo da civilização, os artistas, tecnólogos e cientistas tentam representar o mundo, os conceitos e os movimentos. Inicialmente isso foi feito por meio de imagens sequenciais, bidimensional e tridimensionalmente, segundo o conhecimento técnico disponível nas épocas passadas. E isso certamente influenciou o nosso estar no mundo. Não por acaso, para que esteja sob seu controle, a censura praticada pelo status quo certas vezes busca coibir e restringir a arte para que lhe seja alinhada. Mas não existe censura que – no arco do tempo – consiga barrar as ideias fortes. A censura tenta e volta continuamente barrar, e as ideias enfrentam e a certo ponto fluem novamente.

Veja como as coisas mudam. Acredita-se hoje que os espaços da superfície terrestre possam ser concebidos não como entidades tridimensionais, mas, sim, quadrimensionais, como complexos de fenômenos espaço-temporais. Os sistemas da perspectiva quadrimensional são usados para representar a síntese do que é visto por um observador em movimento. O processo admite múltiplos pontos de fuga, bem como múltiplas linhas do horizonte. Mas por que isso é relevante?

A perspectiva da antiga arte medieval representava um tipo de visão do mundo, da realidade, influenciada e influenciadora de percepções definidas pelas lideranças da época. Era o homem e a Terra no centro do Universo, e Deus no controle e comando de tudo. Uma visão linear e vertical, de Deus para o homem. E isso definia como as igrejas seriam construídas, como as pinturas seriam realizadas, como as imagens seriam colocadas no quadro, quais cores seriam usadas etc. Cada detalhe era regrado e os artistas não poderiam ousar muitas mudanças. Com o tempo, a ciência e a filosofia descobriram e abriram novas trilhas de conhecimento. A nova perspectiva do mundo entre os anos 1400 e 1600 geraram uma visão da arte diferente, durante o Humanismo e o Renascimento; mais recentemente, o período da arte cubista, futurista e abstrata foram influenciadas fortemente pelas descobertas científicas, pela psicanálise de Freud, pela física de Einstein, e tudo foi relativizado com mais pontos de vista sobre as coisas do mundo, do cosmos ao inconsciente. Ambas apresentaram uma "nova" versão da realidade, mais complexa, com muitos mais pontos de vista além do horizonte. Para os curiosos, recomendamos buscar na internet a pintura *Les demoiselles d'Avignon*, quadro que se tornou o manifesto cubista e trata dessas rupturas de perspectivas que já citamos. A partir disso, entrou também a física quântica! E tudo continuou evoluindo no jeito como interpretamos as coisas da vida. Muito do que era certo virou incerto, e os preconceitos e conceitos foram mudando alguns, resistindo outros.

Nos últimos decênios, tecnologia e arte se uniram mais uma vez para trazer à tona a realidade aumentada das coisas, a visão panorâmica, os planos curvilíneos e a interatividade, e tudo isso tem sido explorado por diversas áreas do conhecimento, como design, arquitetura, geografia, cinema, entre outras, e a percepção das pessoas tem evoluído nas últimas gerações. Essa mudança cultural é uma constante. A realidade muda, pois a cultura acompanha essa mudança. O ecossistema biológico está em lenta e constante mutação, a cultura é mais rápida. A parte positiva é que evolui também nosso entendimento sobre a complexidade da vida, mesmo ela sendo por certos aspectos simples, não significa que ela seja fácil de ser entendida. O mundo ainda é movido pelo imediatismo, pelo impulso, por paixões e nossa percepção da realidade é feita de emoções. Com isso nossos entendimentos sobre os conceitos da vida ainda são parciais e isso talvez não seja resolvível tão facilmente, considerando que a nossa sociedade e a educação ainda são muito parecidas em seus costumes e preconceitos com as de séculos atrás. Veja a violência contra a mulher, a homofobia, a pobreza, a desigualdade social, as escolas conteudistas em prol, exclusivamente, da obtenção do diploma, as estruturas hierárquicas nas empresas, o negacionismo sobre as mudanças climáticas, o mobbing, a corrupção, e assim vai. Melhoramos e pioramos, vejam como são idas e vindas. Devemos compreender isso e aprender a respeitar mais as nossas emoções e as dos outros, para, a partir disso, controlar, sentir empatia pelo outro e ressignificar. Tornar visível o invisível, aceitar e superar. Conviver pacificamente. Domar nossos dragões internos.

Todavia, existem ideias poderosas que não morrem nunca. Passam milênios e alguns preconceitos não mudam. Os preconceitos têm mais raízes do que os princípios, dizia Nicolau Maquiavel. Nós, autores, você e todos neste planeta certas vezes somos vítimas e propagadores "algozes" de dogmas, ideologias, idolatrias e miopias. Algumas vezes vítimas, outras carrascos. Na maior parte das vezes, fazemos isso sem perceber. Todo encaminhamento de e-mail ou mensagem do WhatsApp é uma propagação de ideias. Buscamos até justificar as nossas posições equivocadas para não estarmos em dissonância cognitiva, o que gera muito estresse e ansiedade. Ninguém gosta de viver com sentimento de culpa, então em algum momento achamos um jeito de resolver isso em benefício próprio, para seguir a vida e dormir melhor.

É natural, é biológico. Se não fosse assim, provavelmente não existiria a civilização humana neste planeta. Com ou sem culpa, caminhamos, e muito, sem olhar para trás nos tantos desencontros, graças ao poder do incômodo. Mas agora que sabemos como funciona não é justificável prosseguir assim. Não justifica alimentar preconceitos que já se demonstraram desnecessários para a paz e o bem-estar coletivo. Por isso neste livro falaremos da comunicação como ciência, da dialógica como visão filosófica de mundo, e do Design Thinking como método de trabalho para gerar valor econômico, social e ambiental com pragmatismo.

2.3 Comunicação tem fórmula

Comunicação é colocar em comum com o outro uma mensagem, ideia, informação. Para isso, entrar em rapport com o outro, sintonizar com empatia, para reduzir atritos e aumentar as chances do bom diálogo. Enfim, com uma boa conversa é possível que as pessoas se entendam. A tendência natural nas conversas – quando ninguém escuta –, porém, é de que cada um entenda o que quer ou pode entender. A neurociência fez avanços importantes nesse sentido e ressalta como os preconceitos e a força do hábito influenciam fortemente as decisões e atitudes perante o mundo e o outro. Uma boa comunicação reflete uma organização centrada nas pessoas, que se preocupa com a coerência, ou seja, que as mensagens e os fatos implementados sejam alinhados com o propósito, os valores e a missão da organização. Preocupa-se e age para dar consistência nas práticas, atuando com disciplina e profissionalismo. Comunicação engloba tudo aquilo que serve para conectar percepções, sentimentos, a lucidez, e assim influencia positivamente o outro. A manipulação é um uso errado e diabólico da técnica da comunicação.

Comunicação é uma ciência feita de diversas disciplinas que estudam o ser humano e como ele funciona para entender a informação e transformá-la em compreensão. Com isso, se cria inteligência e a tomada de decisão, processo esse que vale para qualquer processo comunicacional, desde a relação interpessoal na organização, entre lideranças na cadeia do negócio, entre a organização e seus stakeholders externos, até o consumidor final. Entre um e outro existem meios de comunicação, e cada um deles com suas regras e especificidades. É um tema central, porque se o marketing orquestra, a comunicação é a frequência pela qual viajam as notas musicais em sintonia ou distonia. O êxito possibilita engajamento e alta performance dentro da organização, maior integração com stakeholders na geração de significados poderosos (falaremos mais sobre isso no capítulo sobre a inovação impulsionada pelo design) e aumento da propensão ao consumo e relacionamento com a marca.

Como é possível observar, existem inúmeras maneiras e frentes a serem entendidas e desenvolvidas para gerar conexão e relação. Tantos e diferentes processos. Não confunda, portanto, comunicação com mídia. O meio para chegar até as pessoas é importante tanto quanto a mensagem que buscamos alavancar, assim como importante é se colocar no lugar do outro para compreender o que é valor para ele. O que move o outro, quais dores precisam ser aliviadas, quais medos bloqueiam a ação, quais desejos e necessidades existem de fato, para, mais assertivamente, conectar, nessa proposta de valor fazer o "match", sem "forçar a barra".

Comunicação com êxito influencia positivamente, e isso não se faz apenas com uma mídia. Se assim fosse, bastaria inundar as organizações enviando e-mails para que colaboradores atuassem com alta performance, e, no que tange ao mercado, disparar posts nas redes sociais para que o sucesso acontecesse. Também não se faz apenas com mensagens poderosas nos horários nobres da televisão e das rádios, nos eventos corporativos motivacionais. Essa é uma visão limitada de como a comunicação age sobre o ser humano. Tal visão simplista desconsidera que as pessoas envolvidas em um projeto corporativo ou que interagem com uma organização através de suas marcas tenham autonomia de escolha, e as enquadra como autômatos. Onde na realidade sabemos que as pessoas são movidas por emoções e sentimentos, e elas se engajam com propósitos quando escolhem, quando convergem afetivamente. E nem sempre manifestam abertamente o próprio desacordo ou desengajamento.

Portanto, sejam as pessoas com quem comunicamos colaboradores ou consumidores, por exemplo – mais que "comprar" uma ideia de futuro e agir no piloto automático, elas negociam, cooperam, negam, dissimulam, participam e pertencem à ideia que queremos compartilhar com elas. Nesse processo comunicacional, a ideia (um propósito, uma visão) a ser compartilhada é um significado que move, motiva e dá vitalidade, ou não. Engaja ou distancia. Portanto, pouco serve (e é efêmero) somente um anúncio criativo ou simpatia do líder para mover pessoas no médio e longo prazo em torno de um propósito da organização, se isso não for sentido como autêntico e pactuado pelas pessoas envolvidas. E é preciso muita consistência na jornada da comunicação para engajar as pessoas nas tomadas de decisão assertivas para a finalidade da organização e, nisso tudo, também gerar satisfação para os envolvidos, que acabam se beneficiando de algum tipo de retorno de valor gerado por esse propósito comum (econômico, social, individual, ambiental).

A incerteza é um fato inerente à vida, mas quando se tem um propósito autêntico e claro, é possível enfrentá-la e, assim, compartilhar algo que tenha significado para as outras pessoas. O propósito autêntico é condição fundamental para um diálogo construtivo. Somos humanos, e não há como deixar de ter crença: na vida, no futuro, em nosso potencial e nos dos que compartilham conosco a existência. É o propósito que nos faz acreditar que é possível colocar em prática projetos coerentes e consistentes com base nos nossos valores. Cada vez mais, as pessoas têm meios para viver, mas não têm uma razão para viver, como afirma Viktor Frankl. E cabe às lideranças desenvolver ideais e propósitos que coloquem em comum pessoas. Na nossa visão, o AgroConsciente seria uma delas.

Propósito, portanto, dá sentido às coisas. E estar alinhado com os propósitos é transformador, uma vez que um simples ideal de futuro pode significar uma força pulsante no coração e na mente das pessoas, que, a partir daí, começam a vivenciar o propósito como uma realidade existente. Isso também se aplica ao meio corporativo. O alinhamento de propósito desenvolve-se quando o propósito organizacional ecoa as aspirações individuais e coletivas de modo que as dimensões racional e emocional do propósito comum influenciam o pensar, sentir e agir.

Charles Darwin em seus estudos sobre a origem da espécie já nos dizia que na história da humanidade aqueles que aprenderam a colaborar e improvisar foram os que prevaleceram. Por esse motivo a comunicação é central para o êxito das organizações que promovem a mudança desejada.

Organização com êxito age como um grupo regido por valores que enfatizam o espírito de pertencimento a uma causa nobre, lealdade aos valores, coragem nos enfrentamentos das dúvidas e dos incômodos, criatividade na solução dos problemas reais e solidariedade entre indivíduos do grupo. Assim o grupo certamente será mais coeso e organizado e, assim, terá maiores chances de vitória na disputa por recursos ou espaços no mercado.

Aqui, a questão da comunicação interna do grupo é central. De bem-intencionados o inferno está cheio. E o maior inimigo de um projeto são os detratores internos. Em relação a esse aspecto, falemos de um fenômeno: a fragilidade humana. Se na existência a fragilidade é recorrente, apostar que tais perigos do caminho não possam ao menos ser atenuados seria um grande equívoco. Pois tal aparente inevitabilidade da fraqueza humana engana, e não justifica a inação nas organizações. Faz parte do esforço ético e virtuoso agir para mitigar as fragilidades emocionais das pessoas, e isso poderia ser visto como uma perda de tempo por muitos cínicos. Para eles, é inútil tentar mudar algo, por exemplo, quando se aposta em iniciativas inclusivas e relativas a diversidade nas empresas, empoderamento, diálogo construtivo entre as diferentes gerações que hoje trabalham juntas. Para os cínicos é ingenuidade promover o respeito e a transparência no ambiente de trabalho muitas vezes pesteado por medo, conflitos destrutivos e agressividade. O problema do argumento cético de "tanto faz nada muda", típico dos detratores das organizações e dos resistentes à mudança, é que ele acaba gerando nos contextos em que se incuba um perigoso negativismo, mau humor, frustração, alienação, fuga do presente e medo do futuro. Tais práticas negativas facilitam a manutenção do passado. Então vencem a covardia e o medo. É assim que as organizações evoluem à falência.

Todas as mudanças culturais são difíceis.

> As culturas organizacionais são como contratos sociais que especificam as regras das partes interessadas. Quando os líderes resolvem mudar a cultura de uma organização, eles estão, em certo sentido, rompendo um contrato social. Não seria de surpreender que muitas pessoas da organização – principalmente as bem-sucedidas com as regras em vigor – se opusessem[10].

Comunicação não é sinônimo de marketing

Um outro aspecto onde precisa prestar atenção é não confundir comunicação com mídia ou com publicidade. E comunicação não é

---

10 PISANO, Gary. The hard truth about innovative cultures [Sobre a dureza da inovação nas organizações]. Disponível em: https://hbr.org/2019/01/the-hard-truth-about-innovative-cultures.

sinônimo de marketing. Desenvolver uma comunicação eficaz com diferentes stakeholders envolve aspectos as vezes diferentes daqueles necessários para desenvolver mercado. Das inter-relações entre comunicação e marketing – que são complementares – nascem estratégias de comunicação com o mercado, com os diferentes stakeholders. No apêndice deste livro estamos propondo uma análise sistêmica de marketing e de comunicação para o agronegócio, com mais detalhes para o leitor aprofundar.

E nas "interferências" com o Design Thinking, melhoramos engajamento dos stakeholders, e performance das organizações no mercado. Tendo isso esclarecido, as estratégias de propaganda nas diferentes mídias são portanto os desdobramentos de ações estratégicas que são originadas nos valores e intenções da governança corporativa, assim como na consciência das pessoas e dos consumidores.

Feito o esclarecimento sobre comunicação e marketing, vale ressaltar que um plano de comunicação publicitária está inserido em um plano de marketing. Aqui, dentro de um plano de comunicação publicitária, temos diferentes mídias do mundo analógico ao digital, então não se confunda publicidade com puramente uma campanha de mídias sociais. Assim como não se confunda estratégias de venda online (por exemplo o e-commerce) com ações de comunicação online (por exemplo criação de conteúdo para as redes sociais).

Para o líder orquestrador, para o Chief Agribusiness Officer vem o desafio de lidar com todas essas questões do marketing, da comunicação, das campanhas publicitarias, das mídias, e da percepção da marca e a associação com valores desejados pela sociedade, dentro do momento histórico em que vivemos (o espírito do nosso tempo), e nisso tendo a marca como promotora de consumo consciente.

O espírito do tempo corresponde ao consenso social que estabelece valores comportamentais e conceitos tidos espontaneamente ou coercitivamente como a síntese daquilo que é correto ou incorreto como prática social e se expressa no modo de mediação social e no direito codificado ou consuetudinário. Sustentabilidade é o atual espírito do tempo[11]. E sem essa conexão, qualquer campanha de marketing é uma batalha perdida.

Em *A arte da guerra*, Sun Tzu diz:

> Por consequência, está dito: Se conhecer o inimigo e a si mesmo, não temas o resultado de cem batalhas.
> Se conhecer a si mesmo, mas não o inimigo, para cada vitória, também sofrerás uma derrota.
> Se não conhecer a si mesmo nem o inimigo, sucumbirás a todas as batalhas.[12]

Steve Jobs, da Apple, dizia que o consumidor não tem tempo para saber o que quer, cabe a nós identificarmos sonhos e desejos ocultos (dentro do nosso espírito do tempo) e criar uma gigantesca comoção na sua apresentação. Então o trabalho a ser feito pelas lideranças é saber e conhecer mais e melhor os stakeholders com quem se relaciona na cadeia de valor. Para que, com empatia, possa de fato gerar valor. E isso não tem relação com manipulação. Uma coisa é conhecer o outro para influenciá-lo numa geração equilibrada de proposta de valor AgroConsciente onde todos ganham. Outra coisa é usar o conhecimento para manipular a próprio favor onde eu ganho e o outro perde. AgroConsciente é sustentabilidade econômica, social, ambiental.

Portanto marketing e comunicação publicitária não podem ser confundidos com manipulação. "Marketeiro" virou sinônimo de enganador,

---

11 O conceito de espírito da época remonta a Johann Gottfried Herder e outros românticos alemães, mas ficou melhor conhecido pela obra de Hegel, *Filosofia da História*. Em 1769, Herder escreveu uma crítica ao trabalho Genius seculi do filólogo Christian Adolph Klotz, introduzindo a palavra Zeitgeist como uma tradução de *genius seculi* (Latim: *genius* – "espírito guardião" e *saeculi* – "do século"). O Zeitgeist significa, em suma, o conjunto do clima intelectual, sociológico e cultural de uma pequena região até a abrangência do mundo todo em uma certa época da história, ou as características genéricas de um determinado período de tempo. Fonte: Wikipédia.

12 TSU, Sun. **A arte da guerra**. São Paulo: Editora Novo Século, 2014, p. 53.

e isso está errado. Qual a diferença? Comunicação significa um ato ético e evolutivo de agregar conhecimentos e educação embutido no que comunico para influenciar positivamente. Manipulação (e estamos generalizando) é descobrir o que as pessoas querem ouvir e dizer isso a elas (mentindo ou tendo segundas intenções) sem a preocupação com a verdade, sem olhar para a sustentabilidade no longo prazo, sem coerência com os valores professados, sem compromisso em conduzir o outro a posições ascensionais, e sem entregar os valores prometidos. É a falta de ética. É usar o preconceito, medo ou ilusão do outro a favor de uma pauta egoísta, tendo clareza de antemão do prejuízo ao outro, ao social, ao ambiente.

Manipulação de mercado, por exemplo, é uma empresa de capital aberto declarar-se sustentável, mas não conjugar intencionalmente metas de impacto ambiental de longo prazo com as metas econômicas de curto prazo, é mentir. Onde há manipulação não há transparência, são ambientes disfuncionais e que tendem a longo prazo a gerar desequilíbrios, especulações, desastres ambientais, enfim desvalor. Manipular é fazer "para inglês ver", onde infelizmente descobrimos a verdade somente depois do estrago feito.

No agronegócio dos insumos, das tecnologias, das máquinas, da nutrição e da veterinária necessariamente precisamos de comunicação não violenta, e não de manipulação. Do mesmo modo, precisaremos de transferência na comunicação dos alimentos, na orquestração do food system, na gestão do agronegócio rumo ao health system.

Não existe matemática perfeita quando o desafio é comunicar. O modo como os profissionais de marketing estimulam os sentidos do consumidor, inegavelmente, desempenha papel essencial na determinação de como a informação sensorial será percebida conscientemente por este. A consciência é importante para que os consumidores tomem as decisões que melhor se adequam ao próprio interesse manifestado. Sugerimos uma fórmula e vale a pena considerá-la.

Emissor + mensagem + decodificador + mídia + receptor + feedback
target

$$E + FPT + D + (MMV)^2 + R + FB$$

A fórmula não é uma novidade. Inicia com o *emissor* (E). Ou seja, a fonte, a marca, a organização, o ecossistema. É claro que se essa fonte – como conteúdo, significado, informação, mensagem – não passa nos *filtros perceptuais do target* (FPT), a comunicação vai para o lixo. O valor reputacional da fonte acelera, melhora a produtividade da comunicação e sua eficácia no (R) de *receptor*.

A avaliação dos filtros perceptuais dos receptores nos leva à utilização de *decodificadores* (D), elementos táticos da comunicação que estabelecem empatia e rapport a partir dos estudos dos filtros perceptuais dos targets envolvidos.

Em *A arte da guerra*, Sun Tzu também afirma que não é preciso ter olhos abertos para ver o Sol, nem é preciso ter ouvidos afiados para ouvir o trovão. Para ser vitorioso você precisa ver o que não está visível. Ou seja, enxergar além do óbvio é um dos ingredientes para que uma boa comunicação possa ter sucesso. Nisso, inclui perceber as nuances de onde pode vir a conexão, onde terá oportunidades e quando criar novas. Um bom exemplo é o mapa de empatia muito usado nas dinâmicas de Design Thinking, sobre o qual falaremos mais adiante.

Em seguida, vamos construir com importância vital a estratégia de *mídia* e de *mensagem*, com a proposta de *valores racionais e emocionais* na sua criação $(MMV)^2$. A fórmula exige obter o feedback (FB) dos receptores, e esse processo se retroalimenta, voltando ao emissor e percorrendo novamente a fórmula em uma gestão ascensional e incremental desse processo.

Temos sucesso comunicacional quando o valor percebido pelos receptores é maior do que as realidades racionais e mensuráveis do emissor. O poder do brand. Teremos, porém, um fracasso de marketing se as reais entregas frustrarem os sonhos prometidos. Assim, irá ocorrer a venda da ilusão. E há uma fortíssima diferença entre sonho e ilusão:

sonho é aquilo que as pessoas fazem com a realidade, e ilusão é aquilo que a realidade faz com as pessoas.

E da mesma maneira, comunicação também não é sinônimo de vendas. Comunicação está mais atrelada à percepção da geração de valor. A palavra "valor" vem do latim "riqueza, valor", da mesma origem de *"valere"*, ou "apresentar boa saúde, ser forte". Os antigos romanos se cumprimentavam muitas vezes dizendo: *"Si bene vales, valeo"* [Se você está bem, eu também estou]. Nessa linha de raciocínio, comunicação pactua sobre o que é valor para ambas as partes e a partir disso, é possível ocorrer a venda. Toda venda – com ética – é antes uma venda consuntiva, realizada a partir de uma comunicação não violenta, com empatia, na busca por valor comum.

Um bom exemplo de mapa que sintetiza tal desafio entre valor de uso e valor de troca é o Canvas da proposta de valor que explicaremos mais à frente – também muito utilizado nas dinâmicas de Design Thinking[13].

Quais são os problemas que a comunicação pode ajudar a resolver?

Todos os desafios que envolvem a consciência das pessoas. Dentro da organização, uma boa comunicação gera bons relacionamentos, que geram a cultura do valor. Fomenta atitude sistêmica, e isso permite a cultura da mudança. Fomenta cooperação, antifragilidade e equilíbrio do ecossistema da organização. A comunicação não violenta favorece a mudança. Hoje dizemos que uma boa comunicação oferece um ambiente de pacto com segurança psicológica em que o fracasso é tolerado (mas não a negligência). Fracasso e erro são vistos como parte pedagógica do processo de aprendizado para uma mudança ocorrer, no qual a crítica

---

13 Para saber mais sobre os mapas aqui citados, recomendamos a leitura dos artigos *Mapa da empatia: o que é?*, disponível em: https://analistamodelosdenegocios.com.br/mapa-de-empatia-o-que-e/; e *Canvas da proposta de valor*, disponível em: https://analistamodelosdenegocios.com.br/canvas-da-proposta-de-valor/.

construtiva é necessária, a atitude experimental é normal, e, portanto, as pessoas estão sempre aprendendo a aprender. Isso é possível com boa comunicação.

A "área de transformação" da organização são as pessoas. Elas precisam ir junto para o futuro. Só desenhar o futuro não basta, o líder precisa convencer os outros sobre essa visão, para que confiem no projeto. Esse espírito de pertencimento é um fator comunicacional fundamental para projetos com êxito, desafio dos novos RHs das organizações. O líder de pessoas é um extraordinário aglutinador, contador de histórias, ele entra em rapport e leva com a imaginação ao futuro desejado. Faz convergir afetivamente em torno do desafio, faz com respeito e empatia compassiva, apoiando na mudança desejada. Mas o líder é também assertivo e evidencia os perigos para a organização da não mudança, assim como explica as consequências para os envolvidos no projeto. Então promove uma nova aliança entre as pessoas envolvidas no projeto. A partir da decisão conjunta, é cocriado um novo projeto de futuro, não mais por extrapolação do passado. Acreditamos na metodologia do Design Thinking como o melhor jeito de fazer isso nesta década, e falaremos mais sobre no próximo capítulo.

Respeito e acolhimento são essenciais; afinal, aceitar a mudança dói, como explica Elisabeth Kübler-Ross em seus estudos sobre os estágios de aceitação da morte para pessoas em estado de vida terminal, e que servem de referência também nos ambientes organizacionais para compreender os estágios da mudança e como lidar com isso. Na publicação de seu livro mais famoso em 1969, *On Death and Dying* – a edição brasileira recebeu o título *Sobre a morte e o morrer* –, ela identifica fases nos períodos que antecedem a morte e cria métodos para médicos, enfermeiros e familiares acompanharem e ajudarem um paciente gravemente enfermo. Com o devido respeito e tendo clareza da distância entre a questão do indivíduo em estado terminal e de pessoas no ambiente profissional em fase de transformação, esse modelo é útil para RHs e lideranças da organização que estão lidando com a mudança.

Modelo Kübler-Ross

Choque: surpresa ou choque no evento

Negação: descrença; procurando evidência de que é verdade

Frustração: reconhecimento de que as coisas estão diferentes; irritação

Depressão: baixo astral; falta de energia

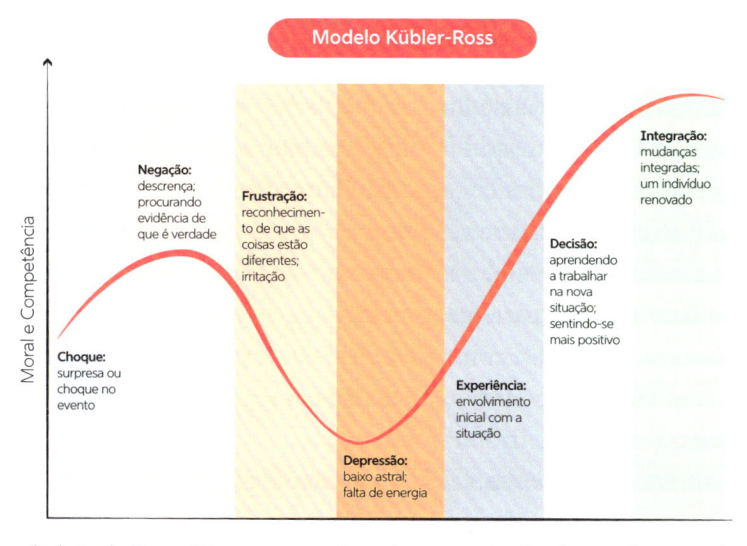

Experiência: envolvimento inicial com a situação

Decisão: aprendendo a trabalhar na nova situação; sentindo-se mais positivo

Integração: mudanças integradas; um indivíduo renovado

(Eixo vertical: Moral e Competência)

Fases do luto de Ross: Choque, negação, raiva, negociação, depressão ou aceitação

Por esses motivos, é de dentro para fora da organização, sobretudo, que a comunicação é fundamental. Porque entre nós há um sistema de altruísmo recíproco como meio de troca – o conhecimento – que se desenvolveu e se aprimorou ao longo dos milhares de anos e uniu o mundo inteiro em uma economia interligada. É a reciprocidade em prática: uma vez que o sucesso da caçada na antiga savana dependia não somente de habilidade e esforço, mas também de fatores incontroláveis e acaso/sorte, era provável que mesmo um bom caçador muitas vezes terminasse o dia de mãos vazias. Por isso, era essencial que ele pudesse contar com uma porção da caça dos outros. Esse é o motivo para que as organizações contemporâneas estejam inseridas em ecossistemas integrados. Isso é cadeia de valor do agro, ou seja, um negócio que desde a sua originação até a mesa do consumidor final está integrado em uma plataforma dialógica, promovendo entre os vários Chief Agribusiness Officers mútuo socorro e apoio em momentos de crise entre setores, da seca à geada, da crise cambial às crises provocadas por parasitas, vírus e bactérias que adoecem as plantas, animais e humanos. Lideranças orquestradoras do agro fazem bom uso da comunicação não violenta para evitar o conflito comunicacional com os stakeholders, mercados e sociedade. Orquestrar é promover um intencional equilíbrio (e isso é contínuo dentro das naturais descontinuidades de uma época BANI) em que todos possam ter prosperidade (conceito que iremos explanar quando falaremos do design da prosperidade das cooperativas), na atitude de parcimônia e prudência que de necessidade se fazem virtudes. Não se trata de bondade (algo muito íntimo), e sim de altruísmo (que é executável). Com comunicação não violenta para fazer-se entender e poder, assim, influenciar positivamente o outro, e com isso entrar em rapport com ele, com técnicas da programação neurolinguística (PNL), por exemplo com o mapa de empatia do Design Thinking.

Conflitos na cadeia de valor do agronegócio podem existir quando enquadrados como "criativos" para resolver problemas reais dos clientes. São as colisões necessárias geradas pelo poder do incômodo, é a destruição criativa de Schumpeter que faz eficiência com eficácia para criar novos espaços para o novo. Nessa visão, a abertura de novos mercados e a evolução da pequena oficina artesanal e depois da fábrica, até chegar a empresas gigantes como a U.S. Steel, ilustram o mesmo processo de mutação industrial que revoluciona de modo incessante a estrutura econômica a partir de dentro, com a destruição constante da estrutura anterior e a criação de uma nova. Esse processo de Destruição Criativa é a realidade fundamental do capitalismo. E é nisso que o capitalismo consiste e é dentro disso que todo empreendimento capitalista tem que viver. [14]

---

14 Schumpeter em suas obras descreve que as inovações são fatores preponderantes para a alteração no estado de equilíbrio de uma economia. Assim, é descrito que uma inovação não necessariamente deve ser radical, podendo ser apenas alteração nos arranjos comerciais. Toda introdução de inovação no sistema econômico é chamada por Schumpeter de "ato empreendedor": Uma nova matéria-prima, uma introdução de um novo produto no mercado, um novo modo de produção, um novo modo de comercialização de bens e serviços ou até uma quebra de monopólio. Assim, essas são ações realizadas pelo "empresário empreendedor", visando a obtenção de "lucros extraordinários". O chamado lucro extraordinário é o que o autor descreve não como a simples remuneração sobre o capital investido, mas o rendimento acima da média do mercado. Em 1992, os economistas Phillippe Aghion e Peter Howitt publicaram um artigo cha-

Essa atitude criativa do Chief Agribusiness Officer é sistêmica, e, se houver propósito, significado, visão do todo, gera valor, nova economia com respeito pelo ambiente, progresso e prosperidade social. É uma destruição que não drena energia simplesmente, e tampouco destrói por conta de ego, orgulho e vaidade. Não é mesquinha, à favor próprio.

A vaidade, que nos acompanha desde que existimos, se por um lado é uma maneira de se entender como individuo no mundo, também pode representar um problema para o ser humano: a soberba

Qual o antídoto para a vaidade e a soberba?

O antídoto poderia ser a cultura do autoconhecimento, da curiosidade e humildade. Para evitar vaidade e soberba no mercado, uma solução é sair de um sistema fechado de organização para abrir-se à cooperação em ecossistema aberto. Fazendo uso da criatividade e inovação, sem esquecer de Newton quando disse "Se eu vi mais longe, foi por estar sobre ombros de gigantes". Lembrar que ninguém vai sozinho para o futuro, como costumava dizer o fundador da Jacto Shunji Nishimura. Empresas de sucesso são as que aprendem. Elas obtêm feedback do mercado, fazem auditorias, avaliam resultados e efetuam correções destinadas à melhoria do desempenho. Se você quer algo novo, precisa parar de fazer algo velho, mudar. Qual a chave? Não olhe para o ciclo de vida do produto: olhe para o ciclo de vida do mercado. Para isso, abra a porta da criatividade para encontrar parceiros que possam complementar suas forças e compensar suas fraquezas.

---

mado *A Model of Growth Through Creative Destruction* (Um modelo de crescimento através da destruição criativa, em tradução livre). Assim, partindo das ideias de Joseph Schumpeter, formularam uma versão formal da teoria da destruição criativa. Disponível em: https://via.ufsc.br/schumpeter-inovacao/#:~:text=Em%201992%2C%20os%20economistas%20Phillipe,da%20teoria%20da%20destrui%C3%A7%C3%A3o%20criativa.

Ou, fazendo referência ao mundo da arte, uma inspiração está na "Atalanta Fugiens" da litografia a seguir, *Emblem XLII aus dem Buch*, Frankfurt 1618, de Von Michael Maier.

Ao traduzirmos essa obra para a nossa linguagem dos negócios, entendemos que aquele que desejar fazer trabalho de inovação – o Chief Agribusiness Officer – deve reunir quatro aspectos em relação ao mesmo objetivo: razão, natureza, experiência e o estudo dos múltiplos textos especializados. As pegadas da natureza são os pioneiros; a razão é o bastão do caminhante; a experiência, os óculos; e o estudo dos textos, a lanterna que abre o caminho ao entendimento e ilumina o leitor perspicaz.

"Eu vejo o trabalho como um todo primeiro. Então eu componho os detalhes", assim dizia Arnold Schönberg, compositor austríaco de música erudita e criador do dodecafonismo, um dos mais revolucionários e influentes estilos de composição do século XX. Schönberg foi um importante teórico musical, autor de *Harmonia*[15] e *Exercícios preliminares em contraponto*[16]. O que ele traz da harmonia para a música, algo que a natureza sabe bem, podemos aplicar na cadeia de valor do agronegócio consciente com bons orquestradores.

Na harmonia, tanto o som como a luz são ondas transversais. Tanto o som como a luz podem se propagar no vácuo. Tanto a velocidade do som como a da luz dependem do meio de propagação. A natureza é um ecossistema de propagação de harmonia, a sociedade luta para ser harmônica, o indivíduo – também por meio do consumo – age consciente e inconscientemente em busca de harmonia, e o agronegócio, considerando esse conceito, pode prosperar definitivamente, fazendo disso vetor de emancipação e prosperidade a partir do alimento e da natureza. Isso é sustentabilidade, um bom propósito.

Não é naturalmente pacífico nem sempre é amigável o processo de mudança. Se as cadeias do agronegócio e o conglomerado forem guiados pelo viés do indivíduo ou pela ideologia das particularidades, o resultado é um perigoso grupo de antagonistas conflitando perenemente em divergências contínuas sem pontos de convergência. E o caos tende a prevalecer.

Para enfrentar o caos, precisamos de diálogo construtivo. Steven Johnson, autor do livro *De onde vêm as boas ideias*, diz que a sorte favorece as mentes conectadas. E essa clareza de postura com atitude criativa perante o futuro (que não controlamos, mas podemos influenciar) bem se resume no círculo dourado de marketing do Simon Sinek (why, how, what).

---

15 SCHÖNBERG, Arnold. **Harmonia**. 2. ed. Tradução: Marden Maluf. São Paulo: Unesp, 2012.

16 SCHÖNBERG, Arnold. **Exercícios preliminares em contraponto**. São Paulo: Via Lettera, 2004.

Assista ao TED Talk de Simon Sinek

https://www.ted.com/talks/simon_sinek_how_great_leaders_inspire_action

Precisa de muita vitalidade para jogar esse jogo contra o caos E quando cansar? A obsolescência prevalece.

O que fazer para não cansar? Promover e provocar sempre o novo. Criar, criar e criar. Alimentar o contexto da organização com vitalidade continua, investir sempre para manter viva a força de vontade, se conectar com as diversidades (gerações, gênero, étnicas, subculturais), atrair talentos. O sangue novo ajuda na renovação de forças. Promover as pautas positivas ajuda em se conectar com o espírito do tempo. Isso ajuda a organização a fluir, e provoca a organização (as pessoas que nela existem) a aprender a aprender para se manterem uma plataforma amigável para a conexão.

E se não conseguir? Será a lenta evolução para a falência, implosão, colisão em uma fusão ou aquisição.

Perigos da obsolescência programada

O desafio de mudar é grande, pois é, primeiramente, uma questão cultural. Um exemplo é a questão da obsolescência planejada nos modelos de negócios, situações de venda com o objetivo de substituir um produto/serviço por outro mais recente ou moderno, mas onde o primeiro nem sempre alcançou vida útil adequada. As vezes a venda é forçada porque certos serviços atrelados ao produto cessam de existir, obrigando a pessoa a comprar o novo, mesmo não tendo necessidade.

> No curta-metragem *The Story of Stuff*, de 2007, Annie Leonard explora o modelo linear de extração, produção, consumo e descarte, além de todas as suas consequências. Vale a pena assistir, são cerca de vinte minutinhos extremamente esclarecedores:
>
> https://www.youtube.com/watch?v=9GorqroigqM

Como sociedade AgroConsciente, esse conceito de obsolescência programada deve ser criticada, pois ainda está inserido no modo como avaliamos uma economia forte (produto interno bruto – PIB), uma empresa sólida (retorno aos acionistas), uma pessoa bem-sucedida: produzir mais, vender mais, ter mais.

Estamos tão acostumados com indicadores de curto prazo que estranhamos demais quando alguém propõe algo que vai na contramão: por exemplo, empresas que se recusam a publicar dados trimestrais, para forçar investidores a olharem mais a médio e a longo prazos.

O desafio está em (querer!) quebrar as expectativas estabelecidas (e, assim, correr riscos!). É intencional, é a primeira escolha da organização. Os líderes das organizações são avaliados com quais indicadores de longo prazo?

E se, em vez de considerar como meta a venda de (sempre mais!) produtos, uma empresa criasse um canal de relacionamento com seus clientes, acompanhando todo o uso e promovendo novos modelos de remuneração pós-fim de vida (do produto, e não do cliente)? A empresa de tecnologia e plataforma em nuvem EON[17] faz isso com uma solução que, por meio da rastreabilidade na rotulagem, gera valor para as empresas, sem a necessidade de terem de produzir mais, vender mais, extrair mais recursos, gerar mais resíduos, poluir mais o ambiente. O mote é tornar todo produto rastreável, inteligente e mais valioso, conectando cada item a uma ID digital exclusiva para suprir todas as necessidades de negócios e desbloquear novos recursos em todo o ciclo de vida.

Filmes de ficção científica neo-noir, como *Blade Runner* (1982)[18], pretendiam provocar a reflexão e crítica ao modelo econômico do século passado, mostrando à humanidade uma possibilidade distópica de futuro obscura, para que pudéssemos repensar nosso modelo. Para que promovêssemos tudo ao nosso alcance para evitar esse futuro.

Para Marshall McLuhan, "a obsolescência nunca quer dizer o fim de uma coisa. É apenas o começo". Por isso nossa luta pelo bem-estar, pela saúde (vegetal, animal, humana), pela virtude da economia circular sobre a qual falaremos. Por um novo recomeço sustentável e AgroConsciente. Colisões geram transformações. Crescer dói. Todos os tipos de relação requerem laços de confiança. É cultural. Para onde ruma a organização, o ser humano, a sociedade? Devemos fazer um bom uso dos recursos, para a preservação dos nossos ativos e biomas ambientais, para neles e a partir deles promover nova criação. Tal o desafio desta década.

---

17 Disponível em: https://www.eon.xyz/.
18 **BLADE Runner**. Direção: Ridley Scott. Roteiro Philip K. Dick, David Webb Peoples. Elenco: Harrison Ford, Rutger Hauer, Sean Young. Los Angeles: Warner Bros. Pictures, 1982. Baseado no romance *Do Androids Dream of Electric Sheep?*, de Philip K. Dick.

Devemos recusar todas as formas de ilusão, certezas absolutas ou viés da esperança por serem uma perigosa armadilha, uma possível trapaça. Ou seja, ao recusar os subterfúgios, o setor do agronegócio afirma a vida como projeto vital esclarecido e recusa a conformidade que nega, a contemporização que atrapalha.

Isso é harmonia no conceito de atitude sistêmica que buscamos provocar. Há alternativa? Desconhecemos. Até porque, é necessário lidar com a realidade. Beijar a realidade é o poder do incômodo e, para isso, agir como guerreiros, preparar-se para isso, pois guerreiros não nascem prontos. É fácil? Não.

Edgar Morin, filósofo, considerado o arquiteto da complexidade, salienta que uma ação não depende somente da vontade daquele que a pratica, depende também dos contextos em que ela se insere, das condições sociais, biológicas, culturais, políticas que podem ajudar o sentido daquilo que é a nossa intenção. Dessa forma, as ações podem ser praticadas para se realizar um fim específico, mas podem provocar efeitos contrários aos fins que pretendíamos.

Orquestrar, comunicar, planejar, gerar valor. É possível. Mas como nos alerta Morin, os perigos de uma comunicação falha são enormes.

2.4 Uma comunicação falha

Uma comunicação falha não permite que a estratégia permeie a organização em todas as suas camadas, gerando desentendimentos, frustrações e dúvidas. Uma comunicação clara promove o engajamento das equipes.

Áreas que não se comunicam adequadamente comprometem a cultura de alto desempenho e de geração de valor. "Quem não comunica se trumbica", brincava o Chacrinha. A liderança se compromete com a qualidade da comunicação. Existe outro jeito de fazer? Não. Porque é um mundo VUCA/BANI. As lideranças na organização promovem o diálogo, a interação, e influencia positivamente o grupo. Colaborar é preciso. Estamos escutando? Estamos aprendendo?

V U C A

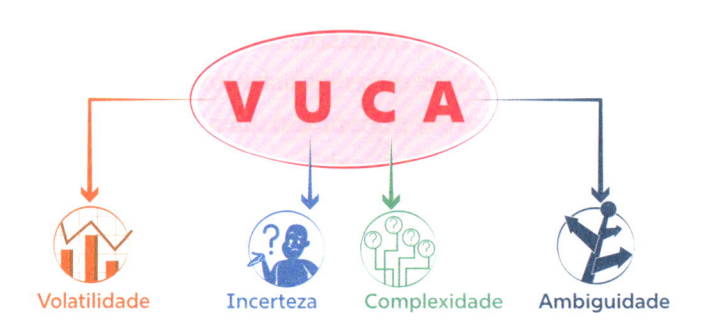

Volatilidade — Incerteza — Complexidade — Ambiguidade

Do inglês: Volatility, Uncertainty, Complexity e Ambiguity

> O mundo BANI (brittle, anxious, non-linear, incomprehensible; em português: frágil, ansioso, não linear, incompreensível) foi descrito pelo antropólogo Jamais Cascio. É considerado a evolução natural do mundo VUCA (volátil, incerto, complexo e ambíguo), pois reflete a realidade das sociedades após o início da pandemia da covid-19. Muito popular na área dos negócios, o mundo VUCA foi criado nos anos 1980 durante a Guerra Fria.

Comunicação assertiva aponta para a necessidade de uma compreensão complexa da ação e da realidade. Ação, reação, feedbacks constantes. As ações são movidas para conjugar simultaneamente as dimensões econômicas, sociais e ambientais. Essa prática, como dissemos, é deste século, e se torna uma realidade nesta década. O resultado desse processo é chamado de "valor", que, portanto, é maior que somente o lucro financeiro.

Essa maneira de entender e agir nos contextos pede uma mudança de perspectiva, se comparado com o século passado. Não é intuitiva tal mudança. Pede muita intenção agir de forma sistêmica, principalmente quando as lideranças estão inseridas em organizações nascidas no século XX, com ainda uma cultura daquela época, tentando adaptar o novo mundo BANI a uma perspectiva obsoleta. Chamamos isso de empresas míopes. Vivem no século XXI, mas agem ainda como se estivessem no século XX. Tal percepção míope não permite às organizações de entrarem nas novas dinâmicas de ação em ecossistemas abertos à inovação.

Aqui temos um grande desafio para a comunicação ajudar a resolver: elevar o nível das percepções acima das realidades existentes e das heranças culturais do passado; levar a organização para o presente-futuro com clareza e visão daquilo que será; fazer isso relacionando as pessoas, pois é o grupo que vai para o futuro. Esse é o aspecto do impacto social dentro e fora da organização. O valor social de uma empresa, por exemplo, não é a quantidade de pessoas, e sim o que ocorre nas conexões entre elas. O patrimônio social da organização é a sua cultura de empresa, é a inteligência daquele lugar. Inteligência e não informação, ou seja, é a potência de "sinapses" entre pessoas daquele ambiente (fazendo uma analogia com o cérebro). Se olharmos pela matemática, o valor social não é uma somatória, é uma potencialização.

Comunicação positiva (ou não violenta) promove os relacionamentos, que permitem os elos entre pessoas, e isso gera conhecimento na organização. Isso gera também engajamento. E frutifica na alta performance das pessoas. Boa comunicação da liderança terá sempre o objetivo de obter um valor de percepção superior ao mundo real, com o cuidado de não permitir zonas de fuga para a alienação e medo do futuro. Caso contrário, sonhos se tornam ilusões.

Então, no agronegócio brasileiro podemos utilizar a comunicação sem medo? O setor vai tratar com consciência de todos os temas delicados e tabus? Sim, podemos e devemos. O potencial brasileiro do agronegócio é maior do que seus medos, e bem maior do que a somatória de suas particularidades percebidas no país, e é algo que o mundo percebe.

Na Amazônia, por exemplo, existe confusão entre o desmatamento (ilegal por definição o corte predatório) e manejos florestais sustentáveis que obedecem a princípios gerais e fundamentos técnicos. Muitos (a sociedade civil) não sabem que o manejo sustentável de florestas trata de um sistema planejado em que todas as árvores são inventariadas anteriormente à atividade extrativista, sob um criterioso processo de seleção, de forma a identificar cada espécie madeireira, mensurar o volume da madeira, plotar em mapa sua localização e dispersão e, ao final, escolher e retirar apenas por volta de cinco a seis árvores por hectare a cada vinte e cinco anos. Isso significa que em um hectare, que geralmente tem cerca de 260 árvores de alto valor comercial, quando se tiram cinco ou seis unidades, está-se retirando os indivíduos adultos, sem cortar as árvores menores que compõem as varas e os varões, e sempre deixando, de cada espécie, uma árvore madura que faz o papel de sementeira, ou seja, árvore capaz de produzir sementes necessárias para nova colonização da espécie, mantendo assim a sustentabilidade da floresta. Nesse caso o impacto é muito baixo e para sua execução é necessária a regulamentação, junto ao Ibama, do Plano de Manejo Florestal Sustentável.

Portanto não se confunda ilegalidade com a economia da floresta de manejo. Mas a ilegalidade ocorre (dentre tantos fatores) a partir do vácuo gerado pela ausência de projetos legais alternativos ao puro e simples manejo. Falta ocupação de espaço com novas ideias, com planejamento de marketing estruturado para gerar nova economia com criatividade a partir dos biomas, neste caso o amazônico. Lembrando que o Brasil tem seis biomas, todos correm riscos enormes pela ilegalidade e falta de visão sistêmica para gerar novos negócios. Nesse vazio, acaba sobrando para a legislação punir criminosos desmatadores. Onde não há sintropia, reina o caos. Ao não solucionarmos isso, tudo que produzimos no bioma amazônico é associável ao crime, além de sujar a percepção de toda a produção nacional. Ficamos suscetíveis à *guerrilla* comunicacional e aos nem sempre éticos competidores internacionais. Mas, como fica evidente nesse processo lógico, a causa do problema é doméstica.

Existe uma desconfiança global sobre o setor agroindustrial. Em contrapartida, temos no AgroConsciente realidades excelentes não transformadas em percepções, por exemplo, todo o trabalho realizado pela Embrapa, os estudos do Instituto de Tecnologia de Alimentos (Ital), como por exemplo "Indústria de Alimentos 2030: ações transformadoras em valor nutricional dos produtos, sustentabilidade da produção e transparência na comunicação com a sociedade".

Recomendamos a leitura pelo QR Code:

https://ital.agricultura.sp.gov.br/industria-de-alimentos-2030/8/

Outro aspecto é a distância enorme entre os conhecimentos científicos sobre alimentos hoje disponíveis (veja o estudo anteriormente citado), e a ignorância sobre os mesmos por parte da sociedade civil. Os consumidores ignoram o que consomem, e tem pouco acesso a tais estudos. O que a ciência já sabe sobre alimentos está muito distante da percepção e da consciência dos consumidores finais. E, do mesmo modo, as tecnologias à disposição na agropecuária brasileira quando bem empregadas são um exemplo extraordinário de excelência, mas isso não é percebido pela sociedade porque não é comunicado. AgroConsciente pede mais diálogo com a sociedade por parte do setor.

A questão da comunicação é central também por conta do maior dinamismo da topologia de rede informacional distribuída na qual sociedades, mercados e organizações estão evoluindo, como estudou Paul Baran[19]. Hoje ainda estamos em redes menos ágeis, descentralizadas, multicentralizadas, mas estamos acelerando rumo às redes distribuídas, nas quais os dados e a informação se deslocam de maneira dinâmica, como se fosse um automóvel circulando pela cidade com o aplicativo de mobilidade Waze.

Queremos dizer com isso que a digitalização acelera e a comunicação ágil se faz central mais do que nunca para gerar relacionamentos de valor na era da complexidade.

---

19 Disponível em: http://www.tipografos.net/internet/paul-baran.html.

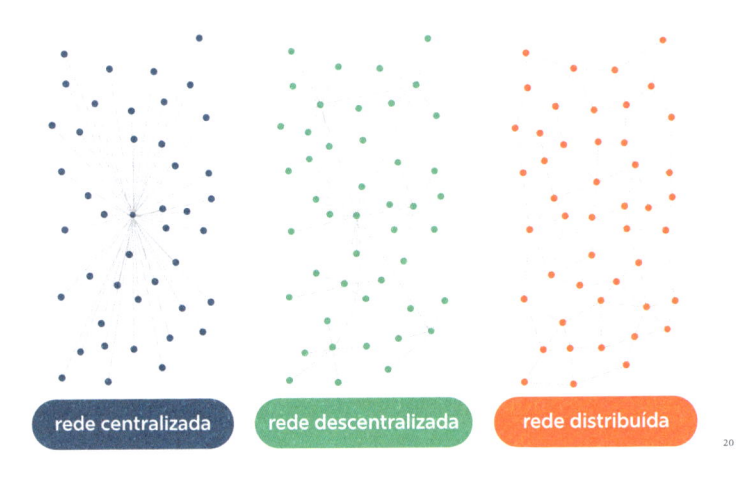

rede centralizada — rede descentralizada — rede distribuída [20]

Recomendamos ao leitor procurar na internet o vídeo do professor Augusto de Franco: *O mundo está caminhando para redes mais distribuídas*. É bem pedagógico.

Comunicação é central porque a qualidade das conexões em rede distribuída é condição essencial para gerar relações eficazes, e são essas que servem para resolver problemas reais. As organizações do agro, assim como todas as outras, são constituídas de departamentos e unidades complexas que atuam com abordagens, lógicas e instâncias diferentes e complementares, certas vezes antagonistas. Tais "pontos nodais da rede" se nutrem um do outro, completam-se, mas também se opõem e naturalmente se criticam. Pessoas, departamentos, lideranças convivem entre as diferenças e os "antagonismos" de um ecossistema, os quais são constitutivos das novas realidades complexas. Trata-se, portanto, de diferenças complementares, e a partir das interações dinâmicas, ocorre a inovação, que, por sua vez, gera valor.

Ao analisar esse cenário em sua totalidade, fica evidente como as lideranças do agro são designers de estratégias e deveriam agir na busca por aliados globais e atuar de modo abrangente. Capacitados para entender a estratégia que pode levar à meta do trilhão de dólares de potencial

---

20 Ibidem.

do agro neste livro colocado, precisam agir com intenção dentro da própria organização e do segmento para influenciar positivamente toda a cadeia de valor. Inovação é cultural. É um processo criativo. E o inimigo número 1? Como já citamos até aqui no livro, é o atraso cultural.

2.5 O atraso cultural

Segundo sociólogos como o italiano Domenico De Masi (*in memoriam*), estamos – mais uma vez – no meio de um processo de mudanças e é preciso promover uma transformação igualmente profunda na concepção da sociedade, e então do mercado, para que não se continue a usar os instrumentos do passado. Para isso, é preciso agir com atitude criativa.

Criatividade é amplamente debatida por De Masi e tantos outros. Para o italiano, criatividade é resultado da junção de emoção e regra, de fantasia e concretude. E isso possibilita o que ele chama de "grupos criativos", detectados e estudados por ele em organizações existentes entre 1850 e 1950[21], pertencentes a era industrial (embora já despontavam como grupos com um modelo de uma organização pós-industrial)[22].

---

21 No livro DE MASI, Domenico. *A emoção e a regra*: os grupos criativos na Europa de 1850 a 1950. Rio de Janeiro: José Olympio, 1997, o autor e sociólogo do trabalho analisa as estratégias e as formas organizacionais que tornaram possíveis treze experiências extraordinárias de idealização coletiva, mostrando como esses grupos conseguiram conciliar aspectos aparentemente díspares, sem abrir mão da eficiência. A criatividade é o maior capital dos países ricos. Eles vivem, literalmente, de ter ideias.

22 Nas experiências analisadas pelo autor no livro *A emoção e a regra*, procura-se evidenciar relações entre criatividade, inovação e disciplina de gestão na execução. De Masi apresenta "13 estudos de caso de organizações selecionadas nas diferentes áreas, como arte, ciência, indústria, entre a metade do século XIX e a metade do século XX". Por exemplo, o bom gosto e bom senso na produção em série de mobiliários: a Casa Thonet"; uma rede internacional de estudos matemáticos na Sicília liberty: o Círculo Matemático de Palermo"; uma cooperativa científica: o Instituto Pasteur de Paris"; e uma cooperativa de artistas e artesãos: a genialidade politécnica da Wiener Werkstätte". A escolha dessas experiências deve-se ao fato de que esses treze casos, além de serem quase todos famosos pela sua genialidade criativa, são particularmente originais por suas características organizativas.

Tais diferentes grupos estudados pelo italiano tinham características similares, como a frequente convergência afetiva em torno de um propósito, o bom clima parcimonioso da equipe mesmo com personalidades diferentes em constante divergência de ideias – algumas mais fantasiosas e outras mais concretas; a procura obstinada de um ambiente físico acolhedor, belo e digno, funcional; a flexibilidade dos horários, mas também a capacidade de sincronismo e de pontualidade; a interdisciplinaridade e a forte complementaridade e afinidade cultural de todos os membros; a capacidade de captar tempestivamente as oportunidades, de calibrar a dimensão do grupo em relação à tarefa, de encontrar os recursos, de contemporizar a natureza afetiva com o profissionalismo de modo a facilitar o intercâmbio entre desempenhos e funções; a segurança psicológica que dava ao grupo espaço para experimentar sem temer o erro; a disposição para a autonomia e para a cooperação, com responsabilização; a tolerância ao erro como aprendizado (mas não tolerância à negligencia). Todos esses grupos tinham uma liderança participativa que trabalhava em proximidade, num formato mais horizontal, porém sempre se mantendo lideranças assertivas nas tomadas de decisão.

Esses grupos selecionados e estudados (da era industrial) pelo sociólogo se tornam uma referência para os empreendimentos do século XXI, pois estamos em plena era pós-industrial. A criatividade como modelo organizacional e atitude individual é o diferencial competitivo, como sinalizam estudos recentes como esse do World Economic Forum sobre o futuro do trabalho, pois as organizações são mais livres para agir nas dimensões dos desafios intelectuais, graças às conquistas dos séculos

Veja o relatório no QR CODE:

https://www.weforum.org/reports/the-future-of-jobs-report-2023/

passados determinadas pela ciência aplicada aos negócios, das visões de Taylor[23], aplicadas por Ford[24], e aperfeiçoadas pela Toyota[25]. E por conta das quatro revoluções industriais, que fazem da inteligência artificial uma realidade, sempre mais importante serão as inteligências criativas.

Atualmente, e sempre mais, muitos dos conhecimentos humanos já fazem parte dos processos automatizados das organizações, estão embutidos nos sistemas e foram digitalizados nos maching learnings, nos quais a potência de cálculo dos computadores modernos permitem uma eficiência do trabalho repetitivo e de precisão muito maior que a humana. A tecnologia avança e torna tudo mais ágil e efetivo, libertando seres humanos dos trabalhos repetitivos, além de fornecer às empresas mais produtividade, eficiência e geração de valor. Para tornar isso também eficaz (sob o ponto de vista social e individual), nos cabe religar a inteligência artificial à inteligência emocional dos humanos, também um desafio desta década. Pois o valor não é só econômico, precisa também ser sustentável socialmente e individualmente.

Ecossistemas de negócios são a vanguarda dessa evolução. Tratam de estruturas dinâmicas que integram diferentes stakeholders interligados,

---

23 Frederick Winslow Taylor, entre o final do século XIX e o início do século XX, elaborou um modelo baseado na aplicação do método científico na administração com o intuito de garantir o melhor custo/benefício aos sistemas produtivos. Com isso, o engenheiro buscou uma forma de elevar o nível de produtividade, fazendo com que o trabalhador produzisse mais em menos tempo, sem elevar os custos de produção. A partir disso, Taylor observou que os sistemas administrativos da época eram falhos. As principais falhas estavam voltadas ao desconhecimento do trabalho dos operários por parte dos administradores, à falta de padronização dos métodos de trabalho, e à forma de remuneração.

24 Henry Ford (1863 – 1947) foi um empreendedor americano fundador da Ford Motor Company. Inspirado pelo método de Taylor, Ford criou o fordismo – um sistema industrial. O fordismo diferenciou-se do taylorismo pela introdução das linhas de montagens, processo de produção nos quais o operário foca apenas uma atividade.

25 O toyotismo é um sistema de produção desenvolvido pela Toyota entre os anos 1947 e 1975. Esse sistema foi criado com o intuito de aumentar a produtividade e a eficiência, evitando desperdícios como tempo de espera, superprodução, gargalos de transporte, entre outros.

dependendo um do outro para obter sucesso. Assim, conseguem gerar valor para os clientes (desde o consumidor final e, por lógica reversa, até o antes da porteira).

Um ecossistema de inovação é um conjunto de stakeholders que interagem e cooperam de forma inteligente e criativa. São organizações criativas em movimento em torno de um propósito comum, de uma identidade abrangente que as une. Para isso funcionar, é preciso a orquestração de perspectivas diferentes dentro do dinâmico ecossistema de ação, e isso potencializa o valor maior acima das particularidades. Valor, portanto, não é somente uma somatória de fatores. Uma bela referência sobre orquestração de grupos criativos é essa do Itay Talgam. Assista ao TED Talk *Orquestrar para criar harmonia sem dizer uma palavra*, no qual ele demonstra os estilos únicos de seis grandes maestros do século XX e ilustra lições cruciais para todos os líderes:

https://www.ted.com/talks/itay_talgam_lead_like_the_great_conductors#t-71887

É isto que fazem organizações de vanguarda, inovadoras e centradas nas pessoas e nos stakeholders: transformam clientes em "intérpretes", entidades detentoras de conhecimento útil para o próprio modelo de negócio. Quanto mais intérpretes detentores de um conhecimento útil engajados, mais sinapses, mais recursos de informações. Logo, mais inteligente ou criativa aquela plataforma tende a ser. Não se trata somente da quantidade de intérpretes e, sim, da qualidade, da pertinência e da competência.

Toda organização, em qualquer contexto, está cercada por esses tipos de intérpretes. Elas se perguntam: quais empresas de diferentes segmentos estão observando clientes que pertencem a um mesmo contexto social? Que outros tipos de produtos e serviços são ou poderiam ser usados por esses clientes? Todos esses intérpretes têm o mesmo conhecimento sobre os significados e linguagens e estariam dispostos a compartilhar essas informações e entender as nossas interpretações; afinal, têm os mesmos problemas e interesses. Convergir faz bem para os negócios. É necessário superar o atraso cultural nos jeitos de liderar e modelar as organizações, pois é de suma importância garantir dinamismo e conseguir aprender a aprender.

É um círculo virtuoso que pede reciprocidade, para que possa existir a sociedade do futuro. O que nos diferencia do resto das espécies é o fato de que a evolução expandiu muito mais nossa consciência. Habita criatividade, memória e raciocínio lógico. Cultura. Somos o fruto de inteligência cristalizada e inteligência fluida. Nossa vantagem competitiva é a cultura da inovação, fruto de pensamento logico combinado com pensamento lateral. Por isso a cultura de uma empresa inovadora é seu princípio fundador. Para nós autores, com Chief Agribusines Officer queremos dizer uma nova maneira de agir, uma *agriCultura* com novo "significado".

Renovar a agriCultura é a arte de cultivar em constante transformação. Há beleza nisso. Agricultura, palavra que deriva do latim "*ager, agri*" (campo, do campo) e "cultura" (cultura, cultivo), nasceu como um modo de cultivar a natureza, o campo, com finalidades práticas ou econômicas. Por conta do aumento da complexidade, e da necessária maior integração entre as cadeias, e entre o antes, dentro e fora da porteira, como vimos no início deste livro, isso foi chamado, no século XX, de agronegócio. Recentemente, evoluiu para food citizenship, como a prática de assumir novos comportamentos relacionados à alimentação que apoiam, em vez de ameaçar, o desenvolvimento de um sistema alimentar democrático, social e economicamente justo e ambientalmente sustentável.

Falar de inovação no agronegócio é quase como falar da própria história e tradição do agro. Nesta década é desafiador porque os modelos de gestão mudam. A contribuição deste livro é buscar agregar e provocar para superar o atraso cultural que nos atrapalha e "diminui", pois mesmo crescendo o PIB do agro, cresce pouco se comparado com o potencial, enfim pode dobrar de tamanho até o final desta década se olharmos para ele com uma perspectiva mais abrangente e menos redutiva de somente agropecuária. O AgroConsciente brasileiro é um "think tank" extraordinário com recursos, competências, entidades e organizações detentoras de métodos e técnicas necessários para que, com orquestração e integração, haja vida no século XXI. Estamos com a faca e o queijo na mão. Depende da superação do atraso cultural, e isso vem por meio do conhecimento, das práticas e de suas corretas implementações.

Esse conjunto de técnicas hoje reunidos no nosso território foi evoluindo da forma mais antiga de artes para transformar-se, ao passar dos séculos, em uma ciência de leis codificáveis e em renovação permanente, e que a Empresa Brasileira de Pesquisa Agropecuária (Embrapa), por exemplo, soube desvendar para adaptação nos diferentes biomas brasileiros.

2.6 Cultura da inovação para o agro

A cultura da inovação permite a conexão nas organizações e entre as organizações do agro, além das verticais dos diferentes segmentos. Está na mentalidade e no comportamento das lideranças sistêmicas. As empresas prosperam quando abraçam a tensão entre o antigo e o novo e promovem um estado de constante conflito criativo.

As empresas que desenvolvem identidades abrangentes prosperam. Uma identidade mais ampla dá permissão às unidades para se envolverem em ações aparentemente "opostas" – para explorar produtos e serviços existentes enquanto, simultaneamente, exploram novas ofertas e modelos de negócios. Organizações sistêmicas buscam perspectivas mais amplas. Exploram o modo como se dá a evolução na vida das pessoas/stakeholders:

- em termos socioculturais, por que as pessoas/clientes compram as coisas?
- em termos ambientais, como as tecnologias e o ambiente estão moldando/impactando o nosso cenário?

> Assista ao TED Talk do professor Roberto Verganti sobre inovação guiada pelo design como criadora de significados abrangentes:
>
> https://www.youtube.com/watch?v=WDn3yQKfpqY&t=18s

No setor do agronegócio, pela importância que representa no PIB deste país, a cultura da inovação (além daquela somente tecnológica) se torna mais urgente. É fundamental insistir em uma nova cultura sistêmica que coloca as pessoas e os stakeholders no centro das estratégias (shareholders continuam sendo importantes, porém são um dos tantos outros stakeholders a serem gerenciados). Tal cultura embute no impacto econômico também o social e o ambiental, tornando possível dobrar o PIB do agro com sustentabilidade, e assim permitindo ao próprio PIB do Brasil crescer de forma exponencial. Dada a dimensão continental e populacional do nosso país, e tendo clareza sobre a riqueza natural e científica disponíveis no país, é natural projetar um PIB nacional de pelo menos o dobro.

Cultivar a inovação no agro promove um novo olhar para praticar a cidadania alimentar, requerendo criatividade, cultura da inovação, transformação digital, novos hábitos, novas políticas entre público e privado.

O ecossistema brasileiro de inovação no agro é oxigênio para que sejam compreendidas, analisadas e solucionadas as quatro grandes barreiras para a cidadania alimentar no Brasil:

1. o sistema alimentar atual (desafios sintetizados nos mapas apresentados);
2. a política federal, local e institucional sobre alimentos e agricultura (Plano ABC, Embrapa etc.);
3. a inovação e transformação digital (novas tecnologias e suas integrações, startups, gestão);
4. a cultura do alimento, saúde, gastronomia e nutrição (da semente à mesa, todos os stakeholders envolvidos), e que aqui chamaremos de food system.

Por que fazer a mudança? Porque ao iniciar seu sexto século de existência como Brasil, que de início exportava papagaios e araras, junto da árvore que lhe deu o nome, passou a ser uma agricultura dinâmica e altamente diversificada, que evoluiu para uma agroindústria poderosa, que situa o país como um grande celeiro e distribuidor de alimentos. Para que isso continue existindo de modo sustentável, é preciso mudar mais uma vez, investir mais, conectar mais, fazer mais eficiência. Acelerar, e ampliar para ser AgroConsciente. Pois existe a grande oportunidade que é urgente, desse celeiro agregar mais valor, saúde, garantindo, assim, não somente segurança alimentar de qualidade, mas também mais produtos, novas moedas, novos sabores, mais bem-estar, turismo e entretenimento, narrativas, dobrando o PIB e melhorando a distribuição de riqueza no país. Mais que ser visto pelos estrangeiros como um país amigável e exótico, ser uma liderança mundial multiétnica, sincrética, democrática, dialógica e justa.

Por que esse movimento é necessário? Porque vivemos em um mundo complexo. Porque AgroConsciente é Agronegócio ESG – environmental, social, and corporate governance, que significa futuro da vida. Os principais desafios que as organizações públicas e privadas e os profissionais enfrentam atualmente não são apenas complicados, mas de natureza complexa: globais, dinâmicos, mutáveis e fortemente incertos. Fatores externos determinam o êxito, como vimos no mapa das rotas para Masters and Commanders do agro.

Mudança contínua requer novas práticas que evoluem à medida que são desenvolvidas. A sustentabilidade das organizações e de profissionais é altamente dependente, como vimos, de sua capacidade de moldar seu próprio futuro. Não apenas identificando, compreendendo e resolvendo os problemas de hoje, mas também antecipando, inovando e provocando a mudança em torno deles. Precisamos de uma cultura inovadora em rede distribuída que possa se adaptar às complexidades contemporâneas e ao ambiente em mudança. Por meio da aprendizagem contínua é possível.

O desenvolvimento profissional pede o cultivo do aprendizado contínuo para promover a inovação. Organizações e profissionais precisam "aprender como ir junto". Trabalhando e aprendendo simultaneamente por meio do desenvolvimento de projetos reais. Aprender enquanto projeta e aplica é a chave para o sucesso. Organizações do agronegócio precisam trazer diversidade e interculturalismo. Precisam se conectar dentro e fora da porteira para melhorar a aprendizagem, a inovação e a transferência de conhecimento periférico para promover novos modos de lidar com os problemas e com o ambiente urbano. Devem fomentar uma nova cidadania.

O agronegócio é complexo e precisa navegar com novos mapas para o futuro. Isso demanda uma nova linguagem capaz de desenvolver negócios e de solucionar problemas, mostrando todas as visões e perspectivas dos stakeholders.

A missão, agora mais do que nunca, é construir redes, conectar ideias, reunir as diversidades e levar pessoas, comunidades e diferentes áreas de conhecimento a iniciar um diálogo contínuo, para, assim, decodificar os complexos problemas da sociedade e gerar futuros cenários e novos modelos de vida.

Para isso, aplicar Design Thinking é útil, pois possibilita a conexão rural e urbana, ajudando a incorporar a diversidade. Grandes desafios e problemas complexos não são resolvidos apenas por meio de conhecimento "dentro da porteira", experiências e conhecimentos superficiais, ou pela crítica de um cidadão urbano distante, que ignora a realidade do campo, do agronegócio brasileiro, das necessidades e demandas mundiais, e da complexidade desse ecossistema.

2.7 Por que o agronegócio é tão importante para o Brasil e para todos os países do mundo?

Porque em quinhentas gerações a humanidade transformou o mundo. Manter-se vivo com equidade e equilíbrio permanece um grande desafio. A população mundial, atualmente em cerca de 8 bilhões de pessoas, segundo as recentes projeções das Nações Unidas no estudo "World Population Prospects 2022", deverá chegar a 8,5 bilhões em 2030, 9,7 bilhões em 2050 e 11,4 bilhões em 2100[26]. O saldo de humanos por dia é positivo, 240 mil pessoas a mais para alimentar e cuidar.

Sempre segundo a ONU, a concentração do crescimento da população global nos países mais pobres representa um desafio adicional para o cumprimento da Agenda de Desenvolvimento Sustentável para 2030, que preconiza a eliminação da pobreza e da fome, expansão dos sistemas de saúde e educação, igualdade de gênero e redução da desigualdade.

Aqui, existe um mix de desenvolvimento econômico sustentável. O Planejamento Estratégico do Ministério da Agricultura, Pecuária e Abastecimento (Mapa) para o período 2020/2027 estabelece uma meta de redução da emissão de gases de efeito estufa em 43% até 2030[27]. Em contrapartida, a Organização das Nações Unidas para a Alimentação e a Agricultura (FAO) estima que a produção de alimentos deverá aumentar em 40% até 2040 para suprir a demanda crescente da população. É possível? Sim, com cultura da inovação, ciência e tecnologia, e, assim,

---

26 Disponível em: https://brasil.un.org/pt-br/189756-popula%C3%A7%C3%A3o-mundial-chegar%C3%A1-8-bilh%C3%B5es-em-novembro-de-2022.
27 Disponível em: https://www.gov.br/agricultura/pt-br/assuntos/noticias/mapa-tem-novo-plano-estrategico-2020-2027.

bater a meta do trilhão de dólares no agro, provocação dos autores neste livro, inspirada pelo ex-ministro da agricultura Roberto Rodrigues.

O Brasil tem papel estratégico no jogo desse complexo cenário. Precisa de um planejamento estratégico que avalie impacto econômico, social e ambiental, sob pressão e no qual o futuro competitivo será entre ecossistemas de agronegócios e não mais entre empresas ou países. Esse talvez seja o maior atraso cultural brasileiro: não conseguir se enxergar como ecossistema interligado.

O Brasil, como ecossistema agro, gera valor a partir de seus stakeholders internos e externos, congrega organizações, associações de categoria, formadores, pessoas e lideranças. É uma plataforma aberta, um espaço transdisciplinar pensado para dialogar com todos os stakeholders, para avaliar com knowledge mining e mapping o impacto econômico, social e ambiental, um dos objetivos deste livro, e comunicar de maneira amigável os desafios com linguagens do design visual e infografia, bem como permitir um olhar quântico do agro com o marketing, a gestão, a comunicação e as dinâmicas do Design Thinking.

É um ecossistema inovador e exploratório por definição, tendo em vista a meta do trilhão e, assim, não tem resultado certo, caminho fácil, e enquanto navega descobre e evidencia muitos dos gargalos, que precisa ir resolvendo com agilidade, e, enquanto dialoga e colabora, evita preconceitos. Essa visão sistêmica exige uma constelação de stakeholders para fazer parte da geração de valor: empresas e organizações, criadores de conteúdo, criadores de soluções, consultores, professores, formadores de opinião, lideranças das políticas públicas e associações, hubs de inovação. Importante atrair o mundo dos insumos/tecnologia, da agropecuária, da agroindústria, da distribuição, da gastronomia, o mundo urbano, sem se esquecer das pessoas que fazem parte de tudo isso, sejam elas cientistas da semente, ou os consumidores das tantas transformações ocorridas entre o laboratório, a terra e o *terroir*, a cozinha, o paladar.

O que acomuna os stakeholders desse ecossistema? Necessidade de mudar. Quem precisa mudar, que ajude a mudar. Agrega valor quem tem algo a dizer sobre a mudança que o setor precisa, conhece ou desconhece. Agrega valor quem já é a mudança que o agro deseja e precisa ser. Valor é mentalidade. É cultivar a inovação.

Valor pressupõe para os stakeholders do agro vários pontos:

- reduzir custos, gerar eficiência;
- gerar novos serviços;
- combinar rentabilidade e responsabilidade social/ambiental;
- vencer a concorrência pelos melhores talentos e retê-los;
- equilibrar metas de longo prazo e demandas de curto prazo;
- alinhar estratégia e experiência do cliente/gestão de stakeholders;
- ser plataforma inteligente e digital;
- promover aprendizado constante;
- fortalecer o engajamento e a performance das pessoas envolvidas e das organizações integradas em rede distribuída.

Cultura da inovação para os stakeholders do agro permite:

- dialogar com todas as partes interessadas de um ecossistema;
- desenhar o impacto econômico, social e ambiental de um projeto;
- revelar o fenômeno sob observação e análise;
- pesquisar, descobrir e evidenciar gargalos;
- prototipar ideias que geram novo PIB com os stakeholders;
- gerar a união que faz a força da cadeia de valor (que reduz o boicote durante o processo do B2B ao B2C);
- evitar preconceitos (o que reduz a miopia);
- abraçar o futuro não linear, beta;
- imaginar e visualizar o futuro.

A lei do mínimo da inovação:

- conflitos criativos, mudança, colaboração
- cultura da inovação
- conexão
- stakeholders, clientes, pessoas
- liderança, empatia, propósito
- design thinking, excelência

Quais são as habilidades e competências necessárias para conjugar marketing, vendas e Design Thinking? Atitude sistêmica. É possível em ambientes saudáveis, integrados e produtivos. Como gerar valor? Com inovação sistêmica.

Um exemplo? A AgroBee, empresa de Ribeirão Preto, organização formada por líderes e empresários, conhecida como o "Uber das Abelhas", a startup criou uma plataforma que combina algoritmos e tecnologia para unir produtores a apicultores, enquanto usa dados e variáveis dinâmicas a fim de criar uma polinização inteligente e customizada para cada produtor. O processo é responsável por melhorar o aspecto e a qualidade dos frutos, a exemplo do aumento da pontuação do café e a forma e dulçor do morango.

A polinização é determinante para algumas culturas como a maçã e o melão, sem a qual, não existe a formação dos frutos. Para as culturas não dependentes do processo, os números para o aumento da produtividade são de cerca de 20% como é o caso do café, por exemplo, como explica Andresa Berretta, uma das fundadoras da empresa.

A polinização assistida e inteligente em culturas de café demonstrou aumento de 20% da produção, o que equivale em média a um aumento de 10 sacas/hectare, sem aumento de área plantada, sem consumo adicional de água e os demais insumos agrícolas, e com economia de carbono da ordem de 870 kg/hectare, só com a inclusão da tecnologia e expertise em abelhas oferecida pela empresa, informa Carlos Pamplona Rehder, outro sócio da AgroBee.

A polinização é considerada um processo ecossistêmico essencial, assim como a água, o ar limpo, o equilíbrio climático etc. O Brasil pode aumentar a produtividade e a qualidade no agronegócio, respeitando a natureza (e suas abelhas) por meio de um processo de inovação guiado pelo Design Thinking.

Se por um lado temos tanto potencial inexplorado, por outro o que não vemos não ativamos, e isso pode aumentar a pobreza no Brasil e no mundo. Para alguns nada ou pouco, e para outro muito e demais. Consequência da desarticulação entre produção e consumo, aumenta a fome e a obesidade. Um em cada nove é faminto, um em cada oito é obeso, segundo relatoria da Organização das Nações Unidas para a Alimentação e a Agricultura(FAO). [28]

Enfim, há espaço de ação em segmentos nos quais é possível encontrar nichos de mercado para todos. Assim, há um potencial de crescimento enorme, da saúde vegetal, animal e humana, à segurança alimentar no mundo. A AgroBee nos ensina que podemos contribuir como a saúde do planeta e aumentar a produtividade de mel, ou seja, um ganha-ganha para todos os envolvidos. Um mundo mais "dócil" é bem-vindo.

Food system é a nova abordagem e falaremos mais dela. Mas, antes disso, vale a pena aprofundar mais a discussão sobre o Design Thinking para o agronegócio como modelo de jogo – tema do próximo capítulo. Se o porquê fazer fica claro, e o que fazer está lançado como desafio (a meta do trilhão), o *como* fazer faz toda a diferença.

---

28 *Uma em cada nove pessoas no mundo passa fome, segundo a FAO*. Redação Observatório 3º setor, 19/09/2018. Disponível em: https://observatorio3setor.org.br/noticias/uma-em-cada-nove-pessoas-no-mundo-passa-fome-segundo-a-fao/. Acesso em: 22 mai. 2023.

CAPÍTULO 3

Inovação AgroConsciente guiada pelo Design Thinking

3.1 O que é inovação guiada pelo design?

É quando produtos, serviços, sistemas e plataformas passam por um processo de significação intenso, empático, interativo e acabam ganhando um conceito e/ou significado (propósito) fundamentalmente novo (inovador), transformando a maneira como as pessoas entendem e se envolvem com as coisas da organização, e, muitas vezes, isso tudo tendo um impacto forte nas vidas das pessoas. Esse processo envolve uma quantidade imensa de temas como marketing, comunicação, empatia e criatividade que tratamos no início do livro, assim como abraça tecnologia e novos modelos que trataremos mais adiante no livro. Essa inovação guiada pelo design é fruto da variedade de perspectivas de muitos stakeholders envolvidos, e o resultado disso é aquilo que que chamamos de valor econômico, social, ambiental, tangível na nossa visão dentro da meta do trilhão de dólares do AgroConsciente.

A abordagem da inovação guiada pelo design faz parte do "como" realizar as entregas de valor. Parte do princípio de que a tecnologia não se conecta sozinha e de que toda tecnologia é uma criação cultural-científica humana útil e que está a serviço da humanidade, do planeta, da vida como um todo. Design Thinking é colocar no centro do processo as pessoas para geração de valor (de pessoas para outras pessoas). Toda invenção, transformação digital, economia circular, criação humana na década de 2020 está para harmonizar e reequilibrar os sistemas de vida, o health system, conforme citamos no início deste livro.

3.2 O que é Design Thinking?

Felizmente este assunto passou a ser de uso comum nas organizações do agro. Design Thinking é o conjunto de ideias e insights que aborda problemas relacionados às futuras aquisições de informações, análises de conhecimento e propostas de soluções. É um trabalho de grupo, porque usualmente grupos com dinâmicas divergentes e convergentes julgam melhor do que individualmente. No que se refere à abordagem, é considerada a capacidade de combinar empatia em um contexto de um problema, de modo a colocar as pessoas no centro do desenvolvimento de um projeto; criatividade para geração de soluções e razão para analisar e adaptar as soluções para o contexto.

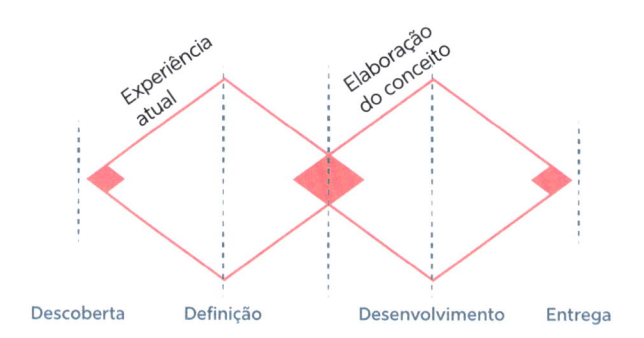

Descoberta — Definição — Desenvolvimento — Entrega

Experiência atual | Elaboração do conceito

Adotado por organizações, principalmente no mundo dos negócios, o Design Thinking tem crescido e tem influenciado diversas disciplinas na atualidade, como uma maneira de abordar e solucionar problemas. Sua principal premissa é: ao entender os métodos e os processos que designers usam para criar soluções, indivíduos e organizações seriam mais capazes de se conectar e revigorar seus processos de criação, a fim de elevar o nível de inovação, tendo em vista mais perspectivas. É uma cross polinização. Por definição, a cross polinização (ou polinização cruzada), na biologia, é um processo no qual um tipo de flor recebe o material genético de outra espécie. O resultado é uma forma de vida que carrega características das duas plantas. Esse conceito é aplicado igualmente na busca por inovação nas organizações. O material genético representa diferentes perspectivas e áreas de expertise, enquanto a nova forma de vida é um produto ou solução inovadora que carrega as qualidades.

Por exemplo, como usar tecnologias incríveis de visão aumentada, utilizadas pelas empresas automobilísticas em carros autônomos, para melhorar a atenção a um paciente em um hospital. Ou utilizar as práticas de gamificação para gerar engajamento maior das pessoas em fazer exercícios físicos e melhorar a qualidade de vida.

Um dos métodos mais utilizados no processo do Design Thinking é o duplo diamante. Nele são projetados quatro triângulos que se assemelham sobretudo a diamantes, e cada um representa uma etapa do processo. O formato foi inspirado de tal maneira que representasse a convergência de ideias das equipes em volta do projeto.

Método duplo diamante[1].

Etapa 1: **pesquisa.** É o momento de observar, pesquisar e analisar todo o escopo e seu objetivo. É, também, a hora de levantar os dados,

---

1 Disponível em: https://webframe.com.br/design-thinking-metodo-duplo-diamante/.

com o intuito de identificar o problema a ser solucionado. Utilizar grupos focais, testes com usuários e pesquisas é essencial nessa etapa como resultado.

Etapa 2: insights e briefing. É o momento de reunimos todos os dados coletados e priorizarmos o que devemos considerar mais importante e significativo para o projeto. Com base nas informações, conseguimos ter alguns insights e elaborar um briefing final para o projeto de fato.

Etapa 3: desenvolvimento. Assim que definirmos todo o processo, posteriormente é a hora de partir para cocriação. Nessa etapa transformamos primeiramente todos os dados e procedimentos anteriores em algo visual (rascunho ou mesmo um desenho) e realizamos alguns testes, a fim de validar nossa entrega.

Etapa 4: protótipo e entrega. Na última etapa devemos desenvolver algo mais próximo do projeto final como resultado. Nessa fase do processo é importante realizar testes com os usuários/clientes e coletar feedbacks necessários. Prototipar é ter clareza de que estamos em fase beta, e que na era BANI, onde tudo é dinâmico, as coisas tendem a ser dinâmicas também, e nosso esforço precisa se concentrar na melhoria contínua. Alguns utilizam o processo "mínimo produto viável (MVP)" em suas melhorias. Sobre a entrega, precisa estar claro que não se trata de um processo linear cartesiano, e sim circular, onde estamos constantemente aprendendo durante o processo, não temos total controle dos resultados, e tampouco temos tal expectativa. Nesse sentido, para esclarecer melhor tal conceito, falaremos mais adiante neste capítulo da teoria de campo de Kurt Lewin.

Assim, ao usar métodos e processos utilizados por designers, o Design Thinking busca diversos ângulos e perspectivas para solução de problemas, priorizando o trabalho colaborativo em equipes inter e transdisciplinares em busca de soluções inovadoras com os stakeholders. Dessa forma, busca-se mapear a cultura, os contextos, as experiências pessoais e os processos na vida dos indivíduos e stakeholders para ganhar uma visão mais completa e, assim, melhor identificar as barreiras e gerar alternativas para transpô-las. Cria-se assim uma proposta de valor.

Para que isso ocorra, o Design Thinking propõe que um novo olhar seja adotado ao se endereçar problemas complexos, um ponto de vista "empático" (o que não pressupõe bondade, como já dissemos, mas sim comunicação não violenta) que permita colocar as pessoas/stakeholders no centro do desenvolvimento de um projeto e gerar resultados mais desejáveis para eles e que, concomitantemente, sejam financeiramente interessantes e tecnicamente possíveis de serem transformados em realidade.

O método Design Thinking existe há décadas e seu histórico é bastante consistente, considerando que, de certa maneira, esteve por trás de grande parte da Revolução Digital nos anos de transição entre o final do século XX e o começo do século XXI, especialmente no Vale do Silício.

Design Thinking é, atualmente, um conceito comum em qualquer processo de inovação, seja na agroindústria, em serviços, no antes e dentro da porteira ou na cadeia como um todo. Nós autores constatamos todavia que o Design Thinking ainda não foi aplicado em larga escala de forma sistêmica no setor mais importante da economia brasileira: o agribusiness, que no Brasil encontra-se em um processo acelerado de mudança, focado em resultados potenciais possíveis e com sustentabilidade econômica, social e ambiental. O *como* fazer isso é com atitude sistêmica, com disciplina de gestão, orquestrando. Uma das boas práticas do como fazer é o Design Thinking.

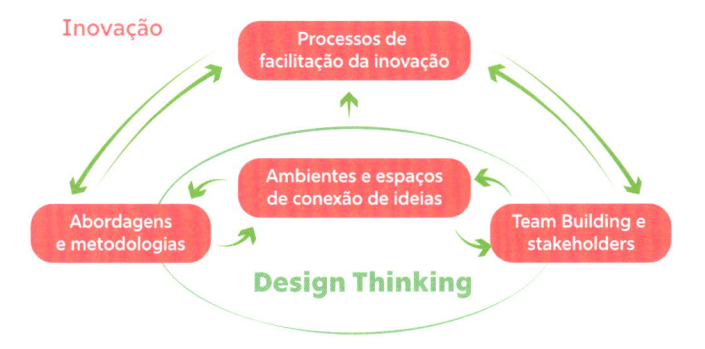

Mas o *como* fazer só faz sentido, se isso estiver atrelado ao *que* isso deve gerar de valor. O que fazer (o cerne da questão) é chegar até 2030 a US$ 1 trilhão de Produto Interno Bruto (PIB) do agronegócio brasileiro, sendo produtor e exportador número 1 de alimentos do mundo, posicionado como um país AgroConsciente, e exportador também de inteligência e tecnologia tropical para produção em outros países.

A meta do trilhão citada anteriormente pode realizar-se sem que seja necessário cortar árvores (ilegalmente) dos biomas, mas com o aumento da produtividade por meio da ciência, da tecnologia, do marketing e das novas ideias, da difusão das melhores práticas disponíveis, bem como recuperando solos degradados. Ao utilizar o processo do Design Thinking aplicado de modo sistemático para inovação do agribusiness brasileiro, é provável alavancar seu potencial indiscutível, mostrando como e onde é possível criar valor, aumentar a exportação, gerar mais empregos e de melhor qualidade e, ainda, melhorar a sustentabilidade. E isso teria um impacto indireto muito grande no PIB do país, propulsionando uma elevação exponencial extraordinária.

3.3 Inovação guiada pelo design para a meta do trilhão

Inovação é cultural, consequência de liderança e modelos organizativos. São tempos de incerteza, em que lideranças buscam pilotar empreendimentos em direção ao futuro, em que empreendimento hoje significa conexão de interesses de stakeholders, com validação não somente econômica, mas, sobretudo, social e ambiental. Então é preciso mudar o jeito de se fazer muita coisa para que tudo continue dando certo. É importante entender como nossa sociedade muda, o que está acontecendo nos bastidores das empresas e como podemos navegar nos mares.

Por que o Design Thinking é importante para o planejamento estratégico da meta do trilhão? Porque ele é dialógico, embute empatia no processo de criação de um plano de futuro sustentável, não nega as diferenças reais entre os tantos stakeholders do mais amplo ecossistema de negócios do agro, e não busca a síntese nem a resposta fácil, e sim a convergência entre divergências que permanecem. Não busca a razão dos tolos, e sim a sinergia entre emoções. Respeitoso, inclusivo e prático na era do multiculturalismo – algo importante no mundo global dos empreendimentos, em que a complexidade corre solta e o risco do simplismo pode levar à atitude só responsiva/defensiva. Para ser líder global, precisa ser proativo. E é um tema cultural, como nos repete o nosso coautor designer de estratégias Marco Zanini. Ele é a nossa fonte de inspiração quando tratamos de conectar o mundo do agro com o mundo do design. Um dos participantes do movimento Memphis nos anos oitenta do século passado junto a um grupo de importantes pensadores como o próprio fundador do movimento, Ettore Sottsass. De Milão para o mundo eles foram revolucionários na visão de Design Thinking como vetor de transformação social, quebrando rótulos e barreiras mentais. De acordo com a abordagem de Zanini sobre a Inovação guiada pelo design, as organizações vislumbram cenários para apoiar a busca por um novo proposito de negócios e fazer as pessoas se engajarem nisso. E tal é o desafio do AgroConsciente, uma mudança de paradigma. E isso não é algo específico de empresas atuantes no "business to consumer" do agronegócio, pois o próprio conceito de B2B, B2C, B2B2C é ressignificado. Se trata de pessoas para pessoas, em pontos de encontro não fixos, e a conjunção de todos os stakeholders potencializa valor da cadeia do negócio.

É por esse motivo que o dialógico funciona no século XXI. Na dialética, o formato é a tríade: tese, antítese e síntese. A síntese é a resolução, o resultado do embate entre a tese e a antítese. Desse modo, pode-se dizer que a contradição se resolve por meio de uma espécie de choque entre os opostos solucionado pelo surgimento de uma terceira figura. Já na dialógica, não é possível chegar a uma resolução que anule os opostos, pois as características dos contrários tornam o confronto inegociável e, por isso, eles precisam conviver com um diálogo e negociação constantes. Um dos critérios, talvez o mais eficaz para fazer essa diferenciação, é a duração do diálogo. Na dialética, ele é temporário, tem início, meio e fim (pois a certo ponto os opostos deixam de existir e nasce o novo).

Na dialógica, precisa continuar, pois na realidade os opostos continuam a existir. Colisões e conflitos criativos contínuos, comunicação e diálogo perene.

O já citado estudioso francês Edgar Morin define a dialógica como uma unidade complexa entre duas lógicas, entidades ou instâncias complementares, concorrentes e antagonistas, que se nutrem uma da outra, completam-se, mas também se opõem e se combatem. Na dialógica, segundo o filósofo, os antagonismos persistem e são constitutivos das entidades ou fenômenos complexos. E esse é o retrato do nosso cenário de ação, nesta década, e no qual temos que proativamente trabalhar com criatividade para gerar valor.

Por criatividade abraçamos a visão do sociólogo italiano do trabalho Domenico De Masi, o qual a trata como junção de emoção e regra, de fantasia e concretude. É uma atitude de "ócio criativo", que significa trabalhar, estudar, aprimorar, dialogar, conviver, gostar e às vezes de certas coisas não gostar, porém estar bem no próprio trabalho e agir para gerar valor. Ócio (que significa negação de negócio) por si só não é produtivo, mas quando atrelado ao criativo, é a maneira ideal para ser produtivo no século XXI.

E da dialógica entre pessoas com inteligências múltiplas exercitadas e estimuladas, algumas mais lógico-concretas e outras mais fantasiosas, nascem as ideias que impulsionam as empresas e geram uma nova economia. Afinal, de nada teria servido a Michelangelo projetar para o Papa a cúpula de San Pietro se não a tivesse também realizado. Para isso, serviu-se de planejamento, meios financeiros, agentes externos estressantes, trabalho em equipe, dinâmica de grupo, motivação, participação de pessoas com capacidades técnicas diferentes, porém complementares, sendo fundamental a interdisciplinaridade, as perspectivas diferentes, no entanto provocativamente úteis ao escopo do projeto. Isso tudo sob a sua liderança criativa e inovadora.

O que esperar da década de 2020? O que De Masi e outros chamam de era pós-industrial, outros chamam de Quinta Revolução Industrial. Realidade virtual e aumentada, computação quântica, criptomoedas, ciborgues e inteligência artificial (IA) acoplada às novas máquinas são apenas prévias do que se pode esperar. Veja no QR Code um exemplo de ecossistema de máquinas inteligentes.

https://www.oreilly.com/content/the-current-state-of-machine-intelligence-3-0/

O surgimento de máquinas superinteligentes está tendo um impacto profundo e sem precedentes em nossa civilização. Mas como será esse impacto? Para alguns estudiosos, grandes resultados, para outros, precariedade. Dependerá do modelo de desenvolvimento sustentável que as lideranças globais decidirão perseguir. Um caminho virtuoso está definido no Pacto Global da ONU (Organização das Nações Unidas) com metas tangíveis para 2030, e esperamos todos chegar lá. Nisso, o Brasil terá um papel fundamental, sobretudo no quesito da Agro Consciência.

O trabalho no século XXI e o gap cultural que sofremos por estarmos vivendo em uma transição entre a sociedade industrial e pós-industrial (ou Quinta Revolução) é um tema muito observado. Falamos tanto do declínio da perspectiva industrial na nossa economia e sociedade, porém pouco de como nós ainda vivemos subjugados aos costumes e às relações dela.

Segundo estudo da Dell Technologies, em 2030, 85% das profissões que existirão ainda não foram inventadas[2], e tudo indica a nós autores que estaremos organizados em uma sociedade em rede distribuída. Em seus estudos já citados aqui no livro, Paul Baran fala de novas organizações

---

2 Disponível em: https://www.projetodraft.com/85-das-profissoes-que-existirao-2030-ainda-nao-foram-criadas/

em rede distribuídas, bem conectadas, se abrindo para o que seriam os modelos de negócios em plataformas. A era complexa e não mais linear pede transdisciplinaridade e aceitação da incerteza como *modus operandi*.

Em suma, o Design Thinking, por meio da dialógica, é um modo de fazer com que os paradoxos da cadeia de negócio dentre tantos stakeholders sejam admissíveis, e de fazer surgir nesse processo ideias novas. O uso da dialógica para o Chief Agribusiness Officer não é só solucionar contradições, mas, também, tornar aceitáveis os paradoxos. E esse é o desafio das lideranças no século XXI, saber conviver pacificamente entre diferenças e diferentes. E agir para promover a sintropia[3]. Já que, como dizia Camões, "quem faz comércio não faz a guerra". Esse o lema que nos inspira, Brasil país promotor da paz.

O que sabem bem as lideranças das empresas é que lidamos com "verdades que parecem incompatíveis, mas que não deixam de invocar-se mutuamente", como observou Denis Huisman[4].

Mas lidar com paradoxos (e não há nada mais paradoxal do que o ser humano, organizações onde pessoas diferentes se reúnem em tor-

---

3   O princípio da sintropia (ao qual a entropia está intimamente ligada) é um processo que se opõe à perda de energia, e desorganização por meio de uma injeção de novas energias geradas a partir desse mesmo processo ou de outros, de fora do sistema, e muitas vezes energia inútil nestes. Um exemplo de sintropia é o metabolismo de organismos vivos em que, para enfrentar o catabolismo que leva ao consumo e destruição do tecido do organismo para viver, exerce o anabolismo, que reconstitui os tecidos com a ingestão de alimentos, ou seja, substâncias retiradas do mundo exterior ao organismo/sistema. Nas plataformas, a sintropia é a programação dos sistemas cibernéticos para se organizarem e reorganizarem de modo a manter ou repor energia e informação visando a preservar sua configuração e existência, um programa de autopreservação. O princípio da sintropia primeiro foi afirmada pelo matemático italiano Luigi Fantappiè e depois foi retomada e continuou com contribuições de vários outros especialistas independentes. Disponível em: https://pt.wikipedia.org/wiki/Sintropia. Acesso em: 27 dez. 2022.

4   Denis Huisman, francês, nascido em 1929, é doutor em Letras, doutor *honoris causa* pela Universidade de Hull, presidente do Instituto Superior de Carreiras Artísticas (ICART), foi secretário-geral da Sociedade Francesa de Estética, membro estrangeiro honorário da Sociedade Americana de Estética e responsável pelos cursos na Universidade de Paris I e de Nova York.

no de um propósito comum) é coisa de que, nós, seres humanos, não gostamos, porque nos confronta com a inevitabilidade da dúvida, da incerteza, da dificuldade de controlar, do incômodo. Nossa civilização ainda predominantemente cartesiana e positivista nos convenceu de que podemos dominar a natureza, inclusive a nossa própria. E nos forneceu incontáveis instrumentos para nos manter convencidos disso, mesmo quando somos, como acontece diariamente, postos diante de evidências de que esse domínio está longe de ser tão real quanto desejamos.

Se viver em sociedade é paradoxal, exige aptidão para resolver problemas, e neste livro chamamos isso de atitude criativa, comportamento que demonstra ser apto a lidar com a complexidade. E é por isso que nas empresas fala-se tanto de cultura da inovação e de "creative thinking".

Um empreendimento, empresa ou organização criativa é um ambiente em que as pessoas "pensam como artistas", como acredita o escritor Will Gompertz. Em seu livro *Pense como um artista... e tenha uma vida mais criativa e produtiva*[5], Gompertz estuda artistas do passado e do presente e nos demonstra com clareza que de Da Vinci a Ai Weiwei temos muito a aprender e que podemos colocar em prática o pensamento criativo nos negócios. Como editor de artes da BBC, Will Gompertz entrevistou e conviveu com muitos dos maiores artistas, diretores, escritores, músicos, atores, designers e pensadores criativos do mundo. Ele descobriu uma série de traços comuns a todos eles: práticas e processos básicos que estimulam e permitem que seus talentos floresçam. Combinando história da arte e estratégias criativas em um livro realmente inspirador, Gompertz nos convoca a adotar esses processos e práticas. Ensina, ainda, que não importa nossa área de atuação, eles podem nos ajudar a alcançar resultados extraordinários também.

Criativo é o método, o ato dialógico, e não a embalagem do produto. O método criativo pode sim gerar uma embalagem nova, diferente, inovadora. Mas o que nos interessa aqui na nossa abordagem é o processo,

---

5 GOMPERTZ, Will. **Pense como um artista... e tenha uma vida mais criativa e produtiva.** Rio de Janeiro: Zahar, 2015.

sistema e modelo, não o produto. Criatividade é o meio, não o fim. Pois o fim é gerar valor. E para isso, precisamos agir com dialógica, a qual pede atitude criativa.

E por isso o Design Thinking é útil como método criativo, pois nos permite ir além da linearidade para agir em redes dinâmicas no âmago do pensamento complexo, conforme concebeu e formulou Edgar Morin.[6]

A dialógica é tão importante que Morin fez dela um dos instrumentos de conhecimento do pensamento complexo, a que atribuiu o nome "operador dialógico" – e que a empresa de consultoria americana IDEO[7] chamou de Design Thinking, e hoje, além de suas consultorias, leva isso para cursos para executivos e lideranças do mundo inteiro.

Na impossibilidade de uma síntese superadora da contradição – e é o que costuma ocorrer nos empreendimentos e nas cadeias de negócios, a tensão entre os opostos se mantém e dela surgem fenômenos novos[8], novas ideias por meio da criatividade. Colisões são necessárias para a cultura da inovação existir e se preservar na empresa. Portanto, é importante fomentar a curiosidade, a imaginação, o serendipity[9]

---

[6] Para quem quer compreender mais esse trabalho, recomendamos a leitura do livro: MORIN, Edgar. **Introdução ao pensamento complexo**. Porto Alegre: Sulina, 2015.

[7] Para saber mais, veja o site da IDEO: https://designthinking.ideo.com/

[8] É a ideia de algo (genuinamente) novo, que não poderia ser previsto a partir dos elementos que constituíam a condição precedente.

[9] Ao invés de ter o mesmo significado que eventos aleatórios, a serendipidade não pode ser assumida, rotineiramente, de forma errada como sinônimo de um "acidente feliz" (Ferguson, 1999; Khan, 1999), de descobrir coisas sem estar buscando por elas (Austin, 2003), ou de "uma agradável surpresa (Tolson, 2004). O *New Oxford Dictionary of English* define serendipidade como a ocorrência e o desenvolvimento de eventos, por acaso, de forma satisfatória ou benéfica, entendendo o acaso como qualquer evento que acontece na ausência de qualquer projeto óbvio (aleatoriamente ou acidentalmente), que não é relevante para qualquer necessidade presente, ou no qual a causa é desconhecida. Inovações apresentadas como exemplo de serendipidade apresentam uma característica importante: foram feitas por indivíduos capazes de "ver pontes onde outros viam buracos" e ligar eventos de modo criativo com base na percepção de um vínculo significativo. A chance é um evento, a serendipidade uma capacidade (astuciosa). O Prêmio Nobel Paul Flory sugere que invenções significativas não são meros acidentes. Fonte: WIKIPÉ-

(erro criativo) unido à competência e disciplina, pois "a sorte favorece a mente conectada", nos diz Steven Johnson, autor do livro *De onde vêm as boas ideias*.

Quando falamos de colisões criativas, da antifragilidade, dessas novas ideias que emergem como um possível adjacente (assim as chama Steven Johnson), estamos nos referindo ao poder do incômodo que faz "da necessidade uma virtude" e move o mundo. Johnson fala do possível adjacente junto da intuição lenta (ou inovação incremental). Isso merece destaque, e recomendamos ao leitor assistir na internet a uma de suas tantas palestras disponíveis publicamente.

> Para saber mais, assista ao TED Talk de Steven Johnson:
>
> https://www.ted.com/talks/steven_johnson_where_good_ideas_come_from

O possível adjacente considera o conceito de que a evolução ocorre passo a passo. De uma molécula simples que se junta à outra, formando células e depois organismos, até chegar nos seres vivos. Originalmente introduzida na estrutura da biologia, o possível adjacente inclui todas essas coisas, ideias, estruturas linguísticas, conceitos, moléculas, genomas, artefatos tecnológicos etc., que estão a um passo do que realmente existe e, portanto, pode surgir de modificações incrementais e/ou de recombinação de material. A verdade sobre o possível adjacente é que seus limites aumentam à medida que a pessoa os explora. A própria definição de possível adjacente codifica a dicotomia entre o real e o possível: da própria realização de um determinado fenômeno ao espaço de possi-

---

DIA. *Serendipidade*. Disponível em: https://pt.wikipedia.org/wiki/Serendipidade. Acesso em: 27 dez. 2022.

bilidades ainda inexploradas. O coautor deste livro, Tejon, desenvolveu esses temas – quando trata da superação de desafios – em livros recentes como O poder do incômodo, que merece destaque.

A figura a seguir ilustra essa ideia de dar "chance ao acaso". Imagine-se como um caminhante vagando no labirinto pelos nós de uma rede. Os nós cinza são aqueles visitados no passado, enquanto os brancos nunca foram visitados. Quando o caminhante visita um nó branco pela primeira vez, de repente outro nó aparece que nem poderia ter sido previsto antes de visitar esse nó. Trata-se de "dar chance ao acaso". Esse é o poder criativo da expansão para o adjacente possível que enquanto conecta expande, e enquanto expande conecta. Nas célebres palavras do poeta espanhol Antonio Machado, "o caminhante faz o caminho, e o caminho faz o caminhante"[10]. Talvez seja por isso que o Universo continua num movimento de expansão!

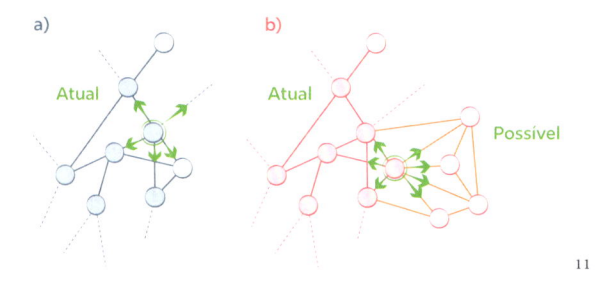

Sobre a intuição lenta, Johnson nos diz que uma ideia muito à frente do seu tempo não funciona. Se o YouTube tivesse surgido em 1995, não teria dado certo, uma vez que nem internet de banda larga existia. Hoje, o metaverso é possível de modo mais efetivo, se comparando com o início dos anos 2000, por conta da maturidade das tecnologias e do 5G nas cidades. Outro exemplo é o computador mecânico de Charles

---

10 MACHADO, António. "**Proverbios y cantares**". Poesías completas. Madrid: Espasa-Calpe, 1983.
11 Disponível: https://naomistanford.com/2021/06/29/the-adjacent-possible/.

Babbage, cem anos à frente dos computadores eletrônicos: não funcionou, porque não tinha os elementos necessários, não existiam fornecedores nem técnicos. Não havia uma "cadeia de valor", então uma andorinha não faz verão. Para colher frutos de uma ideia, ela precisa estar madura. E isso demanda tempo. As inovações que fazem ocorrer a Indústria 4.0 estão acontecendo há mais de oitenta anos, em que décadas após décadas foram aprimoradas, foram se consolidando, convergindo, e a certo ponto tivemos integrados automação, computação, inteligência artificial, do machine to machine para o machine learning etc.

Outro exemplo, o próprio agronegócio do cerrado brasileiro, fruto de um trabalho que vem de longe, da primeira intenção de criar algo que foi chamado de Empresa Brasileira de Pesquisa Agropecuária (Embrapa), à intenção de desbravadores que acreditaram na ciência com coração e foram rumo ao coração do país com a mão na terra, e décadas após décadas foram experimentando, aprendendo, fazendo, errando e acertando, nesse passo a passo devagar, mas com ritmo que nos levou ao longe, ao aqui e agora, e que nos abre caminhos possíveis para o futuro. Já dizia José Saramago: "não tenhamos pressa, mas não percamos tempo". Vamos em frente, guiados pela ciência e pela inovação centrada nas pessoas.

Seguindo essa linha de raciocínio, quando uma invenção está no seu momento maduro (no *time to market*), ocorrem múltiplas descobertas simultâneas. Quem inventou o avião, Santos Dumont ou os Irmãos Wright? A relatividade geral é trabalho de Einstein, porém outros, como Henri Poincaré, também estavam chegando à mesma conclusão. Quando a inovação está "madura" para surgir, ela vai surgir. Quer você queira, quer não. O agronegócio 4.0 é uma realidade, e logo teremos até 2030 o agro 5.0. Quer você queira, quer não. Os tempos estão maduros para as mudanças, tanto vale assumir proativamente o AgroConsciente.

Intuição lenta, portanto, não é momento *Eureka* fantasmagórico ou lírico do "gênio criativo". Ideias levam tempo para amadurecer. Charles Darwin ficou décadas elaborando sua teoria da evolução. Newton viu a maçã cair da árvore e naquele instante ocorreu "mais uma conexão" entre vários neurônios que já estavam superativos em processos anteriores, e dessa colisão acidental (serendipitosa) naquele instante abriu-se caminho para um possível adjacente.

Tal serendipidade "do acaso" que favorece as mentes conectadas são as colisões criativas que vêm para nos ajudar a cruzar com outras ideias. Tentativas e erros, reciclagem e combinação de ideias antigas. Grandes ideias surgem a partir da colisão de pequenas ideias. Precisa provocar isso, causar intencionalmente esses "desencontros". Essa é a força dialógica do método criativo Design Thinking. Por isso nascem os espaços inovadores de incubação e aceleração de ideias. Movimento gera movimento, é dinâmico. Como o basquete moderno da NBA inventado nos anos 1980 pelo Los Angeles Lakers (que estava falido), o futebol moderno conhecido hoje de invenção catalã, encarnado no Barcelona de Guardiola e Messi, oriundo da matriz holandesa. Vale a pena contar essa história. Todos conhecem o Barcelona. E todos testemunharam o grande êxito desse clube. Os leigos creditam tal sucesso aos jogadores, ou ao Messi. Outros acham que o grande mérito seja o treinador Guardiola. Na verdade, o êxito é consequência de um processo longo, iniciado em 1970, que modernizou o futebol, com visão sistêmica, de matriz holandesa e de encarnação catalã (e talvez de inspiração no nosso futebol arte).

Um grande revolucionário foi um jogador e depois treinador chamado Cruyff. Não se trata de *one man show*. As ideias ousadas de Cruyff combinaram-se com a igualmente ousada ambição de um professor de ginástica para crianças surdas, Rinus Michels, quando eles se encontraram em 1965, no Ajax, no qual Michels chegara para ser técnico. O "general" Michels planejava transformar o clube, uma equipe semiprofissional que fazia jogos pelo leste de Amsterdã, em um time internacional de ponta – o que ele e Cruyff conseguiriam em seis anos. Não escondiam que priorizavam desenvolver o futebol do clube desde as divisões de base, e, a partir desse processo, ganhar títulos.

Considerado um jogador revolucionário, tático, ofensivo, coletivo, vistoso e eficiente, Cruyff é reconhecido como um dos propulsores do "futebol moderno". Se atualmente há no futebol jogadores polivalentes que podem atuar sem posição fixa no campo, sem prejuízo de suas atuações individuais, muito se deve a esse genial craque e a Rinus Michels. Contratado em 1988 pelo Barcelona, planejou nos *blaugranas* o mesmo trabalho desde as divisões de base que fizera no Ajax. Se o Ajax deixara os projetos iniciados por Cruyff de lado, no Barcelona, no qual ele procurou realizar a mesma obra, foi diferente até mais recentemente. A academia barcelonista conta com 12 equipes, cada uma com até 24 jogadores. A maioria dos técnicos são licenciados pela União das Federações Europeias de Futebol (UEFA) para dirigir as categorias inferiores do Barça, consideradas as maiores produtoras de jogadores de alto nível, chegando a levar até quinze anos para formar um atleta.

"Talvez o maior legado de Cruyff seja a metodologia que ele trouxe para o clube", disse José Ramón Alexanko, membro do chamado Dream Team campeão europeu sob o comando dele em 1992. Segundo o próprio Cruyff, a filosofia a ser seguida era a de que, como há sempre uma pessoa por trás do jogador, ela precisa ser educada na técnica do jogo, no caráter e na inteligência. Ou seja, como fazer "possibilidades adjacentes" ocorrer em rede dinâmica na plataforma/sistema "campo de futebol". Atletas com atitude sistêmica fazem o campo crescer de tamanho.

Josep Guardiola, um dos garotos levados diretamente por Cruyff ao time principal e também integrante do mesmo elenco campeão, sintetizou a metodologia do ex-técnico dizendo que os jogadores modernos têm de pensar rápido e jogar com inteligência, sempre sabendo qual será o próximo passe. E é de fato o que podemos testemunhar quando assistimos a um jogo de futebol de seus times. É o que o público espera, um jogo dinâmico, atraente, eficiente, jogar movimentando a bola rapidamente, mas sem perder a eficácia. Para participar desse jogo, somente jogadores de grande técnica, relembra Guardiola. Quando procuramos por jogadores, ainda queremos essas qualidades.

É jogar na topologia de rede distribuída com atitude sistêmica das pessoas em ação que estamos tratando neste livro. Com orquestração, é claro.

Guardiola se tornaria técnico de grande sucesso comandando alguns desses jovens, promovendo um jogo ofensivo e de toques de bola independentemente da força do adversário e do local da partida, no que ele atribui aos ensinamentos que teve do holandês. Mas uma vez incubada a ideia, o desafio é mantê-la viva na cultura da organização. De fato, difícil manter essa consistência e coerência, como demonstra o próprio Barcelona dos últimos anos. E difícil é implantar isso rapidamente em outros clubes, como o próprio Guardiola nos mostra, vencendo finalmente após anos de investimentos consistentes a Liga dos Campeões com o Manchester City. Ecossistema inovador cultiva a criatividade, leva tempo. Esse é o espírito que norteia organizações criativas, que traz êxito não por acaso, e sim por muito trabalho.

Por isso, a necessidade de as organizações assumirem as redes distribuídas como nova topologia de rede. Redes de colaboração para ideias fluírem livremente, é a força de ecossistemas e organizações inteligentes, espaços para ideias se cruzarem e incubarem. O que nos leva, por fim, ao conceito de ecossistema, plataforma aberta à inovação. Organizações e seus problemas reais, universidades realizando pesquisas experimentais e outras aplicadas, formando novas inteligências e competências, com incubadoras e aceleradoras, onde capital de risco circula em apoio, tudo isso influenciando de maneira direta ou indireta a inovação.

Recifes de corais são o grande exemplo de ecossistema de inovação. Os corais envolvem dezenas de milhares de formas de vida diferentes. Cada uma delas modifica o ambiente e possibilita que outras formas de vida surjam, nas suas cascas vazias ou consumindo os seus subprodutos. Não dá para competir individualmente. A competição tem que ser sistêmica, e aqui veremos ecossistemas competindo com outros. Nesse quesito, o agronegócio brasileiro como ecossistema AgroConsciente precisará se integrar com muitos e diferentes outros stakeholders das áreas sociais e ambientais para jogar junto, precisará avançar, e muito.

Um esclarecimento maior sobre ecossistema de negócios: é uma estrutura "orgânica" e dinâmica que interliga diferentes organizações, dependendo uma das outras para que tenham sucesso. Assim, elas conseguem gerar valor para os clientes (desde o consumidor final, e por lógica reversa, no caso do agronegócio, até a originação). O ecossistema de inovação é um conjunto de fatores que estimula a interação e cooperação inteligente e criativa. É a proposta do Design Thinking, que fomenta a nível organizacional esse processo incremental dialógico, e dentro do ecossistema permite essa conexão entre complementariedades de inteligências em convergência, fomentando divergências e sinapses, gerando mais ideias novas, tornando o ambiente oxigenado, criativo e, consequentemente, inovador. É a vacina contra o caos, é o como superar as complexidades da era BANI. A ordem dos fatores influencia os resultados.

No entanto, a realidade muitas vezes é diferente, as pessoas (que foram educadas em escolas conteudistas concentradas sobretudo na inteligência logico-matemática) pensam mais linearmente e têm dificuldades de aceitar que a racionalidade e a não racionalidade (que não deve ser confundida com irracionalidade) possam coexistir, e com resultados tão brilhantes, em uma só empresa e também em um ecossistema.

Para pessoas mais concretas e pragmáticas, conceitos da imaginação e do pensamento lateral nem sempre são fáceis de perceber e entender, pois lhe falta a curiosidade ou flexibilidade necessária para intuir as múltiplas facetas da criatividade e a diversidade que a complexidade apresenta. Em pessoas com inteligência fantasiosa mais desenvolvida (o pensamento lateral, a inteligência fluida), por sua vez, a intuição predomina sobre a lógica. Mas aqui também existe uma dificuldade para convencer as pessoas mais intuitivas de que há situações na vida em que a mensuração e a exatidão são não apenas necessárias, mas também indispensáveis. Por esse motivo, os grupos criativos são compostos de pessoas com diferentes tipos de inteligências[12], mas todos bem-dispostos ao diálogo construtivo.

---

12 Na década de 1980, Howard Gardner, psicólogo americano, criou a Teoria das Inteligências, a qual causou forte impacto na área educacional. O estudo era baseado na análise de como o cérebro capta e processa as informações. Entre as conclusões de sua teoria, a principal é a de que nenhum tipo de inteligência é superior a outro, e que cada pessoa pode identificar suas aptidões e limitações em áreas diferentes do conhecimen-

Para as pessoas mais pragmáticas e com inteligência logico e analítica mais desenvolvidas, a curiosidade e o pensamento lateral são exercícios a serem estimulados. Recomendamos novamente a leitura do livro *Pensar como um artista*, de Will Gompertz. A figura do artista nos serve de referência, pois este une imaginação à disciplina e rigor; este faz pesquisa científica com curiosidade, com observação macro e micro, com foco e obsessão por detalhes, assim como com visão sistêmica. O artista aplica ócio criativo.

Um dos princípios básicos de uma organização criativa na era da complexidade é aceitar o que artistas como Leonardo da Vinci já sabiam: a desordem está implícita na ordem, e vice-versa.

Na organização como no mercado, as pessoas, sabendo que movimento gera movimento e que precisa de tempo e de recursos para dar chance ao "acaso", não jogam nada no lixo; afinal, experiência é luxo que se transforma em conhecimento novo. É como na história do grafeno estável e bidimensional, descoberto acidentalmente em 2004 por físicos russos da Universidade de Manchester, na Inglaterra. A existência desse alótropo do carbono, no entanto, já era conhecida desde 1930. Não se acreditava ser possível isolar um material tão fino de maneira estável. Durante uma "experiência de sexta-feira à noite" – tempo reservado para promover colisões (testar teorias exóticas) – em que queriam saber se era possível usar grafite para dispositivos eletrônicos, descobriram que o método de limpeza do material poderia ser usado para obter grafeno. Eles resolveram testar e conseguiram o feito, incrivelmente, com uma fita adesiva.

Ou seja, existe uma circularidade do conhecimento, em que você assume uma posição de fronteira, buscando experimentar além do que já existe atualmente e do que já domina e, também, aquilo que está escondido "atrás da porta", que não é possível ver ainda, mas que pelo intuito e curiosidade você sabe que pode estar lá.

---

to, para aprimorá-las ou supri-las. Disponível em: https://www.educamaisbrasil.com.br/educacao/dicas/9-tipos-de-inteligencia-quais-sao-as-caracteristicas-de-cada-um

Gostamos da ideia de superação que nos traz o mito das Colunas de Hércules[13]. Cada uma às margens do estreito de Gibraltar foram consideradas, por séculos, os limites extremos à navegação dos povos marítimos do mundo mediterrâneo. Analogamente, neste livro provocamos os navegantes tal qual os navegadores modernos para ultrapassar as colunas de Hércules da década de 2020: aqueles rumo a novas terras; e nós rumo a novas perspectivas AgroConscientes da criatividade para fazer a meta do trilhão de dólares acontecer até 2030.

Outra força dessa linha de raciocínio sobre o movimento contínuo da criatividade e da inovação é a de que se conecta bem com o conceito de teoria de campo de Kurt Lewin: é só modificando um sistema que podemos conhecê-lo realmente. Citamos ela quando falamos anteriormente no Design Thinking da fase de protótipo. Ou seja, para conhecer o sistema, precisamos nos aproximar dele, imergir nele, tentar transformá-lo. Da tentativa e erro desta aproximação e engajamento com a mudança dos processos internos do sistema é que passamos a aprender mais sobre o que é de fato o próprio sistema. Os processos revelam as realidades do sistema, inclusive os pontos cegos, os gargalos, mas somente se nele imergirmos. Com isso, entendemos que nada é fixo no sistema, e que toda e qualquer estratégia de inovação funciona somente se em imersão e emersão constante no sistema; é somente na transformação que podemos realmente planejar uma transformação maior. É beta. Pequenos ajustes, contínuos, um moto perpétuo, como diria Galileu Galilei: *"eppur si muove"*. As ideias estão a apenas um passo de onde estamos, não precisa dar um passo maior do que a perna ou dois passos de uma só vez. Implementar uma estratégia é desafiador porque pede forte conexão com o contexto de transformação.

---

13 Colunas de Hércules são os promontórios que existem no estreito de Gibraltar, um na África (conforme as versões, o monte Hacho ou o monte Musa) e outro na Europa (o rochedo de Gibraltar). Esse marco foi ultrapassado pelos fenícios e por suas rotas marítimas, quando buscavam matéria-prima para a manufatura de tecidos, vidros e outros produtos para comerciar no Mediterrâneo em geral e no Egito em particular.

Errar sempre, mas com método. Negligência é intolerável. Os erros devem ser pequenos e rapidamente corrigidos. Assim, erros são ressignificados em novo conhecimento da organização. Vira patrimônio! Melhoria contínua é fazer do erro e acerto um método de inovação incremental. O erro claramente não pode ser confundido com uma negligência ou displicência perante o risco, nunca pode ser uma experimentação assumida com riscos de fatalidade para a organização. E, obviamente, erros são úteis somente se aprendemos com eles, e fazemos deles novo conhecimento, novas práticas, patrimônio cultural da organização. Erros são inerentes ao processo de inovação. Nesse sentido, como já citamos anteriormente, é o conceito de prototipagem rápida do Design Thinking. O protótipo é uma forma simples, rápida e fácil de testar conceitos, serve como um *minimum viable product* (MVP).

De Masi acredita que quase nenhum grande invento veio de um inovador solitário[14]. Em geral, são redes de inovação: muitas pessoas com diferentes competências trabalhando em sincronia em vários aspectos do projeto. Até mesmo o exemplo da lâmpada elétrica, atribuída a Thomas Edison, na verdade contou com centenas de colaboradores, isto é, uma rede de inovação.

Uma maneira de ter boas ideias é ter muitas ideias, e uma rede na qual seja possível filtrá-las, discuti-las e melhorá-las. É orgânico, e tudo tem o seu tempo. No dia a dia a organização não pode ser sempre experimental, para evitar o risco de estar à deriva, ser errática ou anárquica. Por isso é imprescindível criar ou frequentar ambientes exploratórios que sejam favoráveis à imaginação, à ousadia, à criação, ao erro, ao debate e à evolução cultural. Por outro lado, são as pessoas da organização com suas atitudes que fazem a organização ser criativa. Isso não se delega. Não está fora da organização. O inesperado é uma grande fonte de inovação que funciona onde as mentes estejam conectadas. Por isso, mais uma vez ressaltamos a necessidade do "creative thinking" nas orga-

---

14 DE MASI, Domenico. **A emoção e a regra: os grupos criativos na Europa de 1850 a 1950**. Rio de Janeiro: José Olympio, 1997.

nizações. Precisa investir recursos nisso com disciplina. Se esperávamos um resultado, e na prática encontramos outro, esse pode ser um aprendizado e uma fonte de oportunidades. Para cada fracasso inesperado, há um possível sucesso inesperado. Em vez de tentar justificar o que deu certo ou errado, devemos aproveitar a oportunidade que se abre.

Nessa linha de raciocínio, Peter Drucker, por sua vez, lista sete fontes de inovação no livro *Inovação e espírito empreendedor: Prática e princípios* (editora Cengage Learning, 2016): o inesperado, as incongruências, as necessidades de processo, as estruturas da indústria e do mercado, as mudanças demográficas, as mudanças na percepção e o conhecimento novo.

Por isso a importância das conexões, dos conectores, de ser um ecossistema de inovação. De assumir um pensamento inovador.

3.4 O pensamento inovador

Lidar com o futuro é uma aposta mais baseada no que desejamos, e menos como extrapolação de um passado "gasto". Isso vale muito em fase de planejamento estratégico de uma empresa, das fases mais delicadas e complexas. Por exemplo, damos preferência a um ou mais entre vários cenários futuros, e ao assim proceder, "depositamos fé" em nossa estratégia e/ou investimentos. Nesse sentido, adotamos uma posição onde é preciso que estejamos conscientes de nossas apostas filosóficas (missão, visão, valores, propósito) e políticas econômicas, humanas e mercadológicas (ações, resultados e stakeholders).

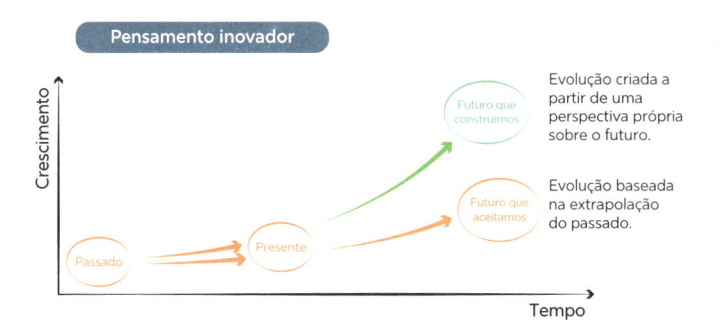

Dissemos que para fazer isso é de grande valia o Design Thinking ser usado nos processos de tomadas de decisão, pois são estratégias cocriadas e "sentidas" com os próprios usuários e stakeholders. O processo do design considera, portanto, a incerteza e a imprevisibilidade, e por isso não deixa de ser também uma aposta[15]. Nossas ações são sempre o resultado de uma decisão, uma escolha entre duas ou mais alternativas, e "não há bom vento para o marinheiro que não sabe para qual porto deseja ir", como dizia o estoico Sêneca. Torna-se primordial nessa fase a existência de um bom e claro propósito compartilhado. Propósito que signifique valor para as pessoas.

Morin propõe que ao falar em aposta não devemos pensar em jogos de azar ou realizações que implicam perigo para os empreendimentos, algo inclusive recorrente nos noticiários. Na realidade, apostar equivale a trazer a incerteza para junto da esperança e fomentar aquele desejo que fez "o Cabo das Tormentas se tornar o Cabo da Boa Esperança", que deu coragem aos marinheiros para enfrentar o monstro dos mares, Adamastor.

Quando apostamos, introduzimos em nossas vidas e ações uma expectativa positiva, o desejo de algo melhor e o comprometimento nessa conquista. Não há estratégia nem enfrentamento de desafios sem disposição de aposta, seja qual for a questão envolvida. Apostar – e lideranças sabem disso – é um modo de entrar em contato com a aleatoriedade, a incerteza e a imprevisibilidade. Como essas estão entre as dimensões mais fundamentais da condição humana, pode-se dizer que toda vida que inclui reflexão inclui também um certo grau de aposta.

---

15 O processo criativo de inovação passa por dois momentos distintos: o pensamento divergente x pensamento convergente. Esses momentos ilustram a capacidade de grande geração de ideias para uma futura potencialização do filtro dessas ideias, ou seja, melhorar a geração de ideias para qualificar o seu filtro. Analisando prática e teoricamente com alguns protótipos cocriativos entre grupos diversos, entendemos que é nesse momento que a má gestão do processo criativo, principalmente do pensamento divergente de maneira geral, influencia diretamente para um resultado pouco ou nada inovador, mesmo sendo conduzido pelo design thinking.

CAPÍTULO 3   Inovação AgroConsciente guiada pelo Design Thinking ■ 167

Para que haja alguma mudança que não se limite à retórica (e aí é que está a grande dificuldade), é indispensável que se aposte também em uma mudança de modelo mental: na disseminação de um modo de pensar que permita ver as coisas de outra maneira. Essa é a proposta do pensamento complexo de Morin, do ócio criativo de De Masi, da antifragilidade de Taleb[16], e de tantos outros pensadores. Para Taleb, a antifragilidade é um neologismo proposto e seria o exato oposto da fragilidade, estando além da robustez. O antifrágil resiste a choques e ao tempo e fica melhor. Segundo o autor, diz-se que os melhores cavalos perdem quando competem com os mais lentos e vencem contra os melhores rivais. A ausência de um agente estressor leva à falência. O antifrágil aceita a dialógica como um modo positivo para se tornar sempre a melhor versão de si mesmo.

Por isso, é preciso apostar, sim, já que apostar negativamente é reconhecer que estamos ausentes de nossa própria vida. É fazer o jogo da alienação. É abrir a porteira para a entropia.

A aposta se justifica também diante do que Morin e Lise Laférière chamam de "ecologia da ação", o que é fundamental nos ambientes empresariais quando pensamos nas lideranças que criam ou governam um empreendimento:

a) o nível de eficácia ótima de uma ação está em seu começo, *in primis* em sua liderança;

b) uma ação não depende só da intenção ou intenções de seu líder, depende também das condições do ambiente em que ela se desenvolve (e sobre isso, falamos da teoria de campo);

c) a longo prazo, os efeitos das ações não podem ser previstos.

A aposta, portanto, é um ato cultural, sintrópico, dialógico. Ou seja, empresas são determinadas por suas questões culturais, e todo o resto são consequências dessa visão, de sua coerência e de sua consistência. O agronegócio pode acreditar, sim, na aposta AgroConsciente de dobrar

---

16   Disponível em: https://nassimtaleb.org/.

o próprio PIB. Por isso, fala-se tanto de cultura de inovação. Cultura da inovação é possível com a cultura do Design Thinking, com atitude criativa, com liderança sistêmica, com orquestração.

Em um mundo cada vez mais complexo e superlotado de informações e ideias, envolver as pessoas protagonistas direta ou indiretamente do AgroConsciente neste ciclo virtuoso criativo é o maior desafio das lideranças sistêmicas nesta jornada de inovação rumo à meta do trilhão.

3.5 O desafio da liderança sistêmica está na atitude

O papel do líder Chief Agribusiness Officer é investigar, descobrir e nutrir contextos organizacionais com os quais os indivíduos possam inovar, não apenas por se envolverem com outros no compartilhamento de um propósito pessoal, mas também por serem engajados por outros na criação de uma direção inovadora e de significados compartilhados. Para cumprir esse propósito, é necessário atuar em plataformas integradas e colaborativas AgroConscientes.

Os parceiros de uma plataforma são membros ativos na indagação colaborativa. Eles se conectam para imaginar, pesquisar, prototipar, aprender e transformar a organização. Fazem isso com um time transdisciplinar que traz diferentes perspectivas. Os parceiros de plataforma são empresas bem-sucedidas, líderes globais interessados em inovações significativas. Contam com pensadores respeitados em diferentes áreas que inspiram e validam a nossa jornada.

Agir em plataforma tem como objetivo:

- trazer inovação para o centro das organizações por meio de ferramentas e desenvolvimento de liderança sistêmica;
- criar valor para as pessoas, seus negócios e moldar uma cadeia de valor de significados;
- tornar-se um farol de percepção e catalisador para a transformação do agronegócio em AgroConsciente.

Um bom exemplo de pensamento inovador no agronegócio vem de uma dentista. A produtora rural Marize Porto herdou uma fazenda em déficit em 2006 e foi conversar com a Embrapa para entender mais sobre o negócio e sobre como inovar nele. Essa abertura mental e esse olhar inovador lhe fez e faz a diferença na gestão da sua fazenda.

Quando realizamos um estudo de caso sobre a liderança de Marize Porto e os motivos de seu êxito, detectamos que um dos fatores principais estavam na construção de um ambiente agradável, principalmente para quem trabalha com ela. Marize lidera suas equipes com liberdade e coordena todo o processo. Além de não ter vendido a fazenda, tornou-se arrendatária de várias áreas da região. Não tem preconceito com a prática integração lavoura-pecuária-floresta (ILPF). Seu grande mérito foi buscar ajuda da Embrapa e formar uma parceria fundamental entre os consultores, os quais agregaram também com cultura de desenvolvimento e informação. Marize Porto não parou de atuar como dentista e entre um paciente e outro administra as fazendas. Possui 2.300 hectares de terras próprias – todas com algum tipo de integração – e mais 2.500 hectares arrendados na região de Ipameri, em Goiás. Mais recentemente, o lucro dela vem crescendo.

3.6 Capturar o valor potencial da inovação tecnológica

O Design Thinking aliado ao marketing nos ajuda a navegar em um mundo superlotado de informações, para, assim, dividir o joio do trigo. Uma abordagem que nos ajuda a transformar o mais, mais e mais da nossa sociedade em "o que é significativo" e faz a diferença. O Design Thinking é um catalisador para a mudança nas organizações, chave do nosso mundo transformado pelas tecnologias, porque é necessário para:

- a criação de valor, para transformar toda a riqueza de tecnologias e informações em valor real para os clientes;
- a transformação organizacional sistêmica, para envolver as pessoas em um amplo processo de mudança.

O Design Thinking, seja qual for a nuance que você considere, sempre tem a perspectiva de fazer negócios começando pelo que é significativo para as pessoas/stakeholders. Usando uma analogia, o Design Thinking aplica uma regra básica fundamental da vida aos negócios: você não encontra a felicidade procurando-a. A felicidade é consequência de uma vida com significado. Isso vale também para o lucro, que é, por sua vez, a consequência de fazer coisas significativas para as pessoas e clientes.

O Design Thinking está enraizado em um entendimento fundamental: se algo é significativo para as pessoas que recebem este algo e para as pessoas que o criam, como o valor de troca deste algo pode não ser fluído? Então, de certo modo, o Design Thinking na aplicação do Canvas da proposta de valor começa com uma ampliação de perspectiva, ou seja, pensa o que valor a partir também do outro. Tal ampliação traz consigo uma transformação em termos de mentalidade, processos e ferramentas de trabalho.

Em geral, novos significados não são exigidos pelo mercado, mas criados por organizações responsáveis por interpretar o que é bom e o que é ruim para a sociedade. Marize Porto, por exemplo, não praticou ILPF porque era uma demanda mercadológica, fez isso porque soube como inovar gerando valor e fazendo melhor.

De acordo com a abordagem (consolidada nas organizações mais avançadas) da inovação guiada pelo Design Thinking, o trabalho a ser feito para gerar valor em sociedade (e no mercado) passa pela inovação que cria novos significados. Tais organizações vislumbram cenários para apoiar a busca por um novo significado e fazer as pessoas se engajarem nisso. E isso não é algo específico de empresas atuantes no B2C, como pudemos ver no exemplo apenas citado da Marize Porto.

Nos trabalhos de inovação guiados pelo Design Thinking desenvolvidos para as organizações do agronegócio (por nós autores) no arco destes últimos anos, pudemos testar, prototipar e aplicar uma abordagem diferente baseada no mix de pensamento analítico com o lateral, na profunda indagação curiosa primeiro para a compreensão do fenômeno observado, para depois com curiosa ousadia buscar soluções inéditas, indo contra o obvio do cotidiano. Entendemos a importância da cocriação quando se tratava de trabalhar com o inédito junto aos clientes, para fomentar o acaso a favor da solução, religar, misturar, "minerar" informação como se diz hoje para eliminar o desnecessário, e visualizar em mapas mentais e infográficos as hipóteses de trabalho. Sobretudo, nos momentos imersivos junto aos clientes quando se tratava de lidar com a complexidade, ficava claro como era necessário investir tempo para praticar empatia com a arte da pergunta, sem deixar de provocar com curiosidade as críticas dentro de um ambiente de respeito e segurança psicológica. O objetivo sempre é criar com velocidade e intensidade uma visão poderosa, robusta e significativa do contexto que estamos indagando, mas isso pede tempos para refletir, e tempos para acelerar. Queimar etapas é perigoso.

Em um mundo onde as opções são abundantes, sem um propósito comum, as empresas caem no paradoxo das ideias: quanto mais ideias elas criam, mais se movem em direções diferentes, maior é a dissipação de energia, menos inovação é implementada para gerar produtividade e prosperidade. O universo e a galáxia estão em expansão, mas eles se movem juntos, nos ensinam os físicos. E não é tudo que interessa para a vida na galáxia. Existem leis gravitacionais etc. Nesse sentido, por analogia, no que nos tange, para as organizações vale o mesmo, a quantidade de pessoas ou ideias pode aumentar a confusão e o caos, tornando o processo errático demais e consequentemente anárquico. Aí vira um bem-intencionado brainstorming com menos sinapses e mais tormentas. A maneira de obter uma nova interpretação significativa da essência da organização para gerar valor é pela dialógica ir selecionando perspectivas, contrastando-as, fundindo-as. Há disciplina no método. A crítica (a partir da curiosidade) se esforça para desvendar o que está sob a superfície para desenvolver uma interpretação mais rica de convergência afetiva, com segurança psicológica e tolerância ao erro. É uma dinâmica de divergência que precisa ocorrer dentre pessoas e intérpretes muito bem selecionados, numa orquestração que possa gerar resultado produtivo para aquele grupo criativo que busca significados novos. Nisso, Domenico De Masi também detectou em seus estudos de grupos criativos, se trata de equipes de trabalho enxutas, de dimensões bem calibradas. Extremamente assertivas.

Um dos mantras mais populares e equivocados para inovação é "evitar críticas" porque a suposição subjacente é de que a crítica mata o entusiasmo de uma equipe; em sessões de brainstorming, é valido sim "adiar o julgamento", porque nesse caso específico faz parte do processo de divergência. Mas a análise crítica precisa ocorrer na sequência do processo criativo, senão infunde um senso superficial de colaboração que leva a compromissos e enfraquece as ideias. O debate e a crítica não inibem as ideias; em vez disso, eles os estimulam porque o progresso requer um confronto com segurança psicológica e a compreensão de diferentes perspectivas com o aproveitamento da curiosidade.

A inovação guiada pelo Design Thinking para criar novos significados não decorre de uma abordagem centrada no usuário (esta última apenas reforça os significados existentes e é útil para outros objetivos mais atrelados à usabilidade). Já dizia Steve Jobs que "não é papel dos consumidores saber o que eles querem". E o empreendedor Henry Ford não perguntou aos clientes o que eles queriam. Quando o assunto são projetos inovadores, precisamos de pessoas com atitude à amplitude de visão, pesquisadores inovadores, especialistas que imaginam e pesquisam novos significados de produtos e serviços por meio de uma pesquisa mais profunda e ampla acerca da evolução social, cultural e tecnológica. Eles podem ser gestores de outras empresas, acadêmicos, fornecedores de componentes tecnológicos, cientistas, artistas e, claro, designers.

A busca por novos significados requer um grande aprofundamento sobre uma concepção, valoriza um conhecimento acumulado, teorias consolidadas, desafia paradigmas por meio de uma visão específica. Para resolver problemas, a pesquisa de significados é intrinsicamente visionária e baseada na cultura pessoal daquele que a conduz. Já a criatividade como atitude vem para valorizar essa nova perspectiva. Ela constrói variedades e divergência.

Quando o desafio é desenvolver um novo conceito de AgroConsciente para obter resultados concretos num modelo de jogo complexo, fica claro como a inovação guiada pelo Design Thinking é de extrema pertinência.

E ressaltamos que a inovação guiada pelo design aqui apresentada não é centrada no usuário porque quanto mais ela se aproxima dele, mais presa fica na maneira como as pessoas dão significados às coisas. As inovações guiadas pelo design, por sua vez, são maneiras colaborativas de chegar a significados novos, visões de um futuro possível, e também, de novos modelos de negócio, produtos e serviços, superando o perigo da força do hábito, das heurísticas e vieses cognitivos. Emergem assim ideias pelas quais os clientes "esperam", mas não visualizam, e que surgem com o passar do tempo, tornando-se tais novidades grandes geradoras de valor para o mercado.

Quando uma empresa deixa um pouco de lado seus clientes diretos e passa a ter uma visão mais ampla do mercado, agindo em rede distribuída, percebe que não está sozinha em seu esforço para entender as mudanças que ocorrem na sociedade, na cultura, na tecnologia e na cadeia do negócio. Esse interesse é compartilhado por muitos grupos e as empresas assim podem iniciar um processo de colaboração e pesquisa externo no qual o foco seja o significado dos mesmos. Existem nomes diferentes que os protagonistas do Design Thinking deram a esta abordagem (design estratégico, design dialógico, design discourse etc.). Como são práticas criadas a partir de outras práticas, nos importa menos o nome de turno, e sim como esse processo de pesquisa informal, difuso e semelhante a uma discussão coletiva funciona.

3.7 Os intérpretes da plataforma e o Design Thinking

Os intérpretes da plataforma (que aqui no livro também chamamos de stakeholders da organização) são especialistas de campos distantes que abordam o mesmo contexto estratégico, mas de perspectivas diferentes.

A palavra "intérprete" vem do latim *interpres*, "agente, tradutor", de *interpretari*, "traduzir, explicar", de inter-, "entre", mais o radical prat-, com o sentido de "dar a conhecer". Por esse motivo optamos para o uso desta palavra nesse contexto do capítulo.

Intérpretes ajudam a refletir mais profundamente sobre as implicações da visão emergente para novos significados. Cada empresa está rodeada de numerosos stakeholders compartilhando o mesmo interesse: empresas em outras indústrias visando os mesmos clientes, novos fornecedores de tecnologia, associações de categoria, pesquisadores, ONGs, designers e projetistas, artistas etc. Embora se dirijam a mercados diferentes, estão imersos com sensibilidade no mesmo contexto social, olham para a mesma "pessoa", e como essa pessoa poderia dar sentido às coisas. Essa pessoa pode ser um cliente, consumidor, stakeholder.

Uma abordagem válida deste agir é a de outro italiano, o Roberto Verganti, que em seus estudos sobre a inovação guiada pelo design, propõe uma abordagem dialógica bem pertinente e alinhada com a nossa visão de autores deste livro. No gráfico abaixo as dinâmicas entre stakeholders no mercado para a criação de novos significados.

O debate contínuo com intérpretes permite que as empresas troquem informações e, em seguida, testem a consistência de suas premissas na própria plataforma, que é um grande laboratório de pesquisa coletivo conectado em rede distribuída, na qual plataforma os intérpretes fazem as próprias investigações e mantêm um diálogo contínuo. Por isso, é necessária atitude sistêmica.

Toda empresa, em qualquer contexto, está cercada por esse tipo de intérprete. Elas se perguntam: quais empresas de diferentes segmentos estão observando pessoas que pertencem a um mesmo contexto social? Que outros tipos de produtos e serviços são ou poderiam ser usados por essas pessoas?

Esses intérpretes detêm o mesmo conhecimento sobre os significados e as linguagens e tendem a estar dispostos a compartilhar essas informações e a entender as interpretações, uma vez que têm os mesmos problemas e interesses.

Seguindo a abordagem de especialistas do Design Thinking como o nosso coautor Zanini, e de outros como o próprio Verganti, o processo da inovação guiado pelo design tem suas raízes em três ações:

1. Escutar os stakeholders da plataforma: envolve a avaliação do conhecimento sobre possíveis significados e linguagens de novos produtos, por meio da identificação dessas informações e possíveis maneiras de internalizá-las. Requer um movimento contínuo de identificação e atração de intérpretes-chave.
2. Interpretar: envolve a criação de uma visão individual e de propostas para novos significados radicais e de linguagens, buscando a integração e recombinação do conhecimento adquirido externamente por meio do Design Thinking na plataforma, e da produção de novas interpretações próprias. As necessárias trocas de experiências deste processo apoiam a interpretação, e isso faz brotar na organização a certo ponto uma visão autoral própria sobre o fenômeno, uma perspectiva própria de futuro.
3. Difundir as novas ideias: envolve a comunicação das ideias novas para os diferentes públicos, pois o diálogo tem poder de atração que pode ser benéfico nessa fase e, assim, pode-se passar a influenciar a maneira como as pessoas dão significados às coisas. Tais diálogos são contínuos.

É importante ressaltar que as empresas que usam o Design Thinking não buscam ideias de inventores anônimos. Elas pesquisam cuidadosamente, selecionam e atraem os intérpretes mais promissores para trabalharem em conjunto no ecossistema de inovação onde a organização está conectada. A colaboração é fechada, e não aberta. Nem todos são convidados, e a habilidade de identificar os certos – afastando-os da concorrência – é o que faz a diferença. Essas empresas investem em relacionamentos. As soluções são consequência "orgânica" desse modo de agir no ecossistema.

É por esse motivo que dissemos ser necessária a orquestração por parte das lideranças, e ressaltamos o importante novo papel do Chief Agribusiness Officer nesta década, nas empresas atuantes nas tantas cadeias do agronegócio que buscam ser AgroConsciente. Fica evidente a necessidade de uma liderança competente e sistêmica para dar harmonia nos movimentos com os stakeholders no mercado para gerar valor.

Muitas empresas não têm consciência do fato de que já estão imersas em ecossistema em dinâmicas de Design Thinking. Os intérpretes aos quais nos referimos estão menos em laboratórios de pesquisas e, tantas vezes estão em diferentes segmentos da economia e contextos variados. Sua maneira de agir é informal e imprevisível. Misturam-se às pessoas de diferentes círculos de atuação, e as interpretações que fazem desses grupos só são comunicadas a outros membros. Intérpretes, sobretudo, não são apenas engenheiros ou cientistas e, provavelmente, não se reconhecem como pesquisadores: são profissionais das mais diferentes áreas.

Os intérpretes da produção cultural estão envolvidos diretamente com significados sociais, por exemplo, artistas, organizações culturais, sociais ou ambientais, sociólogos, antropólogos, profissionais de marketing e pessoas ligadas à comunicação que fazem da exploração de culturas e significados um componente evidente de sua atividade principal.

Os intérpretes da tecnologia são aqueles que, por meio de suas descobertas, de suas inovações tecnológicas e de novos produtos e serviços promovem uma verdadeira mudança no mundo das coisas e, implícita ou explicitamente, propõem novos significados. Em geral, aqueles que exploram as mudanças radicais em tecnologias também exploram as consequências que essas mudanças terão na cultura e na vida das pessoas. São eles: instituições de ensino e pesquisa, fornecedores de componentes tecnológicos, participantes de projetos experimentais e pioneiros, empresas atuantes em setores diferentes dos nossos, empresas de serviços, dentre outros.

Tratamos até aqui do Design Thinking como método inovador, e da criatividade como atitude. Isso tudo orientado à geração de valor. Vale a pena agora apresentar um mapa oriundo do Design Thinking para criação de modelos de negócios geradores de valor econômico, social e ambiental, e que é de extrema pertinência para o desafio de transformação do agronegócio em AgroConsciente. Vamos falar do Canvas de modelo de negócios de três camadas.

3.8 Geração de valor AgroConsciente: o Canvas de modelo de negócios de três camadas

O Canvas do Modelo de Negócios de Três Camadas[17] é uma ferramenta para explorar a inovação do modelo de negócios orientado para a sustentabilidade. Ele amplia o foco do original Business Model Canvas[18] adicionando duas camadas: uma camada ambiental baseada na perspectiva do ciclo de vida e uma camada social baseada na perspectiva das partes interessadas.

O Business Model Canvas é uma ferramenta que rapidamente conquistou o mundo empresarial em razão de sua simplicidade e praticidade. Foi desenvolvido pelo consultor suíço Alexander Osterwalder com mais de duzentos consultores do mundo todo. Um dos aspectos positivos desse Canvas é que permite visualizar o "encaixe estratégico" existente entre diferentes áreas do negócio, do ponto de vista econômico.

---

17 Disponível em: https://www.researchgate.net/publication/304026101_The_triple_layered_business_model_canvas_A_tool_to_design_more_sustainable_business_models.
18 Disponível em: https://www.strategyzer.com/books/business-model-generation.

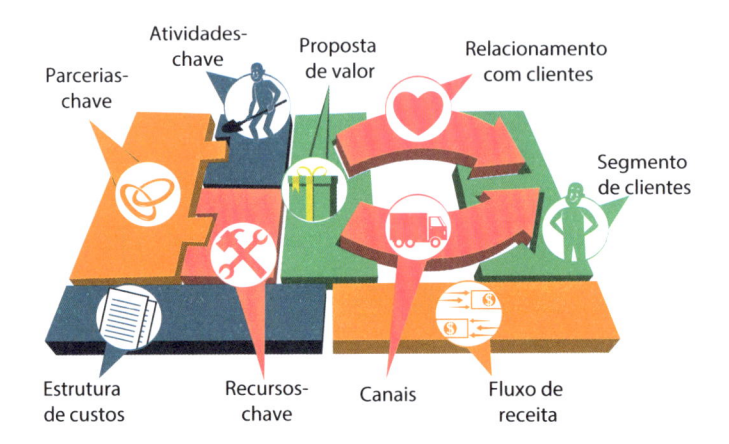

Atividades-chave
Parcerias-chave
Proposta de valor
Relacionamento com clientes
Segmento de clientes
Estrutura de custos
Recursos-chave
Canais
Fluxo de receita

Quando a camada com perspectiva econômica é tomada em conjunto com a dimensão social e ambiental, as três camadas do modelo de negócios explicitam como uma organização gera vários tipos de valor econômico, ambiental e social, e como esses temas estão conectados, se influenciando mutuamente. A representação visual de um modelo de negócios por meio dessa abordagem permite o desenvolvimento e a comunicação de uma visão mais sistêmica e integrada de um modelo de negócios; que também apoia o trabalho criativo em direção a modelos de negócios mais sustentáveis.

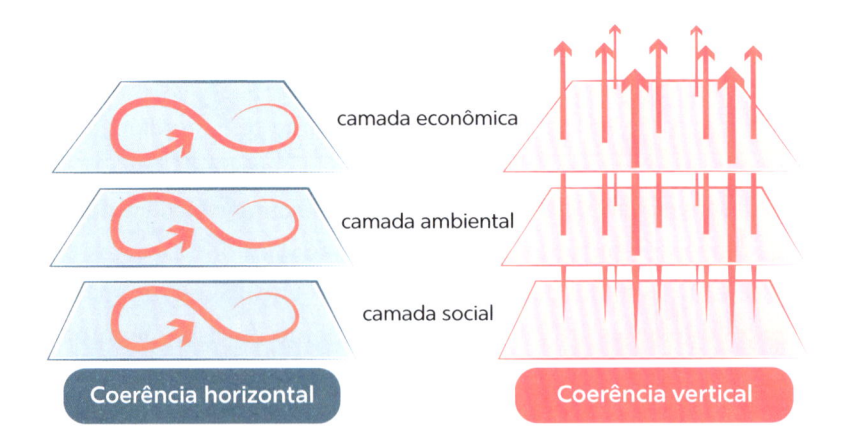

camada econômica
camada ambiental
camada social

Coerência horizontal

Coerência vertical

Cada camada suporta uma coerência horizontal ou uma abordagem integrada para explorar o impacto econômico, ambiental ou social de uma organização, destacando as principais ações e relacionamentos dentro dos nove componentes de cada camada: atividades-chave, proposta de valor, relacionamento com clientes, segmento de clientes, fluxo de receita, canais, recursos-chave, estrutura de custos e parcerias-chave.

Combinadas, as três camadas (econômica, ambiental e social) fornecem diferentes perspectivas em torno do desafio, por exemplo, de conectar o novo conceito de AgroConsciente com a meta do trilhão de dólares, trazendo conexões verticais entre as três camadas, ao religar os componentes de cada camada aos seus análogos nas outras camadas, elucidando ainda mais as principais ações e influências mútuas e seus impactos nas camadas. Por exemplo, sempre nessa linha, perceberemos quais os aliados e interpretes precisamos atrair para conseguir gerar valor de forma sistêmica. Se tudo está conectado com o todo, todo detalhe é importante e faz a diferença, para o bem ou para o mal.

Essa abordagem contribui para a pesquisa de modelos de negócios sustentáveis, fornecendo uma ferramenta de design que estrutura as questões de sustentabilidade na inovação do modelo de negócios AgroConsciente. Além disso, as duas novas dinâmicas de análise (a coerência horizontal e coerência vertical) oferecem visão sistêmica do cenário de ação, reduzindo em parte a complexidade de implementação de novos modelos. Para saber mais, veja no QR Code o artigo apresentado em 2016 pelos autores Alexandre Joyce e Raymond L. Paquin, da Concordia University Montreal.

https://www.researchgate.net/publication/304026101_The_triple_layered_business_model_canvas_A_tool_to_design_more_sustainable_business_models

Neste artigo a abordagem descreve seus principais recursos por meio de uma reanálise do modelo de negócios da Nestlé Nespresso.

Acreditamos na força desse modelo pois permite que os líderes das organizações entendam melhor onde estão os maiores impactos sociais e ambientais da organização dentro do próprio modelo de negócios. Fornece insights para onde a organização pode focar sua atenção ao criar inovações orientadas para o meio ambiente. Os impactos ambientais podem ser rastreados com vários indicadores. No caso da Nespresso, os impactos ambientais são rastreados em termos de impacto de carbono devido à disponibilidade de dados – e carbono é apenas uma categoria.

Esse tipo de análise fornece à empresa a oportunidade de se posicionar de maneira inovadora. No caso do estudo sobre a Nespresso de 2016, engaja-se diretamente, por exemplo, na reciclagem das cápsulas da marca. O alumínio é cem por cento reciclável e se transforma em novos objetos (bicicletas, canetas, relógios e novas cápsulas, por exemplo). Mas atenção: no geral, ser reciclável não significa que é, de fato, reciclado. Desafio é mensurar qual o percentual das cápsulas recolhidas. Quanto desse número "vira" algo que, no total, não gera um impacto negativo ainda maior? São reflexões que pedem novas problematizações.

A borra do café vira adubo orgânico, para a produção de alimentos, por meio do programa Nespresso Hortas. São mais de duzentos pontos de coleta espalhados pelo Brasil, muito disso em São Paulo, por ser o maior mercado consumidor e para facilitar a logística para o centro de reciclagem. Movimento gera movimento. É a força do consumo consciente.

Esse modelo é pertinente também porque apoia as organizações na orquestração da economia circular, que merece destaque, e, para quem se interessar, recomendamos estudar os papers de economia circular da Rede Empresarial Brasileira de Avaliação de Ciclo de Vida[19] (Rede ACV), nos quais fica claro o que é, as diferenças, por segmentos:

---

19 Recomendamos que o leitor faça uma pesquisa na internet para saber mais sobre as normas regulamentadoras para a ACV que uma organização excelente deve abraçar.

https://redeacv.org.br/pt-br/gt-economia-circular/

Além das práticas de impacto ambiental, temos o desafio atrelado ao valor social, o aspecto da missão de uma organização que se concentra na criação de benefícios para seus stakeholders e a sociedade de modo mais amplo. Sempre no caso da Nespresso, um exemplo de valor social é interpretado por meio do "roteiro para o crescimento sustentável", em que um dos principais desafios é desenvolver valor a longo prazo de relações mutuamente benéficas com os cafeicultores. Uma compreensão mais ampla do valor social da empresa pode ser extrapolada de seus princípios de negócios corporativos. A organização declara publicamente que age para melhorar a qualidade de vida de consumidores todos os dias, em todos os lugares, oferecendo escolhas de alimentos e bebidas mais saborosas e saudáveis e incentivando um estilo de vida saudável. A partir de tal declaração, todos podem buscar nas suas práticas de mercado quanto a organização é coerente e consistente com o declarado.

Aqui se encaixa o programa AAA, que começou em 2003 com o compromisso da Nespresso em produzir café de excelência e que pudesse contribuir com a proteção do meio ambiente[20]. Pioneiros no setor, contou com a colaboração da instituição Rainforest Alliance, criada para ajudar na preservação da biodiversidade e garantir a sustentabilidade.

Basta procurar por ABNT NBR ISO (14040, e outros para objetivos diferentes). Um exemplo notório é o ISO 9001. Consiste em um Sistema de Gestão da Qualidade (SGQ), com o objetivo de melhorar a gestão da empresa em coerência e consistência com a entrega de valor declarada.

20 Informações e dados são de domínio público, e nós autores fizemos uma seleção daquilo que consideramos pertinente ao leitor.

A parceria colaborou com a própria definição de qualidade sustentável, por meio do selo Rainforest Alliance – certificado mundial que garante um sistema de gestão sustentável para qualquer produto agrícola produzido em países tropicais. O programa também conta com a parceria da Aliança Global de ONGs, que incentiva práticas sustentáveis de cultivo do café com produtores locais. A iniciativa começou com 300 produtores inscritos e cresceu tanto que agora existem cerca de 110 mil fazendas em 14 países, sendo mais de mil só no Brasil. O Brasil é o maior fornecedor de cafés para a Nespresso. Cerca de 56% dos cafés Nespresso vêm de fazendas certificadas Rainforest Alliance e 100% do café comprado no Brasil vem por meio do Programa AAA. Mais de 280 mil hectares de fazendas de café são gerenciados de forma sustentável sob o Programa Nespresso AAA de Qualidade Sustentável™.

A Nespresso paga um preço premium pelo café de qualidade superior cultivado pelos produtores do Programa Nespresso AAA de Qualidade Sustentável™, geralmente de 30% a 40% mais alto do que o preço do café básico. Em seu site, a empresa informa que não paga diretamente aos produtores. Isso é feito por meio de um trader, o que significa que a companhia não pode provar exatamente quanto desse valor vai para o produtor. Pesquisas demonstram que os produtores do Programa Nespresso AAA de Qualidade Sustentável™ se beneficiam de melhorias, de 22% nas condições sociais, de 52% nas condições ambientais e de 41% nas condições econômicas, em comparação com os produtores que não participam do programa.

Os benefícios do Programa AAA fazem com que a Nespresso conheça bem o café que vende – desde a fase cultivo até a colheita, durante o processo de produção do pó, até o encapsulamento e o pós-consumo. Ou seja, mensura e controla a sustentabilidade durante todas as etapas de produção do café.

A Nespresso busca, também, um comércio com menos assimetrias por meio da certificação Fairtrade – um dos pilares da sustentabilidade econômica e ecológica. O Fairtrade é uma abordagem alternativa ao comércio convencional, baseada em uma parceria entre produtores e negociantes, empresas e consumidores. Um dos objetivos principais da Fairtrade™ é o de empoderar produtoras e produtores de café para criar maior resiliência aos desafios climáticos e dos mercados, com o fortalecimento institucional e colaborativo, comércio justo e parcerias. Essa resiliência também diz respeito aos relacionamentos. As responsabilidades e os riscos devem ser compartilhados de maneira simétrica; os preços e os contratos devem ser transparentes e o acesso a financiamento disponibilizado. Para isso, é necessário que os parceiros comerciais também compartilhem dessa visão e que estejam dispostos a criar esse relacionamento de ganha-ganha com as fazendas de café.

É importante, também, considerar que o foco dessa certificação é pequenas fazendas e produção familiar. Na prática, associações ou cooperativas são certificadas, garantindo-se um preço mínimo ao café vendido pelas fazendas e um prêmio de sustentabilidade às instituições que deve ser destinado para projetos socioambientais.

Em síntese, concluindo esse capítulo sobre a inovação guiada pelo Design Thinking, podemos dizer que é uma metodologia transdisciplinar projetada para:

- dialogar com todas as partes interessadas de um ecossistema;
- planejar o impacto econômico, social e ambiental de um projeto AgroConsciente;
- revelar o fenômeno sob observação e análise;
- pesquisar, descobrir e evidenciar gargalos;
- prototipar ideias e testá-las;
- gerar team building (pois é dialógica, o que reduz o boicote durante o processo);
- evitar preconceitos (o que reduz a miopia e a resistência à mudança).

CAPÍTULO 4

Sem bola de cristal... AgroConsciente é o caminho

"Se eu tivesse uma hora para resolver um problema e minha vida dependesse dessa solução, eu gastaria cinquenta e cinco minutos definindo a pergunta certa a fazer, porque, quando soubesse a pergunta certa, poderia resolver o problema em menos de cinco minutos."

ALBERT EINSTEIN

4.1 E o futuro?

Prever o futuro pode ser uma tarefa árdua. Mas não se trata de clarividência. Por que prever o futuro? Porque nos ajuda a pensar criticamente sobre como aproveitar futuros investimentos e oportunidades de negócios. Veja um exemplo no QR Code a seguir:

https://www.visualcapitalist.com/timeline-future-technology/

Existem diversos estudos dentro das áreas de tendências e futurismo que atuam com previsões mais ou menos assertivas. Costumam envolver uma equipe transdisciplinar de arquitetos, designers, engenheiros, tecnólogos, sociólogos, cientistas, entre outros especialistas. A questão é curiosar no futuro, imaginar e entender o que é possível fazer, com base no que desejamos e idealizamos realizar.

> Anos atrás, a empresa Samsung tentou imaginar como seria a vida no ano de 2116. Para quem tiver curiosidade, acesse o QR Code:
>
> https://www.visualcapitalist.com/predictions-earth-in-100-years-future/

Sabemos que viveremos, em um futuro não tão longínquo, em uma sociedade não mais dividida entre rural e urbano, onde os talentos brasileiros (e do mundo) trabalharão para desenvolver aquilo que no livro citamos como AgroConsciência e Health System (Food system, agribusiness, food citizenship); um país onde o crescimento do PIB está diretamente e indiretamente ligado ao agro (e seus seis biomas), mas dentro de uma interpretação diferente de como gerar negócios olhando o impacto ambiental e social também, assim como ampliando o conceito de agronegócio para saúde do solo, da planta, do animal (seja da terra ou dos mares), das águas, mares e oceanos, da atmosfera, dos humanos, enfim do planeta. E tal conceito AgroConsciente se faz realidade quando nele embutimos marketing, novas ideias e novos projetos, novos significados, tecnologias e metaversos, enfim quando tornamos o agro efetivamente pop, cool, vetor de transformação; tal ideal segundo nós autores é bem representado naquilo que a liderança da OCB, Marcio Lopes, chama de design da prosperidade (assunto que será tratado mais adiante no livro).

Todos os setores do terciário (por exemplo) crescem quando impulsionados por uma matriz econômica forte. Os ativos do Brasil são a natureza e a sua cultura multiétnica. Esses são os alicerces de um potencial crescimento exponencial nesta década. Na visão dos autores, algodão, como matéria prima, e couro animal da indústria de proteína estão (só para citar dois exemplos) diretamente coligados ao desenvolvimento das indústrias da moda, calçados, automobilística, beauty, mobiliário. Assim como no terciário, o AgroConsciente fomenta o turismo, serviços, construção civil, economia criativa, restaurantes e atividades financeiras em geral.

Para alimentar o mundo, podemos e precisamos dobrar de tamanho em tudo, sem precisar avançar nos biomas atualmente intactos. Podemos utilizar as áreas degradadas, onde o lixo vira luxo. A indústria do alimento pode agregar e muito valor. As oportunidades são tantas. Assista neste QR Code o coautor deste livro, José Luiz Tejon, quando fala sobre planejamento estratégico. Ele fala, através de exemplos, como podemos produzir mais sem arrancar uma árvore sequer. Do "A" do abacate ao "Z" do zebu, para alimentar o mundo é preciso produzir mais: nos campos, nas águas e nos mares.

https://www.youtube.com/watch?v=K5rV1PWlwb8

Acompanhe a seguir uma síntese de trilhas e metas quantificáveis para nortear tal navegação rumo ao AgroConsciente. Mesmo não tendo bola de cristal, podemos fazer nossas apostas considerando alguns drivers.

Long term drivers

- Aumento incremental da conectividade dentro e fora da porteira.
- Crescimento exponencial da digitalização, dos dispositivos, da capacidade de análise: Big Data, analytics etc.

- Acumulação exponencial do conhecimento na área de autoaprendizado, sistemas inteligentes (inteligência artificial – IA, inclusive integrada na engenharia genética).
- Aceleração dos processos de inovação em empresas com mentalidade contemporânea e integradas em rede distribuída.
- Mitigação dos problemas sociais de precarização de parcelas importantes da sociedade, sobretudo as mais carentes, e redução da desigualdade.
- Fusão entre alimentação e medicina preventiva.
- Soluções personalizadas e gestão baseada em dados, economia circular, transformação digital, etc.
- Capitalismo humanizado ou consciente, e busca pela autorrealização das pessoas também através do trabalho criativo e do consumo consciente.

Metas quantificáveis

- Aumento do valor agregado nas commodities – criação de novos postos de trabalho na agroindústria e em todos os setores ampliados do AgroConsciente.
- O diferencial será o número e a quantidade de produtos inovadores desenvolvidos (melhora nos parâmetros de sustentabilidade).
- Valorização de novas moedas como "água" e "carbono".
- Diminuição do gap entre best practices e agricultura de subsistência, com nivelamento no alto da produtividade.
- Maior integração no comércio e nas cadeias mundiais.
- Economia circular, práticas como integração lavoura-pecuária-floresta (ILPF), plantio direto etc.

Como o Design Thinking nos levará até 2030?

- Apoio na gestão por "precisão" do aumento exponencial da dados.
- Gestão de componentes não estritamente agrícolas.
- Visão de longo prazo, com mais clareza e ambidestria.

- Compreensão dos trends da tecnologia e da sociedade, conexão com os melhores especialistas, definição das alianças futuras pertinentes.
- Aprender a aprender, a ser projeto beta, criativo e inovador.
- Atuar para resolver problemas de forma sistêmica, e a utilizar a criatividade e inteligência dos ecossistemas de negócios nas soluções de valor.
- Capacidade de visualizar as áreas onde atuar de maneira integrada, entre antes, dentro, fora da porteira até a mesa do consumidor, como na matriz criada pela agência Biomarketing (Fonte: Agência Biomarketing).

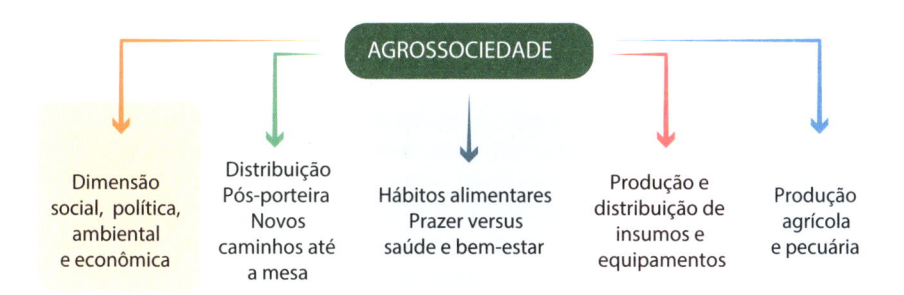

AGROSSOCIEDADE

| Dimensão social, política, ambiental e econômica | Distribuição Pós-porteira Novos caminhos até a mesa | Hábitos alimentares Prazer versus saúde e bem-estar | Produção e distribuição de insumos e equipamentos | Produção agrícola e pecuária |

Uma visão comercial, fora da porteira

- Transparência, fundir mais e mais o comércio com ética, vender o que faz bem (ou reduzir o que é malfeito), influenciar e não manipular o consumidor.
- Agricultura e agroindústria conectadas fazem a informação circular de maneira mais transparente e comunicam melhor (nesse sentido, a vantagem competitiva do Brasil é imensa).
- A estratégia é a sustentabilidade ambiental, social e econômica. Nesse sentido, assumir as questões ambientais como um ativo a

valor econômico e social, e não como um problema a ser resolvido entre ambientalistas e ruralistas.

Como ampliar os fatores controláveis

- Mentalidade aberta ao novo, fomentar a cultura da inovação.
- Abraçar a ciência e a educação como meios para reduzir o incontrolável.
- Aprender a aprender, permitindo detectar problemas e resolvê-los com agilidade durante o processo.
- Desenvolver modelos de negócios em plataforma.
- Desenvolver nas pessoas que trabalham no setor do agronegócio mais soft skills.

Vejam na tabela como a agricultura evoluiu.

Revolução Verde	Sistemas integrados	Agricultura de base biológica
"Primeira Onda"	"Segunda Onda"	"Terceira Onda"
Monocultura	Intensificação	Sistemas complexos
Monodisciplinar	Multidisciplinar	Transdisciplinar
Commodities	Commodities/alimento	Multifuncionalidade
Insumos sintéticos	Eficiência	Insumos biológicos
Pesquisa adaptativa	Pesquisa sistêmica	Pesquisa complexa
1960-1990	1990-2020	2020-2030

Tempo e complexidade →

Fonte: Cleber Soares, MAPA. Apud: PILLON, Clenio Nailto. Dos pós de rocha aos remineralizadores: passado, presente e desafios. In: *Anais do III Congresso Brasileiro de Rochagem*. Pelotas, Editora Triunfal, 2016, p. 18. Disponível em: https://www.embrapa.br/busca-de-publicacoes/-/publicacao/1078577/dos-pos-de-rocha-aos-remineralizadores-passado-presente-e-desafios.

Todos esses temas são importantes e merecem uma breve explicação, inclusive permeiam todo o texto, quando falamos de atitude e comportamento criativo.

Abundam hard skill, faltam soft skill

O que são hard skills?

As hard skills representam as competências profissionais. Ou seja, o que o profissional necessita ter para atender às expectativas da organização, cumprir adequadamente as tarefas gerais e específicas do cargo que tem e acompanhar as demandas e tendências do setor. São aquelas habilidades que vão ajudar o indivíduo não só a entrar no mercado mas, principalmente, a se manter ativo nele e a crescer ao longo da carreira. Por essa razão, elas precisam ser aperfeiçoadas e atualizadas continuamente.

O que são soft skills?

As soft skills, por sua vez, representam habilidades de cunho social e comportamental. São características que as pessoas têm e exercem tanto na vida pessoal como na profissional. Durante muitas décadas, elas foram deixadas em segundo plano no meio corporativo, pois as organizações consideravam que as hard skills eram as únicas competências que deveriam ser levadas em conta na hora de contratar novos talentos. Esse tema está conectado diretamente à inteligência emocional, e isso nos remete aos estudos de Daniel Goleman. As características que compõem a inteligência emocional são uma junção das inteligências interpessoais e intrapessoais, presentes na chamada Teoria das Inteligências Múltiplas, desenvolvida pelo psicólogo americano Howard Gardner[1]. A inteligência

---

1 Denomina-se inteligências múltiplas à teoria desenvolvida a partir da década de 1980 por uma equipe de investigadores da Universidade de Harvard, liderada pelo psicólogo Howard Gardner, buscando analisar e descrever melhor o conceito de inteligência. Gardner afirmou que o conceito de inteligência, como tradicionalmente definido em psicometria (testes de QI), não era suficiente para descrever a grande variedade de habilidades cognitivas humanas. Gardner iniciou a formulação da ideia de "inteligências múltiplas" com a publicação da obra *The Shattered Mind* (1975). Mais tarde, conceituou a inteligência como "um potencial biopsicológico para processar informações que pode ser ativado num cenário cultural para solucionar problemas ou criar produtos que sejam valorizados numa cultura". Em um processo mais recente de revisão de sua teoria, Gardner acrescentou a "inteligência naturalista" à lista original. O mesmo não ocorreu com

emocional, para grande parte dos estudiosos do comportamento humano, pode ser considerada mais importante do que a inteligência mental (o que conhecemos por QI), para alcançar a satisfação em termos gerais. E certamente é necessária para a criatividade, para resolver problemas inéditos. De acordo com Goleman, a inteligência emocional pode ser subdivida em cinco habilidades específicas:

1. autoconhecimento emocional;
2. controle emocional;
3. automotivação.
4. empatia;
5. desenvolvimento de relacionamentos interpessoais (habilidades sociais).

O "controle" das emoções e dos sentimentos, com o intuito de conseguir atingir algum objetivo, ainda hoje é considerado como um dos principais trunfos para o sucesso pessoal e profissional. Por exemplo, uma pessoa que consegue se concentrar no trabalho e finalizar todas as suas tarefas e obrigações, mesmo se sentindo triste, ansiosa ou aborrecida. Quando falamos de trabalhos em grupos criativos, as inteligências emocionais são fundamentais.

Hard skill: temos mais do que podemos usar, enquanto soft skill ainda está em falta, especialmente em um país que ainda não resolveu, de maneira geral, todos os problemas de educação básica. Vejam novamente no QR Code os infográficos do estudo do World Economic Forum

---

a chamada "inteligência existencial" ou "inteligência espiritual". Embora o autor se sinta interessado por esse nono tipo, conclui que "o fenômeno é suficientemente desconcertante e a distância das outras inteligências suficientemente grandes para ditar prudência – pelo menos por ora" – concluiu na sua obra *Inteligência: um conceito reformulado* (2001). Gardner sustenta que as inteligências não são objetos que possam ser quantificados, e, sim, potenciais que poderão ser ou não ativados, dependendo dos valores de uma cultura específica, das oportunidades disponíveis nessa cultura e das decisões pessoais tomadas por indivíduos e/ou suas famílias, seus professores e outros. Disponível em: https://pt.wikipedia.org/wiki/Intelig%C3%AAncias_m%C3%BAltiplas.

sobre o futuro do trabalho, e como o "creative thinking" será importante nos próximos anos.

> https://www.weforum.org/reports/the-future-of-jobs-report-2023/infographics-2128e451e0?_gl=1*rzl62g*_up*MQ..&gclid=Cj0KCQjwnMWkBhDLARIsAHBOftoU6y2QUezFHACz-ZBjK-wlYKcBSJALJTqP2Wf_j_7vYJMbKkBfXRwaAsg--EALw_wcB

O Design Thinking e a atitude criativa pertencem ao soft skill e à arte de navegar com sucesso no mundo contemporâneo, cheio de oportunidades, mas, ainda assim, muitas vezes, inexplorado.

4.2 Transformação digital

Para que a meta do trilhão seja atingida, é preciso que a transformação digital do agronegócio brasileiro seja feita. Em primeiro lugar, é importante desvendar o desafio da conectividade, que é sistêmico, tecnológico e cultural: hardware, firmware, infraestrutura de rede e ferramentas de gerenciamento; pessoas e gestão da transformação digital.

E esse é o desafio, por exemplo, da associação ConectarAgro. Ela é formada por empresas virtuosas que visam promover solução tecnológica para estimular a expansão do acesso à internet nas mais diversas regiões agrícolas brasileiras. Nasceu a partir de um problema comum enfrentado por agricultores e empresas do setor: a falta de rede e internet no campo, que impede o acesso efetivo às soluções tecnológicas, hoje, ofertadas no mercado.

Segundo estudo encomendado pelo Banco Nacional de Desenvolvimento Econômico e Social (BNDES), em que foram considerados todos os benefícios das tecnologias conectadas, o ganho econômico estimado para o campo brasileiro será de US$ 21 bilhões em 2025[2], além de todas as melhorias socioambientais derivadas da implementação. O processo de modernização das propriedades rurais não é mais uma opção, e sim uma necessidade que se faz virtude para tornar a agricultura brasileira ainda mais competitiva, com maior agregação de valor e com profissionais mais capacitados. Grande parte dos ecossistemas de agronegócio concorrentes do Brasil já experimentou esse tipo de evolução e os superou, e o Brasil não pode perder mais tempo na implementação dessas tecnologias.

O grande problema é que o pressuposto para a agricultura 4.0 está na conectividade das propriedades com a internet, recurso escasso em cerca de 70% das propriedades rurais brasileiras[3]. Sem internet não podemos integrar dados de forma eficiente e automatizada com o IoT (internet das coisas).

Outro desafio da transformação digital é entender mais sobre tecnologia da informação e levar mais isso para os novos modelos de negócios. Sobre as tecnologias de conectividade de rede, há uma abundância de siglas, do 2G, 3G, 4G e agora o 5G. E têm também GPRS, EDGE, ZigBee, Bluetooth, Mesh, BLE, WiMAx, Wi-Fi, PLC, LoRa, Sigfox e, mais recentemente, NB-IoT. Para os curiosos sobre isso tudo, na internet abundam fontes sobre, e recomendamos que os leitores façam uma busca individual. Aqui vamos trazer um recorte mais específico sobre o 4G e NB-IoT, que acreditamos ser uma solução mais acessível nesta década para democratizar a internet e integrar o campo com a cidade.

O agronegócio precisa desvendar esse mundo da conectividade. Agrônomos e profissionais de TI precisam trabalhar juntos. A tecnologia já está consolidada nos modelos de negócios dos centros urbanos; o desafio, portanto, é de cunho cultural, ou seja, é preciso entender, in-

---

2 Disponível em: https://www.bndes.gov.br/wps/portal/site/home/conhecimento/pesquisaedados/estudos/estudo-internet-das-coisas-iot/estudo-internet-das-coisas-um-plano-de-acao-para-o-brasil.
3 Disponível em: https://www.conectaragro.com.br/.

corporar, vender, naturalizar o que ainda é visto como luxo ou supérfluo nos modelos do agronegócio quando o assunto é infraestrutura de conectividade de rede. Se ao longo do tempo as redes de conectividade foram se popularizando e ficando cada vez mais acessíveis economicamente nos centros urbanos, cabe encontrar um modelo para torná-las acessíveis onde há deserto digital. Precisa resolver isso para tornar o agro mais tecnológico, pois é a partir das plataformas tecnológicas conectadas em rede que poderemos gerenciar, minerar dados, e os dados que são extraídos, por mais complexos que sejam os sistemas, possam ser simplificados por softwares de gestão, e assim compreensíveis pelos líderes nas tomadas de decisão. Isso tudo em tempo real. Muita informação não conectada é jogada no lixo. Essa transformação digital trará também maior transparência para auditorias externas sobre originação, manejo, preservação dos biomas naturais, aplicação das leis ambientais, possibilidade de acesso a formação a distância etc.

Para isso tudo acontecer, o modelo de negócio precisa resolver a questão do custo de oportunidade dos investimentos em infraestrutura de rede e de softwares de gestão, afinal, um ponto somente vai ser conectado se o custo da solução for menor que o custo do problema, e, antes disso, se for compreensível o modo de usar por parte dos clientes.

Analisando mais de perto, o agro tem dois desafios: buscar recursos e investir em hardware, firmware, infraestrutura de rede e, também, capacitar sua mão de obra, com profissionais que saibam usar e gerenciar, com competência e criatividade, as ferramentas tecnológicas que estão à disposição. Pois, como salienta Cleber Soares, secretário de inovação do MAPA, conectividade por si só não vai ser a salvação do campo. É uma das camadas acima da qual deve ter plataformas e serviços. As oportunidades de negócios para o setor são enormes. Assim como as oportunidades de mercado de trabalho nessa área são enormes, como o estudo citado do WEF ressalta, no infográfico sobre os empregos que mais crescerão nos próximos anos, no primeiro lugar consta "Agricultural Equipment Operators". Nesta década temos cerca de 70% dos mais de 5 milhões de produtores rurais sem conectividade. Só isso é já um desafio enorme. Mas sobre isso, temos desafios ainda maiores, capacitar os protagonistas do setor para trabalhar e promover a transformação digital.

A figura a seguir mostra as diversas camadas de um sistema completo de internet das coisas (IoT), segundo o modelo proposto pelo IoT World Forum. Cada nível implica uma escolha e, pela pluralidade de ofertas, isso não é trivial.

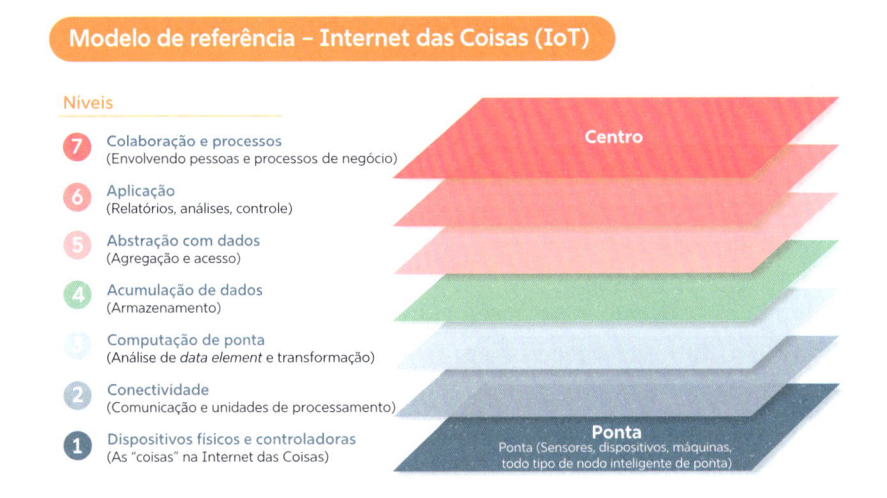

Modelo de referência – Internet das Coisas (IoT)

Níveis
- 7 Colaboração e processos (Envolvendo pessoas e processos de negócio)
- 6 Aplicação (Relatórios, análises, controle)
- 5 Abstração com dados (Agregação e acesso)
- 4 Acumulação de dados (Armazenamento)
- 3 Computação de ponta (Análise de *data element* e transformação)
- 2 Conectividade (Comunicação e unidades de processamento)
- 1 Dispositivos físicos e controladoras (As "coisas" na Internet das Coisas)

Centro

Ponta (Sensores, dispositivos, máquinas, todo tipo de nodo inteligente de ponta)

Dada a complexidade do tema, este livro não tem a pretensão de esgotar o assunto; vai focar mais a conectividade e um pequeno subsistema de amplo espectro de aplicação: as tecnologias de radiofrequência de longo alcance NB-IoT (narrow band internet of things).

NB-IoT é o padrão que usa frequências licenciadas, as mesmas usadas por algumas frequências do 4G, permitindo que as antenas de telecomunicação atuais no país compartilhem sua infraestrutura de rede, com portanto um custo de investimento de rede menor. E é onde as operadoras telefônicas estão investindo os próprios esforços. A disponibilização da rede 4G para o campo na frequência pública de 700 MHz é a mesma utilizada nas principais cidades do país e compatível com os principais dispositivos móveis do mercado – smartphones, tablets e modens. Essa tecnologia possibilita a conexão de dispositivos IoT através de uma rede NB-IoT, sendo de longo alcance e de baixo consumo de energia.

Isso abre oportunidade para soluções que preferencialmente utilizem a conectividade 4G em 700 MHz ou NB-IoT em pelo menos uma etapa do processo. E é para onde grande parte dos produtores rurais (e de todos os envolvidos com o mercado do dentro da porteira) está indo atualmente. Pois, e vale ressaltar, o problema da falta de conectividade de rede não é somente do produtor, e sim da cadeia de valor como um todo. Pois, sem internet, não podemos ter adequada transparência sobre a originação e rastreabilidade dos produtos, assim como não podemos fazer controles mais assertivos; não podemos treinar e formar as pessoas distantes dos centros urbanos com o ensino a distância, não podemos dar segurança social para grande parte da população, não podemos trabalhar com eficiência e eficácia. A verdade é que a falta de infraestrutura de rede no campo é um desafio nacional. Nessa nossa atual década, é como se faltasse água e luz do sol. Como é um desafio estrutural nacional, somente com investimentos de diferentes setores da sociedade esse assunto será pragmaticamente resolvido (onde o terciário coinveste junto da indústria para levar internet ao campo e às estradas que conectam campo, cidade, portos e aeroportos).

O mantra repetido dentro e fora da porteira é de que isso tudo possibilita o aumento da produtividade e lucratividade, além de diminuir o tempo de tomada de decisões estratégicas das empresas do setor agrícola. A tecnologia está à disposição, mas tecnologia não se conecta sozinha (ainda não).

Sobre a tecnologia, as aplicações estão presentes principalmente em softwares de monitoramento, rastreamento, maquinário, controle de riscos, drones, IA e aplicativos voltados ao produtor rural. Mas, na ausência de conhecimento sobre elas, oriundas do mundo de TI, e não da agronomia, voltamos duas casas.

As novas diretrizes estratégicas para a IoT no campo brasileiro presentes no Plano Nacional de Internet das Coisas[4] posiciona a agricultura como destaque ao lado de outras três verticais: saúde, cidades e indústrias. Mas, essas verticais se relacionam sempre mais diretamente dentro do conceito de AgroConsciente, como vimos até agora. Quando falamos de agribusiness, 60% do peso de seu PIB é agroindústria. Assim como quando falamos de Health System, ou seja, saúde, estamos ampliando o conceito de hospitais para saúde humana, e isso está diretamente atrelado à alimentação e saúde vegetal, animal e indústria do alimento. Mais que uma vertical, a agricultura num sentido mais amplo é um ativo horizontal, é a plataforma do Brasil.

Com conectividade e IoT, o Chief Agribusinness Officer pode realizar um melhor acompanhamento das condições climáticas do campo; ocorre um aumento na eficiência do uso de maquinário, manutenção preditiva, irrigação inteligente, rastreamento logístico e otimização no uso de insumos. São apenas algumas das possibilidades de melhoria contínua.

A grande produção agropecuária brasileira movimenta os grandes números e volume de exportação. Mas existe espaço e grande potencial agrícola brasileiro partindo, também, de esforços de pequenos e médios produtores. É assim que poderá ocorrer o design da prosperidade AgroConsciente, incluindo todos e dando a todos mais força para crescer junto. Pequenos e médios representam cerca de 78,1% do total de agropecuaristas brasileiros, de acordo com dados do Instituto Brasileiro de Geografia e Estatística (IBGE). O valor social do agribusiness é enorme.

Diante desse cenário, e nós autores pudemos constatar no nosso estudo junto à OCB sobre o design da prosperidade, as cooperativas (não somente agrícolas) desempenham papel fundamental como promotoras da inovação no ambiente rural e na integração com o mundo urbano. Por concentrarem tecnologia de ponta e serem eficazes na gestão dos negócios, elas fomentam o desenvolvimento difundindo-o aos cooperados

---

4 Disponível em: https://www.gov.br/governodigital/pt-br/estrategias-e-politicas-digitais/plano-nacional-de-internet-das-coisas.

com bastante agilidade e eficiência. Desse modo, os pequenos agricultores, que teriam problemas em assimilar novos investimentos tecnológicos, conseguem acessá-los com muito mais facilidade, sem serem deixados para trás.

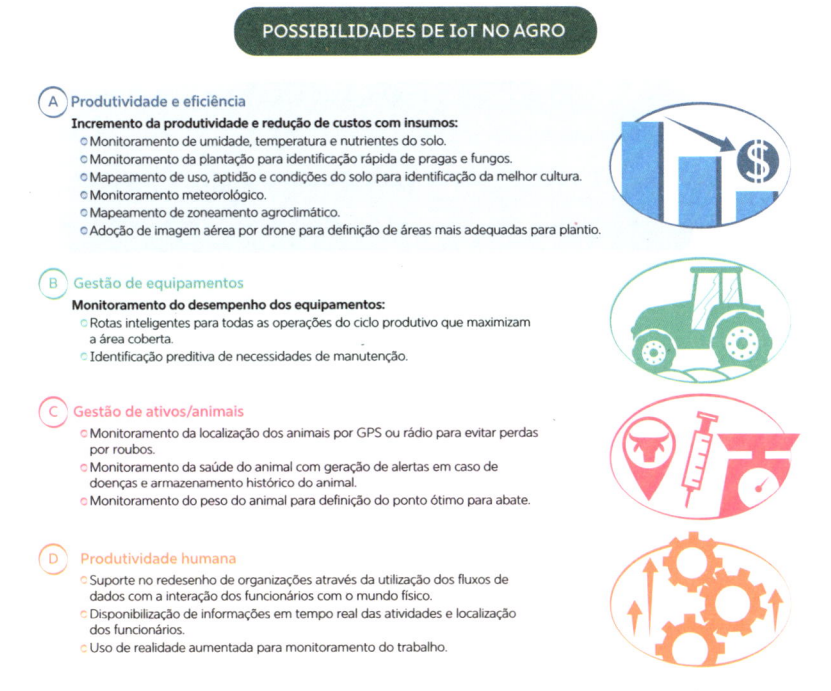

POSSIBILIDADES DE IoT NO AGRO

A) Produtividade e eficiência
Incremento da produtividade e redução de custos com insumos:
- Monitoramento de umidade, temperatura e nutrientes do solo.
- Monitoramento da plantação para identificação rápida de pragas e fungos.
- Mapeamento de uso, aptidão e condições do solo para identificação da melhor cultura.
- Monitoramento meteorológico.
- Mapeamento de zoneamento agroclimático.
- Adoção de imagem aérea por drone para definição de áreas mais adequadas para plantio.

B) Gestão de equipamentos
Monitoramento do desempenho dos equipamentos:
- Rotas inteligentes para todas as operações do ciclo produtivo que maximizam a área coberta.
- Identificação preditiva de necessidades de manutenção.

C) Gestão de ativos/animais
- Monitoramento da localização dos animais por GPS ou rádio para evitar perdas por roubos.
- Monitoramento da saúde do animal com geração de alertas em caso de doenças e armazenamento histórico do animal.
- Monitoramento do peso do animal para definição do ponto ótimo para abate.

D) Produtividade humana
- Suporte no redesenho de organizações através da utilização dos fluxos de dados com a interação dos funcionários com o mundo físico.
- Disponibilização de informações em tempo real das atividades e localização dos funcionários.
- Uso de realidade aumentada para monitoramento do trabalho.

Fonte: consórcio McKinsey/Fundação CPqD/Pereira Neto Macedo Advogados.

Pensando em Brasil, não conseguimos visualizar um modelo de impacto social mais inclusivo do que o movimento cooperativista, e desejamos que possa crescer sempre mais no país. Um exemplo virtuoso é a intercooperação paranaense na Cooperativa Central de Tecnologia da Informação (uniTI), constituída em 2021. A concretização de um projeto que se insere no trabalho do Sistema Ocepar[5] em fomentar a inter-

---

5 O Sistema Ocepar é formado por três sociedades distintas, sem fins lucrativos que, em estreita parceria, se dedicam à representação, defesa, fomento, desenvolvimento, ca-

cooperação entre os vários ramos do cooperativismo paranaense e, no caso, em uma área que demanda muitos e constantes investimentos das cooperativas, diante da evolução da TI. As cooperativas que integram a central podem compartilhar investimentos tanto na parte de infraestrutura como de sistemas. Merece destacar todas as fundadoras: Coamo, Cocamar, Copacol, Frísia, Integrada, Castrolanda, Frimesa, Agrária, Cocari, Capal, Bom Jesus, Copagril, Coagru, Camisc, Cooperante, Coopertradição, Primato, Coprossel, Unicampo, Lar e C.Vale. Quando a união de fato faz a força.

Se por um lado ir para o futuro gera ganhos tangíveis, não ir é trágico. As novas tecnologias de IoT em propriedades familiares elevam consideravelmente a produtividade, com automatização de processos e a mecanização de rotinas agrícolas como grandes responsáveis por esses ganhos.

As propriedades mais modernas alcançam o dobro de desempenho comparado àquelas com baixa adoção tecnológica (em um cenário de renda positiva, ou seja, quando a renda é maior que os custos). Em realidades de renda negativa, por sua vez, essa diferença chega a atingir 400% de ganhos por hectare.

Em comparação a outras realidades mudo afora, a produção brasileira ainda se mostra muito custosa. Estamos, por exemplo, em quarto lugar no ranking mundial de maiores consumidores de defensivos agrícolas por hectare – utilizamos o dobro da quantidade dos canadenses. Além disso, por exemplo no mercado lácteo, temos uma eficiência 2,5 vezes menor que a norte-americana e 6 vezes menor que a de Israel, país cercado por desertos e condições adversas.

Justamente para combater essa discrepância, e aproveitar melhor as características positivas do território brasileiro, as novas tecnologias de IoT mostram-se tão fundamentais. Quando bem orquestradas junto à iniciativa público-privada, elas viabilizam a remodelação de aspectos

---

pacitação e promoção social das cooperativas paranaenses. Disponível em: https://www.paranacooperativo.coop.br/ppc/.

estruturais de nosso ambiente rural, corrigindo desvios históricos que ainda comprometem a eficiência produtiva.

> Para uma visão mais aprofundada sobre a geração de valor de IoT, recomendamos a leitura de estudos recentes como este da McKinsey Global Institute:
>
> https://www.mckinsey.com/business-functions/mckinsey-digital/our-insights/iot-value-set-to-accelerate-through-2030-where-and-how-to-capture-it

Digitalizando o agronegócio

Estudos prévios ao Plano Nacional de IoT mapearam os principais entraves ao agronegócio brasileiro. Entre eles, destacam-se:

- logística e armazenamento ineficientes;
- baixa profissionalização do trabalhador rural;
- infraestrutura deficitária de conectividade.

A baixa qualificação profissional na área rural é outro importante problema a ser superado. Dados do Instituto de Pesquisa Econômica Aplicada (IPEA) apontam que a maioria dos trabalhadores do campo tem apenas quatro anos de formação escolar. Diante desse panorama, a entrada de novas tecnologias torna-se mais desafiadora em razão da carência de profissionais especializados para dominá-las. E esse é o desafio de entidades como Serviço Nacional de Aprendizagem Rural (Senar), Faculdades de Tecnologia (Fatecs) e outras entidades.

A eficiência e a transparência que as tecnologias trazem certamente vão diminuir as margens financeiras de certos intermediários, como distribuidores e comerciantes. De fato, as margens comerciais de commodities agrícolas vêm encolhendo: caiu de 15% em 1998 para 9% em 2018. Retornos mais baixos tornam ainda mais relevante a capacidade de ser competitivo em termos de custos – que hoje é mais facilmente alcançada com a adoção de tecnologia. Todos precisam fazer mais eficiência para conseguir gerar valor com eficácia. Tal eficácia se dimensiona no impacto econômico, social e ambiental. A tecnologia oferece oportunidade para agir nas três dimensões: oferece soluções para melhor a produtividade e gestão; oferece soluções para capacitar e treinar as pessoas; oferece soluções para mitigar o impacto ambiental.

O desafio da conectividade precisa ser enfrentado com empenho, considerando-o como um assunto de democratização e inclusão social, e tendo em vista a diversidade de características de cada região brasileira. Para cada uma, uma abordagem e investimentos com modelos de negócios inteligentes.

A ação no Centro-Oeste, portanto, precisa ser diferente da ação nos campos gerais do Sul. A área média dos estabelecimentos do Centro-Oeste (322 hectares) é quase cinco vezes maior que a média nacional (69 hectares). Além disso, 12,8% da área de estabelecimentos abrigaram mais de 70% das pessoas ocupadas, sobretudo nos estabelecimentos com menos de 50 hectares. Em contrapartida, nos estabelecimentos acima de 2.500 hectares, essa taxa não chega a 5%.

Para quem tiver curiosidade, vale a pena ver esse estudo do IBGE com maiores detalhes. Veja no QR Code:

Atlas do espaço rural brasileiro. 2a. ed.

https://www.ibge.gov.br/apps/atlasrural/#/home.

O investimento em conectividade e cultura da inovação é um desafio de todo o complexo agroindustrial (e do terciário também). Não é tema do dentro da porteira e não pode simplesmente ser enfrentado como venda de tecnologia. Por ser estratégico, requer visão sistêmica.

Isso significa que esse investimento interessa a todos os stakeholders: empresas de telecomunicações, governos, produtores, traders, distribuidores e supermercados, criadores de ciência e de insumos, consumidores finais etc.

Para ampliar a cobertura para cerca de 90% do território, é necessário instalar algo como 16 mil antenas de transmissão, segundo Luís Claudio Rodrigues de França, diretor do Departamento de Apoio à Inovação para a Agropecuária do Ministério da Agricultura, Pecuária e Abastecimento (Mapa). O investimento estimado supera R$ 8 bilhões[6].

A conexão em tempo real dos dados coletados pelas tecnologias digitais otimiza a produção em todas as suas etapas, oferece rastreabilidade e permite conhecimento por parte de todos os envolvidos e interessados (inclusive o consumidor final). Os equipamentos conectados, com apoio de IA e aprendizado de máquina, em cinco anos vão analisar os dados da cadeia produtiva e tomar as decisões. Caberá ao agricultor acompanhar, monitorar e endossar os processos em curso. E caberá ao consumidor final premiar as marcas apoiadoras desse processo, tendo em vista a sempre maior presença de aplicativos de rastreabilidade sobre a originação, outros que evidenciam o modelo de negócio por trás de cada produto comprado, e as próprias organizações sempre mais interessadas em comunicar o impacto social e ambiental de seus produtos em suas embalagens e mídias sociais. Visto sob o olhar da eficiência e do retorno econômico, o impacto da tecnologia é definitivamente positivo. Quando a tecnologia é levada à questão ambiental, oferece benefícios pela transparência e eficiência energética, e se torna condição essencial para que o país possa prosperar com compliance a nível internacional nas próprias exportações nos próximos cinco anos. E quando tratada pela perspectiva do impacto social, pode incluir e engajar mais e melhor as pessoas, retendo e atraindo mais talentos no campo para atuar e aproximando mais o mundo urbano para apoiar e endossar as boas práticas.

---

6 Disponível em: https://digitalagro.com.br/2020/09/30/o-campo-digitalizado-desafios-da-agricultura-4-0/.

O uso otimizado de insumos, como água, sementes, fertilizantes e defensivos, está associado aos sensores de campo e equipamentos digitais. O antes da porteira é responsável tanto quanto o consumidor final nesse processo que envolve a agricultura 4.0.

Alguns trabalhos não existirão mais, e outros surgirão. A régua sobe, o progresso avança, resistir à ciência e tecnologia é um atraso inútil, o medo do futuro não é uma opção.

O uso dos recursos de TI pelo produtor rural brasileiro é ainda predominantemente off-line – ou seja, apenas quando os equipamentos voltam para a sede da fazenda, no fim do dia, os dados operacionais ficam disponíveis. Muitas vezes eles são coletados máquina a máquina, gravados em um pen drive e depois processados. Os dados recolhidos serão úteis, mas apenas para programar tarefas dos dias seguintes.

Quando máquinas e sensores estão conectados em tempo real, é possível realizar a coleta de dados a cada minuto, conferindo ao gestor a capacidade de interferir imediatamente. Ele pode, por exemplo, corrigir a rota de uma semeadora que está se desviando do traçado planejado, encaminhar um pulverizador para aplicar defensivos sobre um foco de larvas detectado por um drone antes que a praga se alastre pelo campo, ou, ainda, remanejar as tarefas programadas para suas colheitadeiras para se adaptar a um repentino alerta prevendo chuva sobre certos talhões e não em outros.

Outro obstáculo a ser superado na jornada de transformação digital do agronegócio é a falta de interoperabilidade entre softwares dos equipamentos e dispositivos eletrônicos usados pelos produtores. Os fabricantes criam sistemas operacionais sem se preocupar com a troca de informações com sistemas de outras empresas. Essa lógica não faz sentido em um mundo que caminha para a comunicação on-line e a IoT.

Além das operadoras que oferecem o 4G, existem soluções alternativas em estudo. Satélites, por exemplo. O setor tem conseguido reduzir os custos dos serviços. Um dos desafios é o backhaul[7] e integração com

---

7 Disponível em: https://www.eletronet.com/blog/entenda-o-que-e-backbone-e-backhaul/.

outras tecnologias, como a conectividade de rede móvel e Wi-Fi. E em termos de inovação há os small satélites, constelações menores focadas em atender demandas específicas como IoT, além da virtualização de elementos de rede com mais processamento nas pontas com cloud e edge computing[8] que conecta bem com os satélites. Esses temas técnicos são bem explicados na internet, recomendamos ao leitor de fazer uma busca para saber mais.

Um dos focos das empresas de satélites são áreas onde não há conectividade e não é sustentável chegar com a infraestrutura de rede 4G. Portanto, onde pode ser mais bem percebido o custo-benefício. A solução para o problema do deserto digital é uma composição de diferentes tecnologias, onde uma complementa a outra, elas não competem.

Jogar no lixo informação "um dia será proibido"

Um dia, quando o blockchain se tornar uma realidade sistêmica, não será mais possível jogar informação no lixo. Blockchain é um livro de registros, compartilhado e imutável, que facilita o processo de gravação de transações e rastreamento de ativos em uma rede de negócios. Um ativo pode ser tangível (uma casa, um carro, dinheiro, terras) ou intangível (propriedade intelectual, patentes, direitos autorais e marcas). Praticamente qualquer item de valor pode ser rastreado e negociado em uma rede de blockchain, o que reduz os riscos e os custos para todos os envolvidos[9].

Mas até lá, ainda é muito alto o volume de informações gerados e perdidos no campo, entre o campo e as agroindústrias, entre estas e a grande distribuição, e delas até a casa dos consumidores. Não faltam dispositivos acessíveis para detectar informação, como sensores, drones, eletrônica embarcada, informações de satélites e muitos outros, mas pe-

---

8   Disponível em: https://tecnocomp.com.br/diferenca-entre-cloud-computing-e-edge-computing/#:~:text=O%20cloud%20computing%20%C3%A9%20totalmente,sem%20a%20necessidade%20desse%20acesso.
9   Disponível em: https://www.ibm.com/br-pt/topics/blockchain.

los dispositivos não estarem conectados em sistemas, a informação não se torna inteligência de mercado, e se perde.

Para suportar essa quantidade de informações, data lakes[10] estão sendo montados pelas empresas em data centers próprios ou em nuvens, Big Datas se encarregam de organizar as informações e entra em cena o uso de ferramentas como IA e machine learning. Esse é um cenário aparentemente futurista, mas em andamento, conforme acredita a Associação Brasileira de Agricultura de Precisão (AsBraAP). A agricultura digital não só impacta os tradicionais modelos de negócios existentes, mas também cria oportunidades dentro e fora do campo. As novas tecnologias têm usado Design Thinking para desenvolver soluções com padrão elevado de usabilidade e customização. Assim, o administrador agrícola e sua equipe têm conseguido usufruir, de modo mais simples e intuitivo, de todas as funcionalidades dos sistemas.

A inovação também tem favorecido a cadeia de suprimentos, tornando-a mais coesa e eficiente. Com dados disponibilizados em tempo real e novas tecnologias de conectividade, produtores, distribuidores e varejistas desenham suas atividades e processos de maneira cem por cento compatível com as oscilações de demanda, evitando desperdícios e custos desnecessários.

E isso tem acontecido de três maneiras principais:

1. Consumo e produção sintonizados: a transformação digital no campo garante processos mais inteligentes e articulados sob demanda. A tecnologia favorece a redução do uso de químicos na produção e a diminuição dos resíduos e seu aproveitamento de maneira inteligente, conectando-os a outros processos adjacentes. Além disso, os ciclos fechados (closed-loop), sobretudo na cadeia de suprimentos, sintonizam perfeitamente o consumo com a produção, evitando o desperdício ou a falta de alimentos, ambos prejudiciais para a administração financeira das fazendas.

---

10 O data lake é um repositório centralizado projetado para armazenar, processar e proteger grandes quantidades de dados estruturados, semiestruturados e não estruturados.

2. Serviços e produtos customizados: é plenamente possível que as soluções tecnológicas sejam desenvolvidas *on demand*. Isso significa que o agricultor construirá junto ao seu parceiro fornecedor a solução que se encaixe perfeitamente à realidade de sua área de produção. Mais do que isso, todos os serviços em torno da solução arquitetada (suporte de atendimento, manutenção, chamados, alertas, alarmes, por exemplo) podem ser configurados para atender com alta especificidade às mais diversas demandas do dia a dia das fazendas.
3. Troca de informações ao longo da cadeia produtiva: cadeias de suprimento interligadas e conectadas em tempo real propicia troca de informações e dados fundamentais para o sucesso de todos os players envolvidos nos sistemas agrícolas. De produtores ao consumidor final, todos se beneficiam com a transformação digital do campo, uma vez que cultivos mais inteligentes garantem produtos de melhor qualidade e mais baratos.

Embora a revolução digital esteja em clara expansão no campo, ainda são poucos os parceiros tecnológicos que oferecem ferramentas com aplicabilidade 360°, capazes de atender as necessidades do agricultor e pecuarista do início ao fim.

Com as discussões que levantamos até aqui procuramos evidenciar a importância de investimentos para conquistar uma agropecuária mais *produtiva, resiliente* e *sustentável*. Esses investimentos, por sua vez, começam quando se estabelecem ecossistemas inteligentes, como o que encontramos em Piracicaba, interior de São Paulo. Inspirado no Vale do Silício e Universidade Stanford, o AgTech Valle concentra hoje a academia, hubs de inovação e diversas startups. E são histórias belas que vale a pena contar.

O Vale do Silício é um apelido da região da baía de São Francisco onde estão situadas várias empresas de alta tecnologia. Seria somente mais um grande deserto, se não fosse pelo papel fundamental e transformador da educação e inteligência, no caso liderada pela Universidade

Stanford, que, com suas afiliadas e seus graduados, desempenhou papel importante no desenvolvimento dessa área. E nada disso veio ao acaso. Nasceu de princípios e valores que guiaram líderes como o engenheiro estadunidense (considerado o pai do Vale do Silício) Frederick Terman, seres que souberam interpretar um forte sentimento de solidariedade regional que existia e acompanhou a ascensão do Vale do Silício. Então podemos dizer que foi um projeto nascido e alicerçado no respeito e na reciprocidade. Desde a década de 1890, os líderes da Universidade Stanford viram a sua missão como um dedicado serviço para o Oeste norte-americano e desenharam a faculdade com esse objetivo. Ao mesmo tempo, eles planejaram tal desenvolvimento com um olhar para o impacto social, como tentativa de tornar autossuficiente a indústria indígena local. Assim, o regionalismo ajudou a alinhar os interesses de Stanford com os da área de empresas de alta tecnologia para os primeiros cinquenta anos de desenvolvimento do Vale do Silício.

Durante os anos 1940 e 1950, Frederick Terman, engenheiro e reitor da Universidade Stanford, incentivou professores e graduados a começar as próprias empresas ali. Criador de um ecossistema aberto à inovação, Terman incentivou Hewlett-Packard (a HP), Varian Associates e outras empresas de alta tecnologia, até que o Vale do Silício cresceu em torno do campus de Stanford. Não por acaso muitas vezes é chamado de "pai do Vale do Silício".

A força de Stanford vem da transformação a partir da forte diversidade cultural. Conversas em diversas línguas podem ser ouvidas e pessoas de origens variadas circulam por todos os lados. Não é para menos: a região é uma das que mais recebe imigrantes internacionais no mundo. Segundo o Silicon Valley Indicators, a média é de um recém-chegado a cada 24 minutos, sendo que 37% da população do Vale do Silício não nasceu nos Estados Unidos.

O Brasil, por sua vez, tem cada vez mais startups voltadas ao agronegócio, as "agtechs". Muitas se concentram em um só lugar, apelidado de "Vale do Silício Caipira", em uma comparação direta com a região de São Francisco. Segundo dados do Radar Agtech 2020/2021, produzido pela Empresa Brasileira de Pesquisa Agropecuária (Embrapa), o Brasil tem 1.574 agtechs. O número é 40% maior do que o mapeado na última edição da pesquisa, em 2019. O estudo aponta que São Paulo (com 345) e Piracicaba (com 60) são as primeiras colocadas no ranking entre as cidades com mais agtechs no país[11]. E não temos dúvida que esses números continuarão crescendo exponencialmente.

Mas como Piracicaba, cidade do interior paulista, localizada a 160 quilômetros da capital, transformou-se na "Vale do Silício Caipira"? O espírito empreendedor da região é uma das respostas. O patrono foi o agrônomo Luiz de Queiroz, que inaugurou uma fábrica têxtil na cidade em 1874. Em 1889, doou uma fazenda ao governo do estado, com a condição de que se construísse uma escola agrícola no local.

Em 1901, nascia a Escola Agrícola Prática de Piracicaba, hoje conhecida como Escola Superior de Agricultura Luiz de Queiroz (Esalq). Cento e vinte anos depois, quase duzentas empresas e instituições fazem parte do ecossistema de inovação da cidade, entre elas companhias Bayer, Raízen e Suzano.

Essa história é muito parecida com a do Vale do Silício. A Esalq nasce do sonho de um visionário generoso. Até 1934, a instituição fez parte da Secretaria de Agricultura do Estado de São Paulo. A partir de então, passou a integrar a Universidade de São Paulo (USP), como uma de suas unidades fundadoras. Desde sua criação, a Esalq evolui constantemente, ampliando sua atuação alicerçada nos pilares ensino, pesquisa e extensão. Em um ambiente voltado para a produção do conhecimento, professores, alunos e funcionários desempenham atividades em uma área de mais de 3.800 hectares, formada pelo campus Luiz de Queiroz e pelas estações experimentais de Anhembi, Anhumas, Itatinga e Fazenda Areão, o que corresponde a quase 50% da área total da USP. Considerada um centro de excelência, tem sete cursos de graduação. Já formou mais de 15 mil profissionais, sendo reconhecida nacional e internacionalmente por

---

11 Disponível em: https://www.embrapa.br/busca-de-publicacoes/-/publicacao/1143147/radar-agtech-brasil-20202021-mapeamento-das-startups-do-setor-agro-brasileiro.

sua contribuição nas áreas de ciências agrárias, ambientais, biológicas e sociais aplicadas. São inúmeros convênios e programas de intercâmbio e de dupla diplomação estabelecidos com instituições de igual reputação em vários países. A forte inclinação que a Esalq tem para o ensino diferenciado e a pesquisa de qualidade está contemplada em 130 laboratórios instalados em 12 departamentos, em uma estrutura que emprega 669 profissionais entre docentes e servidores técnico-administrativos.

O cenário de startups de agtech no Brasil e no mundo pode ser dividido em três macrossegmentos, dependendo de onde as startups operam na cadeia de suprimentos agrícolas.

> Veja o mapeamento realizado em 2018, e que está em constante evolução. O Mapa do Mercado Agtech Brasil apresenta 338 startups.
>
> https://agfundernews.com/brazil-agtech-market-map-338-startups-innovating-in-agricultural-powerhouse

Nesse contexto florido de conhecimento nascem iniciativas como o AgTech Garage, um dos principais hubs de inovação mundial do agronegócio. Em parceria com empresas líderes em seus segmentos e conectada ao network PwC, é protagonista de uma nova dinâmica da inovação no agro: aberta, em rede, colaborativa e ágil. As iniciativas do AgTech Garage promovem a conexão entre grandes empresas, startups, produtores, investidores, acadêmicos, entre outros stakeholders do ecossistema de inovação e empreendedorismo do agro, para desenvolver soluções tecnológicas que aumentem a sustentabilidade e competitividade do agronegócio brasileiro. Esse hub batizado Campus | Vale do Piracicaba fica dentro do perímetro do parque tecnológico da cidade, junto ao núcleo do parque com dezenas de empresas de tecnologia, o HQ da Raízen e seu hub de inovação PULSE, a Fatec e a EsalqTec.

Exemplo de virtude não falta. E uma vez que toda essa tecnologia chegar ao pequeno e médio produtor, reduziremos o fosso produtivo entre eles e o grande. Veja os benefícios a 360°:

- No uso da água na produção. No manejo, na quantidade que a Agência Nacional de Águas e Saneamento Básico (ANA) licencia para cada fazenda, e na movimentação do ponto de coleta até a área de uso são partes essenciais, e que a IoT pode ajudar de várias maneiras.
- No acionamento remoto do pivô de irrigação; a utilização das bombas de água nos melhores horários para economizar energia elétrica; na adição de nutrientes na irrigação, assim como a liberação de pesticidas para o maquinário são outras formas de controle e otimização da produção que podem ser obtidas a partir de soluções de conectividade no campo.
- No sensoriamento do solo, que também pode ser mais bem compreendido a partir da conectividade, ao entregar informações precisas sobre a qualidade do solo, o uso de nutrientes, o modelo de rotação de culturas, a localização dos tratores e colheitadeiras, o posicionamento da montagem do fardo e a precisão da qualidade em cada setor de plantio. Essas atividades, quando não são devidamente organizadas, consomem tempo e recursos do produtor rural.
- Na logística. Perdas ocorrem no transporte de grãos, em que o peso da origem não é o mesmo no destino da carga. Assim como nos atrasos decorrentes do trajeto da fazenda para o porto e nos custos indiretos desse importante componente do preço da mercadoria.

Tudo pode ser reaproveitado, ou seja, nada vira lixo.

4.3 A importância da economia circular – lixo vira luxo

A principal ideia da economia circular é realocar um recurso que seria descartado no mesmo ciclo que o produziu, proporcionando uma visão mais contínua e cíclica de produção ao processo.

O principal motivo pelo qual essa ideia é intrínseca a sustentabilidade é que ela se inspira no mecanismo dos próprios ecossistemas naturais. Eles geram os recursos a longo prazo em um processo contínuo de reaproveitamento e reciclagem. Assim, unem-se o modelo sustentável com a tecnologia e o comércio global. A base da economia circular para empresas é a reciclagem que desde a fazenda passando pela agroindústria até a mesa do consumidor transforma ou recupera resíduos ou produtos "inúteis" e descartáveis em novos materiais ou produtos de maior valor, uso ou qualidade. A ideia é eliminar o conceito de lixo.

Para uma organização sustentável (que age com a filosofia do cradle to cradle), a ideia central é que os recursos sejam geridos em uma lógica circular de criação e reutilização, em que cada passagem de ciclo se torna um novo "berço" (cradle) para determinado material.

Publicado em 2002 pelo arquiteto americano William McDonough e pelo engenheiro químico alemão Michael Braungart, *Cradle to Cradle* se tornou uma das obras mais influentes do pensamento ecológico mundial. O pensamento "do berço ao berço" surge como uma provocação, e critica a ideia de considerar a vida de um produto "do berço ao túmulo" – cradle to grave, uma expressão usada na análise de ciclo de vida para descrever o processo linear de extração, produção e descarte de materiais e produtos.

A coautora do nosso livro, Sonia Chapman, é porta voz de uma visão sistêmica sobre esse desafio da economia circular, para que não seja somente feito de boas intenções. A dificuldade é substituir o modelo linear herdado do século passado por sistemas cíclicos, onde os recursos são reutilizados indefinidamente e circulam em fluxos seguros e saudáveis para os seres humanos e para a natureza. Para tornar isso viável (e não somente desejável), os processos industriais precisam realizar upcycle, ou superciclagem. Para nós autores, convence e inspira o trabalho que a organização Ideia circular[12] realiza no âmbito da economia circular, a partir da perspectiva do design e inovação. Iniciativas virtuosas merecem destaque. No site deles o leitor poderá encontrar infográficos ilustrativos e maiores detalhes sobre o assunto, com um olhar mais técnico. No QR Code é possível realizar essa navegação.

https://ideiacircular.com/o-que-e-cradle-to-cradle/

O pensamento cradle to cradle é importante porque problematiza a questão da melhoria contínua através de um paradigma novo de economia circular, mas ressalta a necessidade de fazer isso com excelência. Então por exemplo distingue medidas eficientes (quantitativas) das efetivas (qualitativas). Eficiência com eficácia, senão é somente wishfull thinking. Os processos que visam eficiência em geral precisam se pautar na redução, minimização e compensação de danos ambientais, mas sobretudo devem mudar o próprio sistema linear existente. Nesta década devemos superar definitivamente as estratégias convencionais de sustentabilidade. Qualquer minimização, sem mudanças sistêmicas, será ineficaz no longo prazo.

Outro aspecto importante desse pensamento sistêmico é que ele propõe uma perspectiva proativa e não puramente defensiva ou responsiva.

---

12 Fundada em 2015 por Léa Gejer e Carla Tennenbaum, foi a primeira iniciativa de comunicação e educação no Brasil a discutir os conceitos de economia circular e design circular fundamentado na metodologia Cradle to Cradle. Disponível em: https://ideiacircular.com/o-que-e-cradle-to-cradle/.

Uma intenção lucida da organização, antes de mais nada, que gera ações efetivas para também otimizar os ganhos e gerar impacto econômico e social positivo. Agir com excelência é um ato de responsabilidade. Em um sistema industrial cradle to cradle, portanto, em vez de se pensar somente em gestão de danos ou redução de resíduos, elimina-se a própria ideia de lixo.

Como nos ensina Marco Zanini, o trabalho do design é simplificar sem tornar simplório, é eliminar o inútil. E fazer funcionar com beleza as coisas, sem perder a magia pelas coisas, mas que elas sejam funcionais. No Brasil, país de seis biomas naturais, que fez do agribusiness o seu maior ativo econômico, o lixo vira luxo, vira energia, vira oportunidade. E sabem bem disso as empresas que neste livro citaremos como bons exemplos de atuação no biogás (geradores MWM), e assim tantas outras.

A ideia do Design Thinking aplicado à economia circular é a de que precisamos agir de forma sistêmica, com criatividade para resolver os problemas (fazer o que precisa ser feito com excelência), e onde mais do que sustentabilidade, propor um design da prosperidade, diversidade e abundância. Design estratégico no agronegócio é a possibilidade de pensar, desde o início, produtos, serviços, processos e sistemas "desenhados" com inteligência e intencionalidade. Quem planeja e orquestra precisa ter uma visão "berço a berço", circular, onde nada se cria e nada se destrói, onde tudo se transforma.

Nessa linha de pensamento circular, o potencial das agroflorestas é enorme. Um sistema agroflorestal (SAF) é um sistema que reúne as culturas de importância agronômica de um bioma em consórcio com a plantas que integram a floresta. É um sistema de plantio de alimentos que é sustentável e ainda faz a recuperação vegetal e do solo.

Com as novas moedas entrando em jogo nesta década (carbono, água), sob a ótica do capitalismo consciente, será importante provocar novas reflexões sobre o que é valor econômico, social e ambiental no mercado, para um reequilíbrio no jeito de fazer e monetizar, dando maior lucratividade econômica a modelos novos e complementares de agropecuária como esse citado. Uma árvore cresce e beneficia seu entorno. Uma árvore produz, circulando nutrientes. Uma árvore tem emissões positivas. E uma arvore precisa de tempo!

É possível (e é preciso) usar a inteligência da natureza nos nossos processos agroindustriais. É preciso que a agroindústria seja restaurativa. E isso não significa um mundo de racionamento, eficiência e minimização. Trata-se de eficiência com eficácia, sem perder o valor das coisas boas. mas problematizando e solucionando o desperdício ou contaminação.

Esse conceito de Design Thinking que estamos propondo no livro propõe um futuro de abundância e isso passa pela meta do trilhão. Não é um futuro de escassez, mas se prosseguirmos por extrapolação do passado com pensamentos e práticas obsoletas, há o risco que o seja. Tem alternativa à inovação com ciência e economia circular? Desconhecemos.

Trata-se de uma mudança de paradigma, questão cultural. A metodologia do berço ao berço é também uma certificação que já foi adotada em milhares de produtos e por empresas como Herman Miller, Saint Gobain, C&A e Shaw, e inspirou edifícios como a Sustainabilty Base da NASA, a planta industrial da Ford River Rouge e a Casa Circular, além do desenvolvimento urbano de regiões da China, Holanda e Dinamarca[13].

O Brasil tem vocação natural para ser isso. Acreditamos no design circular e na ideia de uma economia circular do berço ao berço – cradle to cradle. Práticas simples e inteligentes, por exemplo, o aproveitamento do caroço de algodão e milho na dieta do confinamento de gado, que ocorre nas fazendas que praticam ILPF (integração lavoura, pecuária e floresta), da gestão de lixo aos materiais como nutrientes; até projetos mais complexos, como o da agricultura de baixo carbono ainda muito pouco praticado no Brasil. Nas práticas de ILPF, o esterco do confinamento de gado é outro exemplo de aproveitamento em parte na adubação. Tantas pequenas práticas e particularidades que uma vez religadas sistemicamente fazem a totalidade (a economia circular) ir além de uma pura somatória de ações lucrativas. O retorno sobre esses investimentos

---

13 Disponível em: https://www.ideiacircular.com/o-que-e-cradle-to-cradle/.

é muito maior do que somente o lucro de curto prazo. Nele podemos ver a ambição saudável de quem pensa no longo prazo.

É possível notar que a economia circular não depende apenas das empresas, mas também de todos os envolvidos no ciclo de vida de um produto. Assim, atitudes como a rotulagem ecológica de produtos, disseminação de informações sobre questões ambientais na mídia e cursos oferecidos pelas instituições de ensino são importantes para familiarizar a sociedade com a economia circular. Além disso, reiteramos: é necessário melhorar a eficiência no reaproveitamento de resíduos sólidos e na criação de produtos, aperfeiçoando a composição ou formato que possibilite que o material retorne para a cadeia produtiva.

Nas diferentes visitas a campo e design research realizados nos últimos anos, pudemos constatar que organizações virtuosas do dentro da porteira dedicam grande atenção agronômica ao trato do solo na recuperação das áreas degradadas. Não faltam áreas assim pelo vasto território brasileiro. Imaginem se pudéssemos recuperá-las? Uma visão de futuro seria realizar investimentos desse tipo em prol da produtividade nacional para o futuro e fomento da sustentabilidade, garantindo mais safras com segurança alimentar para os próximos anos. Isso é economia circular a nível nacional na prática.

Progressivamente a economia da organização torna-se sempre mais circular, fazendo do reciclado e do reutilizado uma cultura que faz da necessidade, uma virtude.

As fazendas do Brasil em sua maioria têm cadastro ambiental rural (CAR), os licenciamentos ambientais, outorgas de água etc. Grande parte delas mantém cem por cento de reserva natural por decisão cultural. Do ponto de vista agronômico, o dentro da porteira no Brasil pode ser gerenciado com muita sabedoria, respeito pelo patrimônio e atenção ao meio ambiente.

O design agronômico ambiental das fazendas brasileiras é resolvido em grande parte, por exemplo, no desenho dos talhões, nas soluções dos problemas encontrados no próprio "terreno de jogo" da fazenda, no campo e nas parcerias. Esse tipo de diálogo e integração também é economia circular.

O Brasil possui cerca de 80 milhões de hectares de pasto degradados que podem ser recuperados com a integração (ILPV) e outras práticas[14]. E a implementação destas tecnologias de recuperação de pastagens degradadas teria o potencial de gerar receitas mais do que suficientes para compensar esses custos. Não é necessário desmatar para produzir mais, somente recuperar os solos e fazer uma gestão mais eficiente.

> A integração lavoura-pecuária-floresta (ILPF) é uma estratégia de produção que vem crescendo no Brasil nos últimos anos. Trata-se da utilização de diferentes sistemas produtivos, agrícolas, pecuários e florestais dentro de uma mesma área. Pode ser feita em cultivo consorciado, em sucessão ou em rotação, de forma que haja benefício mútuo para todas as atividades. Essa forma de sistema integrado busca otimizar o uso da terra, elevando os patamares de produtividade em uma mesma área, usando melhor os insumos, diversificando a produção e gerando mais renda e emprego. Tudo isso, de maneira ambientalmente correta, com baixa emissão de gases causadores de efeito estufa ou mesmo com mitigação desses gases.

Fonte: EMBRAPA. *Integração lavoura-pecuária-floresta*. Disponível em: https://www.embrapa.br/tema-integracao-lavoura-pecuaria-floresta-ilpf#:~:text=A%20integra%C3%A7%C3%A3o%20lavoura%2Dpecu%C3%A1ria%2Dfloresta,dentro%20de%20uma%20mesma%20%C3%A1rea. Acesso em: 30 dez. 2022.

No geral, o desafio da economia circular é amplo, e impacta toda a cadeia, da origem à mesa do consumidor. O tema é importante, casos de estudo não faltam. Vale acompanhar também como fonte a Rede Empresarial Brasileira de Avaliação de Ciclo de Vida (Rede ACV), que publica constantemente estudos sobre o assunto.

---

14 Um estudo do Centro de Bioeconomia da Fundação Getúlio Vargas (FGV) evidencia que 18,94% da área total do País – 160 milhões de hectares – é composta por pastos, sendo que mais da metade (52%) apresenta algum nível de degradação, especialmente em biomas como Amazônia e no Cerrado. Fonte: https://portal.fgv.br/noticias/recuperacao-pastagens-degradadas-custaria-r-383-bilhoes-revela-observatorio-bioeconomia.

Acesse o QR Code para saber mais:
https://redeacv.org.br/pt-br/estudos-e-casos-empresariais/

A compensação ambiental versus a prevenção e a mitigação

A compensação ambiental é um instrumento legal para que as empresas retornem e minimizem os impactos causados no meio ambiente. Esses impactos decorrem de atividades utilizadoras de recursos ambientais, considerados efetiva ou potencialmente poluidores, bem como os que são capazes, em qualquer medida, de provocar degradação ambiental. Ou seja, é uma espécie de indenização por danos ambientais e sociais ocasionados por empresas, os quais são identificados no processo de licenciamento e somado às custas das respectivas empresas. A compensação, identificada no processo de licenciamento ambiental, pode ser de várias maneiras, por exemplo, reflorestamento e aplicação de multa (financeira). Ou seja, para determinada ação e região, é obrigatório a empresa recompensar o dano causado naquele ambiente.

A compensação ambiental funciona com o princípio poluidor-pagador, um tipo de indenização perante a natureza. Com isso, a empresa utiliza determinados recursos naturais e retorna recursos para o ambiente, como uma espécie de prevenção ao dano ambiental. De modo geral, a diretriz funciona como um incentivo para que as empresas pensem e realizem seus projetos de modo a evitar possíveis danos ambientais, tendo ciência de que, se os causarem, haverá posterior compensação.

A noção jurídica de compensação ambiental é um tema que merece maior profundidade, algo que não poderemos fazer aqui neste livro. Para isso recomendamos ao leitor o estudo disponível na internet "Compensação ambiental", *Enciclopédia Jurídica da* PUCSP, de Rita Maria Borges Franco.

https://enciclopediajuridica.pucsp.br/verbete/319/edi-cao-1/compensacao-ambiental

Esse estudo denso nos evidencia que o dever jurídico é garantir a manutenção do equilíbrio ecológico, onde uma empresa deve compensar com um peso ou valor equivalente, algo que danificou, tirou ou subtraiu.

Nessa linha de raciocínio, ou seja, uma vez que o dano não foi evitado, a compensação "traduziria a obrigação de reparação do dano ambiental, a ser imposta no caso de dano irreparável, oferecendo uma contribuição para afetar positivamente o ambiente, melhorando a situação de outros elementos corpóreos e incorpóreos que não os afetados".

Assim, diz o estudo, a noção ampla de compensação englobaria todas as "medidas de substituição de um bem lesado por outro de natureza equivalente, hipótese em que serviria como mecanismo de tutela de danos ambientais (compensação por dano ambiental irreversível), e medidas de controle de empreendimentos e atividades potencialmente causadores de impactos negativos, poluição e danos ambientais (tais como a compensação para supressão de Área de Preservação Permanente – APP, compensação de Reserva Legal, compensação de supressão de vegetação nativa para uso alternativo do solo, compensação para supressão de Mata Atlântica e compensação para implantação de empreendimentos causadores de significativo impacto ambiental resultantes de impacto, dentre outros)"[15].

Sobre o conceito mais amplo de mitigação em meio ambiente, consiste em intervenções que visam reduzir ou remediar os impactos nocivos da atividade humana nos meios físico, biótico e antrópico[16]. Tem o objetivo de evitar ou prevenir a ocorrência de efeitos indesejáveis ao meio ambiente.

Quando falamos de Design Thinking no conceito de berço a berço apresentado anteriormente, estamos nos referindo ao processo proativo de planejamento do projeto que tenha a prevenção como um dos pilares, em que os riscos de catástrofe devem ser considerados antecipadamente, buscando reduzir as suas consequências ou eliminar as próprias causas. A ponto de ter como resultado a inviabilidade do projeto caso não tenhamos tecnologia e modelos de gestão sofisticados o necessário para evitar perigos ambientais. Faz parte de um estudo de viabilidade de um projeto o impacto também ambiental, e onde o risco for grande, é preciso repensar a viabilidade do projeto. Ou, se realmente desejável e necessário, criar novas tecnologias que possam torná-lo viável.

E, para reforçar as medidas de proteção ambiental, as organizações com operações de monitoramento e identificação de zonas de riscos elaboram planos de ação necessários para antecipar e prevenir as situações causadoras de impactos negativos ao meio ambiente.

Neste livro estamos trazendo uma proposta de visão sistêmica do agronegócio, onde para se ter exto é preciso agir com atitude criativa pra resolver problemas, e ninguém vai para o futuro sozinho, sem alianças.

---

15 FRANCO, Rita Maria Borges. Compensação ambiental. *Enciclopédia Jurídica da PUCSP*, tomo Direitos Difusos e Coletivos, ed. 1, jul. 2020. Disponível em: https://enciclopediajuridica.pucsp.br/verbete/319/edicao-1/compensacao-ambiental. Acesso em: 30 dez. 2020.

16 Disponível em: <https://www.infraestruturameioambiente.sp.gov.br/educacaoambiental/prateleira-ambiental/mitigacao-de-impactos-ambientais/#:~:text=Mitiga%C3%A7%C3%A3o%20de%20Impactos%20Ambientais%3A%20A,meios%20f%C3%ADsico%2C%20bi%C3%B3tico%20e%20antr%C3%B3pico.

Isso vale para os desafios agronômicos, econômicos, tecnológicos, sociais e ambientais. Precisamos de Design Thinking e cultura dialógica para efetivamente termos sucesso nas práticas ambientais. Sempre mais organizações detentoras de saberes e conhecimentos específicos nascem para se aliarem ao desafio da economia circular. Vale destacar o Grupo PlantVerd, por exemplo, fundado em 2013, empresa 100% brasileira, com atuação em todos os estados do país, que concentra suas operações na execução de serviços ambientais para a recuperação de áreas degradadas. Este é o tipo de aliado necessário quando uma organização do agronegócio (pequenas ou grandes, como construtoras, usinas hidrelétricas, concessionárias de rodovias, ferrovias e portos) precisa desenvolver novos projetos em um dos seis biomas brasileiros. Ou quando precisa resolver problemas herdados do passado, por exemplo, recuperação de nascentes, plantio compensatório e restauração de áreas com espécies arbóreas nativas.

Recomendamos ao leitor uma pesquisa mais ampla sobre o tema, e no próprio site da citada Plantverd existem muitas informações uteis.

Veja no QR Code:

http://plantverd.com.br/noticias/37434/conheca-as-medidas-de-prevencao-mitigacao-e-remediacao-ambiental#:~:text=As%20medidas%20de%20remedia%C3%A7%C3%A3o%20se,a%20din%C3%A2mica%20dos%20habitats%20naturais.

Em geral, planos de ações ambientais incluem:

- "eliminação de depósitos, lixeiras, aterros de resíduos sólidos e esgotos a céu aberto;
- instalação de redes de esgoto e saneamento para a proteção das águas marinhas e territoriais;

- recolhimento de lixos, resíduos e embalagens de pesticidas, que causam efeitos devastadores em todos os ambientes naturais;
- monitoramento do uso do solo e da exploração dos recursos naturais;
- controle da poluição atmosférica, por meio do combate às fontes de poluição que afetam a ecologia natural;
- conservação e valorização dos recursos e do patrimônio natural e paisagístico;
- promoção do desenvolvimento sustentável às atividades geradoras de riqueza e que contribuam para a valorização dos recursos naturais."

Já os planos de mitigação buscam reverter danos parciais e reduzir situações de risco e de impactos ambientais, fazendo a intervenção em áreas vulneráveis e a implementação de programas operacionais que permitam, a curto prazo, mitigar situações críticas com base na definição de prioridades. Eles devem ser implantados com base em uma gestão adaptativa, fundamentada em mecanismos que levem em conta a dinâmica de determinadas zonas naturais.

Entre os principais planos de mitigação, estão:

- manter, em estado próximo do natural, a maior parte das zonas degradadas;
- condicionar as explorações agrícola e pecuária;
- impedir a ocupação com habitação nas áreas delimitadas de proteção;
- condicionar as instalações industriais;
- desviar vias e transferir construções em zonas de risco;
- limitar a construção de estradas marginais e a intensidade de tráfego;
- controlar a ocupação de terras e extrações.

As medidas de remediação fundamentam-se no acompanhamento da evolução dos fenômenos ambientais, na avaliação de riscos e na predição de impactos, com o objetivo de defender e equilibrar a dinâmica dos habitats naturais.

Entre os principais projetos de remediação, podemos evidenciar:

- planos para evitar a continuação da degradação, proteger e melhorar o estado dos ecossistemas terrestres e aquáticos;
- assegurar a redução da poluição das águas subterrâneas e evitar o seu agravamento;
- promover a utilização sustentável de água, baseada em uma proteção a longo prazo dos recursos hídricos disponíveis[17];
- assegurar o fornecimento em quantidade suficiente de água de origem superficial e subterrânea de boa qualidade, conforme necessário para uma utilização sustentável e equilibrada;
- promover a modernização de políticas públicas para melhorar a performance, que hoje são negativas em questões básicas de saneamento;
- destinar adequadamente efluentes domésticos e industriais, que podem gerar efeitos tóxicos nos ecossistemas aquáticos, originando problemas ecológicos graves;
- controlar as emissões atmosféricas, de modo a evitar o seu aquecimento;
- assegurar o cumprimento dos objetivos dos acordos internacionais pertinentes[18].

O Plano Setorial de Mitigação e de Adaptação às Mudanças Climáticas para a Consolidação de uma Economia de Baixa Emissão de Carbono na Agricultura, também denominado Plano ABC (Agricultura de Baixa Emissão de Carbono), é uma importante parte do compromisso de reduzir as emissões de gases de efeito estufa (GEE), assumido pelo Brasil na XV Conferência das Partes – COP15, que ocorreu em Copenhague, em 2009. Não faltam tecnologias sustentáveis de baixa emissão de car-

---

17 Disponível em: https://plantverd.com.br/noticias/37434/conheca-as-medidas-de-prevencao-mitigacao-e-remediacao-ambiental#:~:text=As%20medidas%20de%20remedia%C3%A7%C3%A3o%20se.
18 Ibidem.

bono, desenvolvidas para condições tropicais e subtropicais, principalmente para a agropecuária de que o Brasil dispõe.

O Brasil tem pela frente grandes desafios, sobre compromissos assumidos, desde reduzir em 80% a taxa de desmatamento na Amazônia, e em 40% no cerrado; adotar intensivamente na agricultura a recuperação de pastagens atualmente degradadas; promover ativamente a integração lavoura-pecuária (iLP); ampliar o uso do sistema plantio direto (SPD) e da fixação biológica de nitrogênio (FBN); ampliar a eficiência energética, o uso de bicombustíveis, a oferta de hidrelétricas e de fontes alternativas de biomassa, de energia eólica e de pequenas centrais hidrelétricas, assim como ampliar o uso na siderurgia de carvão de florestas plantadas.

Sustentável, inclusivo e acessível

Para alcançar uma economia circular, devemos olhar para o contexto, para a necessidade dos usuários e saber trabalhar o potencial de cada situação, otimizando recursos e resultados. É importante manter os processos sempre inclusivos, acessíveis e sustentáveis, tornando-os justos para cada parte da cadeia produtiva. É o que fazem as empresas virtuosas do agronegócio, um manejo de alta performance e qualidade, trabalhando todas as alavancas possíveis: uma sofisticada correção e nutrição do solo, rotação de diferentes culturas, tratamentos focados e muito precisos e cirúrgicos, muita atenção aos detalhes, e uma ótima integração com o meio ambiente natural e a mata nativa. Um trabalho preventivo contra doenças e insetos, uso de produtos biológicos para reduzir/eliminar o uso de fungicida etc.

O bom manejo resolve a grande parte das problemáticas de ervas daninhas e, portanto, a utilização de herbicidas decrescente, inclusive em termos de custos. O uso inteligente do esterco apresenta benefícios econômicos e agronômicos. Uma excelente gestão das águas que praticamente elimina a erosão, com muita atenção nos detalhes, por exemplo, na manutenção das estradas e canaletas para o desvio do excesso de água superficial. Não faltam certificações para garantir mais qualidade nos processos.

Um exemplo é a certificação FSC® (Forest Stewardship® Council – Conselho de Manejo Florestal).

O FSC é uma organização independente, não governamental, sem fins lucrativos, criada no início da década de 1990, com o intuito de contribuir para a promoção do manejo florestal. O FSC tem sede em Bonn, na Alemanha, e está presente em mais de setenta países. A missão do FSC Brasil é difundir e facilitar o bom manejo das florestas brasileiras, conforme princípios e critérios que conciliam salvaguardas ecológicas, benefícios sociais e viabilidade econômica.

Para as empresas certificadas, o selo FSC representa não somente melhores oportunidades de negócio, mas também de exercer em suas próprias florestas práticas de qualidade, sustentabilidade, produtividade e segurança, com respaldo e assistência de uma instituição internacional.

A natureza que gera valor – Amazônia, quanto vale?

Fica muito claro, indo a campo, que há infinitas oportunidades para o design no agronegócio do Brasil, como já foi dito, e por muitas razões incluindo a necessidade de preencher a enorme lacuna existente entre a tecnologia de ponta da agricultura de precisão avançada, especialmente na produção de commodities em grande escala e empresas familiares de pequena escala, carentes em tecnologia. Há espaço para redução de custos, mais em logística do que em produção, para a disseminação de melhores práticas, como a transferência de experiências positivas de certas cadeias de valor para outras áreas e opções para ativar a fantástica variedade de alimentos naturais inexplorados (centenas de frutas desconhecidas mesmo na maior parte do Brasil).

Os estudos realizados nos últimos anos demonstram que há espaço para novas metodologias, como o cooperativismo e o associativismo no design da prosperidade. Há oportunidade para uma grande política de branding do AgroConsciente baseada na sustentabilidade, e para associar valores sociais com uma imagem amigável do Brasil, parceiro do mundo.

Há oportunidade para:

- consolidar uma política de branding baseada na sustentabilidade;
- associar valores sociais com uma imagem amigável do Brasil, parceiro do mundo;
- explorar a conexão entre medicina, saúde, dietas e alimentos;
- desenvolver internacionalização maior das empresas, por exemplo, por meio da exportação de alimentos processados, com o intuito não apenas de impactar economicamente, mas, sobretudo, atingir a meta de aprender sobre outras culturas, sociedades e mercados modernos e globalizados.

O agronegócio contemporâneo baseia-se cada vez mais em conhecimento, ciência, informação, processos e gestão. O agronegócio tem desempenhado, cada vez mais, papel de linha de montagem disciplinada e controlada por algoritmos, aliados no enfrentamento de variáveis ainda não controláveis 100%: solo, planta e clima. No entanto, como um todo, o agronegócio brasileiro tem dois principais componentes relevantes: a dimensão social e a dimensão ambiental.

O Brasil tropical e suas amplas planícies, com uma das maiores biodiversidades e com a maior floresta natural sobrevivente do mundo, a Amazônia, que, bem ativada, tem um destino para uma agricultura sustentável, saudável, respeitadora do meio ambiente, totalmente viável, onde mais pode ser produzido utilizando menos espaço, menos água, com know-how, é sinônimo de bioeconomia. E, fazendo uma provocação, na era do metaverso – terminologia utilizada para indicar um tipo de mundo virtual que tenta replicar a realidade por meio de dispositivos digitais; um espaço coletivo e virtual compartilhado, constituído pela soma de realidade virtual, realidade aumentada e internet – poderá ser mais entretenimento do que agropecuária. Mais experiência de consumo do que local de produção de bens.

Mark Zuckerberg recentemente mudou o nome do Facebook para Meta, indicando que o metaverso será uma das principais direções futuras da internet. Estima-se que, em 2026, 25% das pessoas em todo o mundo passarão pelo menos uma hora por dia no metaverso para realizar atividades digitais: compras, interação social e entretenimento, por exemplo. O crescente entusiasmo pelo metaverso sugere que os consumidores aceitarão cada vez mais uma desmaterialização de seu eu estendido, levando-os a atribuir maior valor aos objetos virtuais. No entanto, essas posses serão necessariamente semelhantes às que existem no mundo físico? A desmaterialização de nosso eu estendido no metaverso afetará ou não a maneira como tomamos decisões? Claramente, será importante que as marcas com visão de futuro questionem o impacto do metaverso no comportamento do consumidor. E, para o Brasil, a oportunidade é extraordinária. A Amazônia como um local virtual de estudo sobre a natureza, povos indígenas, visão de mundo, cultura e sociedade, game e entretenimento, interação e convívio, em todas as línguas, para todos os povos. E, a partir disso, para quem quiser, ecoturismo, consumo sustentável, transformar nesse caso objetos virtuais do metaverso em coisas reais, compráveis, a partir do bioma da Amazônia, e, nessa abordagem, ampliar essa ação para todos os seis biomas brasileiros. Uma maneira diferente de contar a mesma história. Criando, assim, novas moedas.

Amazônia, na realidade como no metaverso, é um plano de futuro de longo prazo

O ponto é que, no metaverso, os consumidores provavelmente serão capazes de viver e compartilhar suas experiências de maneira mais ou menos parecida com suas experiências na vida real – embora com um espectro de banda sensorial muito reduzida, atendendo principalmente aos sentidos visuais e auditivos. Realidade aumentada e realidade virtual (AR e VR, respectivamente) e outras tecnologias de habilitação visual já permitem que os usuários naveguem e interajam com pessoas e objetos virtualmente e estimulem os sentidos em tempo real. Essas tecnologias foram usadas extensivamente durante o surto de covid-19, ajudando as pessoas a superar o isolamento e, atualmente, continuam a se desenvolver. Educação, entretenimento, lazer, trabalho, o céu é o limite. Além disso, as mais recentes tecnologias de habilitação multissensorial certamente serão integradas no metaverso para estimular diretamente os sentidos do consumidor/aluno/cidadão/profissional. Essas tecnologias irão, assim, proporcionar experiências sensoriais imersivas próximas às experiências cotidianas off-line dos consumidores. Não precisa ir até a Amazônia para vivê-la e gerar economia. Um desafio será como a estimulação sensorial poderá de fato afetar a maneira como tomamos decisões. Assim, no que se refere a marketing e comunicação, torna-se essencial entender como as pessoas fazem previsões com base em inputs sensoriais quando envolvidas na formação da consciência, implicando objetos e ambientes virtuais e físicos. Esse é um ambiente de pesquisa que o Brasil precisa dominar.

Amazônia ou Amazon: quem é mais importante para a humanidade? Claro que ambas são relevantes e oferecem possibilidades de bem-estar. Mas a Amazônia permite que exista vida, enquanto a Amazon atua para tornar a vida mais confortável.

Do ponto de vista econômico, porém, é brutal a distância e percepção sobre o que é valor. O valor econômico da Amazônia Legal é pequeno, quando observamos com visão de mercado e comparamos com uma Amazon. As ações das big techs estão em constante oscilação, esse é o mercado. Vamos considerar que entre valorização e desvalorização, a empresa permaneça na casa do US$ 1 trilhão – que é a meta desejada neste livro quando provocamos os leitores a pensarem o possível produto interno bruto (PIB) do agronegócio como AgroConsciente para esta década. O PIB da Amazônia Legal, em 2020, foi de R$ 764 bilhões[19].

---

19 Fonte: IBGE. * Brasil sem os estados da região da Amazônia Legal. Disponível em: https://amazonialegalemdados.info/dashboard/perfil.php?regiao=Amaz%C3%B4nia%20Legal&area=Economia__78&indicador=TX_IBGE_PIB_CONSTANTE_UF__78&primeiro *Sobre Quais são os desafios da Amazônia Legal?* Disponível em: https://amazonialegalemdados.

Seria possível dobrar esse PIB somente gerenciando melhor e com criatividade os ativos da Amazônia. Temos excelências demais disponíveis no nosso país para não fazer. Temos empresas líderes de mercado a nível mundial, extremamente competitivas. Então sabemos fazer bem aquilo que – quando queremos – nos determinamos em fazer bem. Pois bem, não podemos ter o maior parque temático ambiental bem gerenciado do mundo?

Ou melhor, vários parques, pois a Amazônia Legal é dividida em duas partes: a Amazônia Ocidental, composta pelos estados do Amazonas, Acre, Rondônia e Roraima, e a Amazônia Oriental, composta, por exclusão, pelos estados do Pará, Maranhão, Amapá, Tocantins e Mato Grosso. Um milhão e meio de pessoas estavam sem trabalho e procurando emprego em 2019. A desconexão e descompasso com o presente-futuro é gritante.

Quais são os desafios da Amazônia Legal?

A partir da classificação de 35 indicadores selecionados em seis grupos de desafios definidos e da comparação com o valor atual e com a variação média do país, temos defasagem crítica, ou seja, pioramos ou estagnamos nas áreas de segurança, desenvolvimento social, economia e meio ambiente. Quando observamos a questão da Amazônia, do ponto de vista da gestão, a sustentabilidade ambiental e social deve ser a principal alavanca de identidade e de marketing para desenvolver o agronegócio brasileiro nessa região, em uma perspectiva de vivências e experiências de qualidade, com valor agregado, para o cidadão do mundo. Isso só será possível com visão de governança e disciplina de gestão. Em termos sociais, o mundo está experimentando uma nova realidade, em que as distâncias são reduzidas, por exemplo, pela internet, e agora acelerada pelo metaverso. O planeta já é uma aldeia global.

---

info/desafios/desafios.php?regiao=Amaz%C3%B4nia%20Legal&area=todas. Acesso em: 09 out. 2023.

No Brasil, o deserto digital será reduzido nos próximos cinco anos, com o aumento de conectividade no campo e nas áreas geográficas mais distantes, como a Amazônia. Um ambiente amigável, acolhedor, com serviços, um ecossistema de entretenimento para poder vivenciar o planeta de modo diferente. Assim como as pessoas do mundo inteiro vão visitar o Louvre e a Torre Eiffel, a antiga cidade de Pompeia, o Coliseu e a Basílica de São Pedro, levam as crianças para brincar na Disneylândia, poderão a certo ponto conhecer a mãe natureza no metaverso, conversar não somente com o Google e Meta mas também com o espírito da floresta, viajar no tempo da história deste planeta por meio das tecnologias e virtualmente antes, para depois ir presencialmente sentir, cheirar, saborear, se humanizar novamente. A relevância social e existencial da Amazônia vai além de qualquer entidade, organização, pois é o sacro testemunho cultural e histórico da natureza e povos originários. O passado é importante e deve ser preservado, o presente é o que temos para decidir sobre o futuro, e o futuro é uma cocriação a partir do que desejamos para a nossa civilização.

A Embrapa em seus estudos tem conhecimento de mais de cem diferentes microbiomas dentro da Amazônia Legal. Imaginem que riqueza! Conhecimento, metodologia, tecnologia não faltam no Brasil para o desenvolvimento econômico e social (a partir do ativo ambiental). O agronegócio é o desafio, o AgroConsciente é o caminho, e o Design Thinking certamente pode direcionar essa transformação. Inovação guiada pelo design para um novo food system são métodos, mapas e estratégias que estamos trazendo ao leitor.

Não faltam boas ideias, assim como não faltam braços para o desmatamento da Amazônia. Falta atenção para a sua proteção, porque estamos todos muitas vezes distraídos. E estamos longe, para quem escreve de São Paulo, pois o Brasil é grande. Amazônia: um paraíso que pode ser perdido ou reencontrado. Merece destaque a iniciativa do Consórcio da Amazônia Legal, liderado pelo Secretário Executivo Marcello Brito, agroambientalista, que já foi Presidente da ABAG, e também membro da organização da Coalizão Brasil Clima, Florestas e Agricultura (uma concertação pela Amazônia). Essas iniciativas são a prova de que é possível agir com legalidade para desenvolver projetos sustentáveis de impacto econômico e social a partir da plataforma ambiental. Organizações que usam da dialógica e Design Thinking para agregar tantas diferentes perspectivas, orquestrações para uma convergência da preservação do bioma, com um olhar econômico e social.

Veja no QR Code: https://consorcioamazonialegal.portal.ap.gov.br/institucional/finalidade

Mas, com pragmatismo, nos alerta sempre Brito, pois, para se criar a bioeconomia da Amazônia, falta cuidar do básico. Enquanto se discute a Amazônia 4.0, que engloba o mercado de carbono e as bioindústrias, a floresta carece de infraestrutura mínima como alicerce, escreve Marcello Brito neste artigo que merece leitura:

Veja no QR Code:

https://www.capitalreset.com/para-se-criar-a-bioeconomia-da-amazonia-falta-cuidar-do-basico/

Um bom exemplo de prática virtuosa é a chocolataria De Mendes, da Amazônia, eleita recentemente startup do ano no Fórum Mundial de Bioeconomia. A sua força está na atuação com comunidades tradicionais e ribeirinhas da região amazônica, promovendo o impacto para a bioeconomia circular e para redução de efeitos das mudanças climáticas. A De Mendes comunica toda a riqueza cultural, de conhecimento ancestral e de história com suas barras de chocolate. Ela carrega um anseio e um sentimento de urgência para contribuir com a qualidade de vida das pessoas, a preservação da cultura e a identidade dos povos que vivem na Amazônia, assim como para manter a floresta em pé, crucial para o equilíbrio climático do nosso planeta. A De Mendes foi criada em 2014 e aposta na produção do chocolate "de terroir" amazônico. Situada na comunidade Colônia Chicano, em Santa Bárbara, na região metropolitana de Belém (PA), a companhia trabalha junto a comunidades tradicionais – como indígenas e quilombolas –, além de ribeirinhos e agricultores familiares. Eles atuam como parceiros e fornecedores do cacau usado como matéria-prima dos chocolates. A palavra de ordem é transparência. O cliente pode acompanhar todos os processos da cadeia produtiva utilizando tecnologia blockchain. A empresa tem como investidor a CBKK S.A., companhia que realiza investimentos com foco em impactos positivos e em aspectos socioeconômicos e ambientais.

O êxito deste tipo de projeto é a prova de que os pequenos negócios nos biomas como o amazônico, quando recebem apoio de fato, podem ultrapassar as barreiras regionais e acessar o mercado mundial. Brito é, inclusive, um líder importante do agronegócio brasileiro, guerreiro defensor da biodiversidade.

"A Amazônia é maior do que o Brasil. O que falta aqui é cumprir a lei"

– MARCELLO BRITO

Até aqui apresentamos cenários globais e nacionais, modelos para gerenciar a transformação. Questões atreladas à atitude do líder, do gestor, assim como dinâmicas para integrar melhor as cadeias do agro, inovando nos modelos, agindo com inovação em plataformas. Tudo isso apresentado para uma nova e diferente maneira AgroConsciente de gerar valor, pela orquestração de um Chief Agribuiness Officer.

Muitos conceitos e pensamentos que trouxemos até aqui fazem parte de princípios guia, atitudes. Para executar e colocar em prática no mercado tais razões e propósitos, precisamos de um novo food system com modernas práticas de go to market, naquilo que hoje comumente chamamos de B2B2C. Iniciativas com visão guiada pelo Design Thinking e que tem o consumo consciente como um dos focos. Que empatiza com o cliente e com o consumidor final, os quais influenciarão sempre mais o Food System. Então, vamos em frente olhar o modelo. Porque aqui, "no entanto, nós não olhamos para trás por muito tempo. Nós continuamos seguindo em frente, abrindo novas portas e fazendo coisas novas porque somos curiosos… e a curiosidade continua nos conduzindo por novos caminhos. Siga em frente" – Walt Disney.

CAPÍTULO 5

Food system

> "O consumidor de hoje é diferente dos consumidores de ontem e de amanhã. Em um mundo em rápida evolução, equilibrar as necessidades de hoje com as exigências do amanhã é algo fundamental para qualquer marca interessada em continuar existindo no futuro."
>
> CARLA BUZASI, PRESIDENTE E CEO DA WGSN.

Se o agronegócio está se transformando em AgroConsciente, ou food citizenship, como afirmou Ray Goldberg, então é importante definir planos de ação a serem implementados para capturar o coração e a mente dos cidadãos e consumidores conscientes do presente-futuro. Há uma confusão quando, no marketing, falamos de consumidores, clientes, cadeia B2B e B2C. Hoje tal linearidade é colocada em discussão, pois independentemente de onde a organização se encontra na cadeia do negócio, ela precisa gerar valor para o consumidor final, e se preocupar com o significado que move as pessoas, nas escolhas que norteiam os seres humanos, sejam eles "consumidores de alimento", sejam eles clientes "compradores de insumos". Seres humanos sempre são movidos por paixões, compram de pessoas que confiam, se encontram em lugares especiais para os ritos de compra-venda, assim como de consumo e comunhão, e gostam de contar e ouvir histórias.

O espírito do nosso tempo influencia a maneira como fazemos negócios. O impacto social e ambiental faz parte do modelo para geração de valor como vimos no canvas de negócios com três camadas. Lucro econômico não é o único valor. Valor é fruto de diferentes frentes de ação. E, neste mundo, se olharmos com mais simplicidade, as coisas nascem a partir das ideias de pessoas que cocriam e contribuem com as outras.

Essa troca tem um valor de uso e um valor de percepção. Consumir faz parte do processo por meio do qual moldamos a nossa identidade e é também por meio do consumo que somos capazes de reconhecer nós mesmos. As pessoas se preocupam com o que são. Mas muitas vezes não gostam do que são. O escritor italiano prêmio Nobel Luigi Pirandello dizia que "estamos todos à procura de um autor". E a ele respondemos que, enquanto consumimos, vestimos uma identidade. Motivo pelo qual as narrativas, o storytelling do food system, são importantes[1]. O Brasil entender isso e assumir isso como uma pauta comunicacional prioritária do país fará toda a diferença no êxito e nos relacionamentos com os tantos clientes do food system.

Além das visões tradicionais sobre como fazer negócios, e independentemente das estratégias mais modernas, se mantém o seguinte: as pessoas são movidas por paixões[2], pessoas acreditam em pessoas, elas se reúnem em torno de produtos e serviços para celebrar trocas de valor, fazem isso em lugares e pontos de encontro reais ou virtuais que lhe agradam, e se engajam com produtos cultuados que geram algum tipo

---

1 E as histórias se multiplicam hoje no transmídia, e continuam se alimentando. O conceito de transmídia é a utilização de vários tipos de mídias, usadas de forma estratégica principalmente pelos gestores das marcas, onde é criado uma variedade de conteúdos que se completam e nutrem um mesmo universo (lembre, o ecossistema é o novo "valor"), trazendo para o indivíduo consumidor a sensação de um mar de possibilidades a serem exploradas de uma determinada marca ou produto. Em outras palavras, uma estratégia transmídia consiste em contar histórias usando diferentes meios, mas buscando explorar elementos de cada mídia. Não é uma replicação, é uma integração onde o meio coparticipa da história.

2 Embora se trate de uma obra do humano (os animais não têm paixões), a paixão tem uma base biológica (uma vez que se enxerta sobre as tendências e necessidades), a qual não se pode reduzir à mecânica fisiológica, pois tem uma base psicológica (que só a Psicanálise pode analisar suficientemente, com exploração do Inconsciente), e tem até uma base social nas questões da comunhão. Sobre os efeitos da paixão, ela afeta praticamente o homem todo, o seu organismo e o seu psiquismo. Reage sobre o corpo e seus órgãos, onde provoca determinadas modificações bem características. Mas afeta sobretudo o psiquismo, transformando o apaixonado numa espécie de "engajado", conectado a uma força encantadora que se desencadeia sobre ele.

de encantamento, ou seja, marcas que têm algo a dizer e acrescentar que as torne melhor. Isso tudo religado pela confiança e reputação. Ponto de atenção, essas dinâmicas valem para todo e qualquer tipo de produto e serviço, também para as commodities[3].

O que compramos nos "objetos de felicidade" é muito mais fruto do nosso desejo e anseios, ou preconceitos (e tratamos disso na primeira parte do livro). Então veja como é complexo. O que nos faz gostar de uma coisa é o que está por trás do nosso preconceito. Paul Bloom, professor de psicologia da Universidade de Yale, cita diversos estudos que comprovam, por exemplo, que o que você pensa a respeito de uma comida afeta o quanto você irá apreciá-la. As reações cerebrais durante uma degustação de vinhos foram acompanhadas por meio de ressonância magnética. Os voluntários beberam o mesmo vinho, porém extraído de garrafas diferentes: uma com etiqueta de dez dólares, outra de noventa dólares. As pessoas declararam gostar mais do vinho da garrafa mais cara. O mais impressionante é que, nesses casos, a ressonância mostrou uma fusão entre o paladar e aroma percebidos e a expectativa de sabor gerada pelo preço no rótulo. O processo acontecia no córtex orbi frontal medial. No fim, quem acreditou que por trás da garrafa de noventa dólares estaria uma vinícola minuciosa de fato sentiu mais prazer.

A paixão que move as pessoas, no nosso entendimento, é essencialmente um meio, não é boa ou má em si mesma, mas será uma coisa ou outra segundo o uso que dela fizermos. É força, impulso, útil ou funesto, conforme a direção que lhe imprimimos. Por isso falamos de histórias autênticas, conteúdo relevante e de qualidade, de confiabilidade, credibilidade e autenticidade. Algo que as pessoas possam confiar, e que os algoritmos possam compreender como pertinente e aumentar visibilidade. Ou seja, falamos de paixões e narrativas poderosas, conteúdos pertinentes e assertivos, para aumentar o engajamento. De pessoas para pessoas. Sem esquecer da inteligência artificial também para amplificar nossa mensagem.

---

3 TEJON, J. L.; PANZARINI, R. e MEGIDO, V. **Luxo for ALL: como atender aos sonhos e desejos da nova sociedade.** São Paulo: Editora Gente, 2011.

Essas dinâmicas impactam as pessoas atuantes no agronegócio além dos cargos e papéis sociais. É um preconceito achar que não existe emoção nas trocas de valor no B2B do agro. Basta ir para a Agrishow em Ribeirão Preto para acabar com essa crença limitante. O food system que estamos analisando neste livro é totalmente permeado dessas dinâmicas humanas, e não poderia ser diferente. Isso vale para o criador de sementes, para o produtor de proteína vegetal, para o criador de proteína animal, para o transformador de proteína, para o criador de saúde e felicidade a partir da proteína, vale para o consumidor final que é mais feliz e saudável graças também à proteína.

"Como as palavras são mágicas", dizia Freud, elas abrem e fecham caminhos, então é preciso surpreender, enfeitar, embelezar, maravilhar. E mudar o uso das palavras de tanto em tanto. Pois o consumidor muda, o consumo muda, os mercados mudam, as regras de engajamento mudam... então os instrumentos de trabalho mudam e as palavras também. Por isso não mais agronegócio e sim AgroConsciência.

O que norteará as pessoas nos próximos anos é a necessidade comum de realinhamento consigo mesmas, com suas vidas e com o planeta. E o que continuará norteando a vida delas é a necessidade de paz, harmonia, beleza e autorrealização.

"Seguramente não podemos viver sem pão, mas também é impossível existir sem beleza", escreveu o escritor russo Dostoiévski. Beleza é mais que estética; carrega uma dimensão ética e espiritual. Para quem gosta de arte, vejam os quadros belíssimos pintados pelo italiano Caravaggio, os alimentos ganham vida, são os inspiradores protagonistas.

Confira o QR Code:

https://www.wikiart.org/pt/caravaggio/cesto-de-frutas-1596

Quando tudo está conectado com o todo, na era da complexidade, para o bem ou para o mal, tudo é importante e faz a diferença. Nas organizações, é como o propósito se articula em estratégias estéticas e éticas, e onde através de práticas excelentes podem oferecer experiências de consumo encantadoras e memoráveis.

> Sobre a estética, vale esclarecer o conceito que queremos propor: Beleza, essência, territórios, capacidade artesanal, tradição: o alimento deve ser o resultado de um processo histórico e cultural, mais até do que o econômico. O aspecto estético do food design é uma direção na qual muitas das mercadorias de alimentos acessível estão focadas e em que se propõem a satisfazer a busca do belo. O fator estético determina uma mudança na cadeia de ideação-produção-distribuição-consumo-descarte e nas fases de pesquisa e desenvolvimento (P&D) das empresas, em que estética não é mais religada à imagem e aparência, coisa de designers gráficos, publicitários e outros especialistas. Estética se integra no design de estratégias, vem no antes, no princípio, atua pela essência da coisa certa a ser feita. E se conjuga necessariamente com ética.
>
> Sobre a ética, falar não é coisa fácil, ainda mais desafiador é associar isso concretamente ao mundo dos negócios, do capitalismo consciente, do consumo consciente. Mas, é central para que a organização se revele com força, e para que passe a assumir um papel de vetor de transformação social. Também, no que diz respeito ao indivíduo em busca de autorrealização, ética passa a ser um tema desafiador, pois é um assunto que vai além da moral.
>
> Tratar de estética e ética nos remete à Excelência: palavra que deriva do latim excellentia,ae, e significa superioridade, derivada de excellere, com sentido de erguer, de ficar em um lugar mais elevado, de ser superior. Ou seja, é um aspecto norteador do como fazemos as coisas, algo atrelado à atitude das pessoas que se envolvem nas coisas, inerente às causas. O "como fazemos" define o resultado das nossas ações. E, se fazemos com excelência, estamos sempre em melhoria contínua. A questão da excelência é cultural, do indivíduo e do grupo. É, sobretudo, uma atitude, uma postura consciente na maneira como abordamos as coisas da vida.

O valor de um bem cada vez mais transcende o bem em si e se alarga de uma dimensão local para uma interpretação mais global. Ele é composto de vivências em circunstâncias específicas, lugares especiais, interações e, por consequência, assume um significado muito pessoal e bastante subjetivo.

É um mundo onde aos aspectos materiais de qualquer produto ou serviço se adicionam emoções e estímulos, lançando sinais que cada um pode interpretar à sua maneira. Por exemplo, o couro do calçado ou do estofado do automóvel, um trator ou pulverizador com embutida alta tecnologia, uma semente fruto de muita ciência, o alimento que traz consigo a história de um povo, um cartão de crédito ou PIX que permitem transações no presente-futuro, todas essas coisas foram criadas por humanos para solucionar uma necessidade, problema ou desejo, enfim existem para gerar bem-estar. Nelas portanto podemos encontrar afetividade também.

E a experiência neste elo de troca entre pessoas se dá pelas paixões e pelo poder do engajamento, num go to market de produtos/serviços/plataformas atrativas, cultuadas, as quais são diferenciadas pelo poder da narrativa, e fazem materializar essas palavras do mundo mágico do intangível nos pontos de encontro e no poder da vivência dos cinco sentidos. Pessoas são seres comunicacionais, e agem mais por emoção que razão. Pessoas buscam relações felizes. Pessoas se relacionam com quem confiam, daqui o poder da empatia e das recomendações entre aliados. No mundo dos negócios, se eu posso escolher com quem ir para o futuro, eu sou dono do meu destino. Se não posso tomar essa decisão, sou escravo do meu passado.

Da Agrishow de Ribeirão Preto passando pela Expodireto de Não me Toque, e indo pelo Brasil afora além do oceano no Salão da Agricultura de Paris, ou ao Salão do Móvel de Milão, dos Mercados locais dos territórios até o Eataly, dos serviços de mobilidade urbana que permitem transporte, lazer e entrega de comida com qualidade, navegando pelo metaverso ou pelas tantas *lives*, sem esquecer do impacto importante que o agro tem no sistema Fashion, Beauty e Furniture, estamos falando de plataformas comunicacionais altamente experienciais, afetivas, memoráveis. Os exemplos não faltam, e o comum denominador das marcas poderosas é que tudo aquilo que é material se volatiza em design de experiência. E, passamos a entender melhor a frase de Marshall McLuhan quando diz que o meio é a mensagem. Ou seja, os locais e ambientes de interação que geram experiências com a marca são importantes tanto quanto a mensagem que transporta o propósito da marca, pois são os fatores comunicacionais que determinam atenção-diálogo-memoria-satisfação.

No século XXI, as marcas precisam de beleza para realizar a própria missão. Branding é esse *movimento* perpétuo coerente e consistente com a essência da vida de uma organização, como ensina o mestre brasileiro do branding, Lincoln Seragini, e que muito nos inspira. Marca é essa magia, que no food system vai do antes da semente ao depois da mesa do consumidor. Sabem bem os geneticistas que uma semente é rica de cultura e ciência. E sabem bem os chefs de cozinha que a qualidade do alimento (a força da sua semente) faz a diferença na experiência de consumo.

Um grão de café não é só matéria-prima. É cultura, história, amizade, diversão, conversa, solução de problemas no famoso "cafezinho". É onde coisas extraordinárias acontecem. Que seja produção em alto volume, que seja em pequenas quantidades, pouco importa. Todos querem café de qualidade. Não precisa ser ruim, não justifica ser ruim. A tecnologia e ciência permitem não ser mais ruim.

E chegará um dia em que o Food System será dividido entre coisas óbvias, serviços eficientes, funções práticas, que serão deixadas aos algoritmos. E coisas belas, sensoriais, vitais, que serão do âmbito da inteligência emocional. O desafio da organização é tornar o mundo mais belo. Trabalhar para dar dignidade ao ser humano. O consumo consciente é um meio para essa realização. O mercado é onde agimos, comunicamos, relacionamos. O arquiteto e designer Michele De Lucchi, da luxuosa Poltrona Frau, diz que a senhora beleza está na indústria, o que nos permite divulgar projetos e nos dá liberdade de escolha. Design é comunicar o que a sociedade sente e o que as pessoas precisam.

Agregar valor, tornar o agro vetor de transformação futura, da segurança alimentar à felicidade, no respeito e na reciprocidade. Food system é, portanto, um conceito amplo de food (que vai além da comida) para todos, segundo os valores e as necessidades de cada um. Essa é a missão.

5.1 Um novo food system

Os novos instrumentos estão à disposição de empresas de grande, médio e pequeno porte e que podem ser aplicados em diferentes setores do AgroConsciente. A maneira como elas agirão poderá transformá-las em modernas intérpretes do food "atualizado" e em potencial vetor da propulsão da dinâmica econômica do futuro próximo, ou torná-las irrelevantes, intermediárias desconhecidas e até certo ponto desnecessárias.

Nesta década complexa, onde tudo muda novamente, dentre aceleração da transformação (mais que perpetuação da tradição), e com inovação de qualidade (mais que produção em volume), o propósito maior do AgroConsciente brasileiro é acabar com a fome e com a tristeza desencadeada pela desigualdade social, é dar ao mundo a possibilidade de se reconectar com a vida natural através de seus lindos biomas, é preservar a natureza para preservar o delicado ecossistema no qual vivemos, e fazer bom uso das novas moedas carbono e água. Para isso, fica claro, precisa promover sinergias com o mundo do terciário (turismo, eco turismo, economia criativa, finanças, escolas e universidades etc.), e convergir para uma pauta de preservação ecológica. Portanto, o papel do AgroConsciente brasileiro é ser um líder no enfrentamento das mudanças climáticas. Os novos instrumentos de trabalho apresentados até aqui e à disposição das empresas de todos os portes que querem ir ao futuro devem ser usados com excelência e melhoria contínua para oferecer alimento, nutrição, gastronomia, saúde, entretenimento, tudo isso com qualidade: estamos falando de capitalismo e consumo consciente.

O capitalismo consciente é uma filosofia de negócios desenvolvida por John Mackey, cofundador e CEO da Whole Foods Market, e de Raj Sisodia, especialista em gestão e professor da Babson College. Juntos, eles fundaram o Instituto Conscious Capitalism, em 2010. Três anos mais tarde, publicaram, em coautoria, o livro *Conscious Capitalism: Liberating the Heroic Spirit of Business* – publicado, posteriormente, no Brasil com o título *Capitalismo consciente: como liberar o espírito heroico dos negócios*[4]. O Instituto Conscious Capitalism define o capitalismo consciente como uma maneira de pensar sobre o capitalismo e os negócios que reflita sobre onde estamos na jornada humana, o estado de nosso mundo hoje e o potencial inato dos negócios para causar um impacto positivo no mundo.

Uma década após os pensamentos de Mackey e de Sisodia se sedimentarem nos ambientes corporativos, tornou-se um desafio paradigmático concreto a ser desvendado nesta década de 2020. Fazer de verdade. E é difícil; afinal, trata-se de um desafio humano, é cultural, pede mudanças com impacto, e organizações/sociedades são feitas de seres humanos nem sempre motivados à mudança. O humano é um ser social, comunicacional, tribal, seja quando assume papel de colaborador ou líder de uma organização, seja quando está prestando um serviço, consumindo, comentando, criticando, "fofocando". Precisa combinar, convencer, influenciar positivamente as pessoas à mudança, é mais um tema emocional que racional.

Empresas são obrigadas a estudar novas modalidades de diferenciação com sustentabilidade, enquanto uma geração de consumidores menos ou mais exigentes está à procura de maneiras de satisfação fisiológica ou psicológica cada vez mais amplas. Assim, a moderna cultura das empresas não deve focar somente em aspectos tangíveis do alimento, mas mover-se com decisão por meio dos intangíveis, conferindo uma valorização essencial ao produto. Isso é válido tanto nas empresas que atuam com commodities e que querem defender sua liderança agregando valor como naquelas orientadas a ampliar a própria presença no mercado criando novo valor.

---

4   MACKEY, John; SISODIA, Raj. **Capitalismo consciente: como liberar o espírito heroico dos negócios**. Rio de Janeiro: Alta Books, 2018.

Importante debater e problematizar, antes de agir. O que é o ato do consumo no século XXI? O que fica, o que muda, o consumo pode ser consciente, e, se sim, como seria isso? Falamos até aqui de como as organizações podem assumir papel de vetor social, de transformação e emancipação das pessoas por meio do elo com suas marcas, gerando valor econômico, social e ambiental, além dos lucros financeiros. A governança corporativa quer? Se sim, precisa agir pela força das boas ideias.

E a força das boas ideias se concentra em todas aquelas atividades nas quais os objetos conquistam valor agregado, não só pelos benefícios materiais que fornecem, mas também pelos significados, pelos serviços e pelas experiências a que dão acesso. Os recursos se concentram no imaterial, no divertido, no belo, naquilo que é socialmente responsável. Uma pequena, mas importante diferença no produto ou no processo pode revelar-se fundamental para a permanência relevante no mercado. E esse detalhe se revela da excelência da organização, de como ela é. Por exemplo, no detalhe da ciência embutida em uma semente ou de como elas são embaladas, da limpeza e da manutenção da máquina de uso cotidiano, do uso correto do defensivo químico, nisso tudo está o argumento principal, a essência da marca, o espírito que faz a empresa ser, existir, propor, convencer e realizar. É o significado, enfim é aquilo que estamos aqui chamando de propósito e cultura da organização, é o jeito como as pessoas vivem ou trabalham naquele contexto.

Um food system consciente é uma premissa para desenvolver um modelo de ação sistêmica, do tipo funcional, simbólico e experimental, com a adoção de um novo tipo de plataforma organizacional. Portanto, quando tudo está conectado com o todo, para o bem ou para o mal, tudo é importante e faz a diferença.

O consumo traz novas demandas e exigências de caráter ético e não somente estético. Cada dia mais em uma sociedade (desigual) é intolerável que produtos e serviços de qualidade sejam acessíveis a poucos, portanto devemos trabalhar para tornar mais democrático o consumo, e junto exercer um papel social para tornar o processo de produção e consumo consciente, dentro das regras da economia circular que tratamos no livro. E, quando se trata de serviços básicos, veja o saneamento, o alimento para resolver a fome, a educação e a saúde, é inaceitável o AgroConsciente conviver com isso.

As empresas que prosperam são as que estão mais orientadas à construção de uma rede de ligações éticas dentro do food system: promover, coordenar e otimizar as relações na cadeia inteira, gerando valor econômico, social e ambiental. Tais empresas trabalham para tornar sustentável o ecossistema, elas conseguem ver valor no todo. Traremos algumas delas para o livro, a título de exemplo de caso de sucesso de organizações que conseguem agregar valor e dialogar com a sociedade urbana.

Tais empresas construíram integração, proximidade e parcerias com clientes e fornecedores, ou seja, uma verdadeira comunidade, para obter feedback imediato e, assim, em movimento contínuo, responder às necessidades do mercado e desenvolver projetos mais complexos. Uma colaboração entre inteligências e conexões de neurônios que faz a qualidade da sinapse, com equipe engajada, em um tipo de codesign, em que, juntos, fazem previsões, experimentam soluções, verificam resultados, produzem novos conceitos e *vivenciam* aquilo que descrevemos quando falamos de Design Thinking. Essas empresas fazem isso independentemente do porte e dimensão econômica, ou do número de funcionários. Fazem isso porque está em sua essência fazer.

Contextos complexos e incertos demandam lideranças "context curators", que cuidem de pessoas com propósito (e não mais as tratem como recursos humanos funcionais) e criem convergências afetivas em "grupos criativos", propiciando essa cultura do ócio criativo que apresentamos no início do livro. E, também, em que o jeito de fazer seja tão importante quanto os resultados. O que realizamos é fruto de como fazemos, e como fazemos é decidido a partir do porquê fazemos. Porque fazemos, é uma escolha de vida, é a nossa razão de existir. E essa razão precisa estar em coerência com o espírito desta década, e tal razão se concretiza quando influencia positivamente o como e o que fazemos. Portanto, o resultado das nossas ações, ou seja, o que criamos e entregamos para o mercado como valor, precisa ser consistente com a essência (razão de existir) da organização. Assim sendo, precisamos trabalhar para que o valor da organização seja também percebido pelos seus stakeholders quando agregamos valor na cadeia. E fazemos isso (também) nas ações de go to mkt.

> Go to Market é a estratégia lançada com o objetivo de apresentar e posicionar um novo serviço ou produto no mercado. No procedimento cria-se um plano completo com todas as ações essenciais para comercializar uma solução específica para o mercado-alvo através dos canais mais eficazes. No início do livro tratamos da formula do marketing, e é necessário entende-la bem em seus principais componentes para que o go to mkt tenha êxito. Existem 5 componentes principais a serem controlados:
>
> 1. Definição de mercado: os mercados ou grupos de pessoas que você terá como espaço de diálogo e engajamento
> 2. Clientes-engajamento: seu público a ser engajado entre esses grupos e mercados.
> 3. Modelo de distribuição: Um plano de entrega do produto ou serviço ao cliente/consumidor final.
> 4. Posicionamento do produto no mercado: ver como seu produto está posicionado no mercado com seus diferenciais em relação às opções já disponíveis de seus concorrentes.
> 5. Precificação: Precificação do produto considerando diferentes grupos de clientes e mercados.
>
> Esses componentes devem se basear na posição de mercado e no público a ser engajado, para assim segmentar clientes e definir sua estratégia de acordo a oferece a melhor chance de crescimento. Sobre isso, recomendamos a leitura do Apêndice Análise Sistêmica do agronegócio, onde apresentamos detalhes. E, seja o Business Model Canvas, seja o Canvas da Proposta de valor que apresentaremos a seguir, são de grande valia para definir estratégias go to mkt geradoras de valor.

O food system desta nova década não anula o tradicional, mas o amplia e o enriquece com novas proposições do consumo consciente. Esse novo food system abre espaço, por exemplo, ao produtor de café que pode embutir no produto narrativas éticas e estéticas (cultura) que fazem a diferença para o consumidor final, e assim torna ainda mais nobre a proposta de valor, podendo fazer isso a partir do *genius loci* ("espírito do lugar") onde atua e cultiva. A expressão latina *genius loci* diz respeito ao conjunto de características socioculturais, arquitetônicas, de linguagem e de hábitos que caracterizam um lugar, um ambiente, uma cidade, um bioma. Indica o "caráter" do lugar, o propósito da organização nele inserido e traduzido em valores daquela marca de café, e não de outra. Refere-se à preocupação com o local e o entorno das suas futuras construções mentais e sociais. Esse ato cultural é a primeira escolha para promoção de bem-estar, de investimento para defesa dos valores relativos à beleza e harmonia, por meio, também, do consumo consciente. E é isso que aprendemos quando estudamos a Cooperativa de Cafeicultores e Agropecuaristas (Cocapec), cooperativa de café que faz da melhoria contínua o seu mantra e modelo de êxito. Falaremos dela mais adiante, quando tratarmos de design da prosperidade. Onde cooperativas como esta atuam, o índice de desenvolvimento humano (IDH) das cidades é maior[5].

Essas novas proposições do capitalismo e consumo consciente que o food system promove gera novos negócios, amplia mercados com novos segmentos, cria novos serviços e novas marcas. A nova abordagem "consciente" é fruto e estímulo de uma diferenciação das motivações de compra, guiadas por maior bem-estar, qualidade de vida e educação individual. Um contexto com maior IDH tende a ser mais emancipado,

---

5 O IDH é uma forma de mensurar o bem-estar social de uma localidade, aplicada pela Organização das Nações Unidas (ONU), e leva em consideração a expectativa de vida, o acesso à educação e a renda per capita. Na década passada, um estudo feito pela Organização das Cooperativas Brasileiras (OCB) comparou o índice dos municípios com e sem cooperativas em todo o território nacional. E comprovou: a média do IDH das cidades com cooperativas era de 0,701, enquanto aquelas sem cooperativas tiveram um resultado médio mais baixo, de 0,666.

com maior espaço para a busca pela autoestima e autorrealização através também do consumo. Em que, na linha de estudos do psicólogo Abraham Maslow[6], para alguns a percepção do acesso (ao consumo) coincide com a necessidade de realização do ser, e para outros, ainda em fase de busca por necessidade ou estima, com o ter. Para todos, é tornar o consumo um ato consciente. A Pirâmide de Maslow, também conhecida como Teoria das Necessidades Humanas, relaciona as necessidades humanas de acordo com suas prioridades. O objetivo da pirâmide é definir as condições necessárias para que um indivíduo atinja a autorrealização.

Alimento, nutrição, segurança alimentar, saúde, lazer, mas também acesso a tudo aquilo que o AgroConsciente tropical gera de negócios nas tantas e diferentes áreas de ação direta e indireta (fashion system, furniture system, automotive system, beauty system, energia etc.), isso tudo gera conhecimento, emancipação, cidadania. Do acesso à cidadania ao protagonismo do consumidor consciente, food system é a tal capacidade de adaptação e ampliação, sem preconceitos. Commodities e alimento com valor agregado para cada um, segundo a própria necessidade e momento de vida, garantindo acessibilidade a todos – entendendo-se todos, pelo sistema do alimento, como aqueles das terras, dos mares e oceanos; da agropecuária, da pesca e aquicultura. Assim como garantindo também os novos alimentos, que estão nascendo nos laboratórios e que cada vez mais farão parte das nossas refeições.

Oscar Farinetti, fundador do Eataly, um exemplo a ser lembrado quando o assunto é orquestração do food system e emancipação por meio do alimento, nos diz que na Itália, mas também no mundo, o conhecimento sobre os alimentos é muito baixo. Menos de 35% dos italianos sabem a diferença entre trigo mole e trigo duro, mas mais de 60% sabem o que é ABS do automóvel. Porque quem vende carro explica o que é ABS, enquanto quem vende alimento não explica coisa alguma.

A plataforma Eataly nasceu reunindo um grupo de pequenas empresas que operam em diferentes áreas do setor enogastronômico: a famosa

---

6 *Hierarquia de necessidades de Maslow*. Disponível em: https://pt.wikipedia.org/wiki/Hierarquia_de_necessidades_de_Maslow. Acesso em: 2 jan. 2023.

massa de trigo de Gragnano, a água dos Alpes do Piemonte, os vinhos Piemontês e Veneto, o azeite da Riviera do Ponente, na Ligúria e também a carne bovina piemontesa para salames e queijos típicos da tradição italiana. Com o tempo, a plataforma foi ampliando os produtos e se integrando com produtores locais nos países onde está presente. Esse interessante projeto de diálogo entre as culturas do alimento transforma um supermercado tradicional em um grande mercado multifuncional e pedagógico dedicado à enogastronomia.

O objetivo da Eataly é aumentar o percentual de consumidores que se alimentam com maior atenção à qualidade e com conhecimento, escolhendo produtos de primeira qualidade e dedicando particular atenção para o food system (da originação e matéria prima a toda a cadeia do negócio), chamando a atenção do consumidor para o valor dos produtos saudáveis e tradicionais. Cada Eataly é dedicado a um valor metafísico. Turim, a harmonia; Gênova; a coragem; Nova York, a dúvida (no letreiro da entrada lê-se: "o cliente *nem* sempre tem razão e nós também não"); Roma, a beleza. A Fico Eataly World em Bolonha nasceu da paixão pela herança da biodiversidade agroalimentar italiana. Em um só lugar, você pode aprender sobre cultura, tradições e artesanato, que tornam a comida italiana a mais renomada do mundo. Oferece experiências, por exemplo, passeios para descobrir cultivos, a flora e fauna territorial e os espaços com cursos, passeios e gastronomia. É uma experiência sistêmica correlacionada ao ato da interação com o alimento.

O consumo do alimento pode ser observado como um consumo de luxo acessível ou exclusivo/sob medida. Afinal, pode ser alimento para nutrição, nutrição com gastronomia, e tudo isso com saúde inclusa (saúde no conceito mais amplo de Heath system, já tratado no livro).

O consumo do alimento pode oferecer alegria e ser divertido também? Sim, e se olharmos bem, é o caso de sucesso de empresas como McDonald com seu McLanche Feliz. Vejam bem, por um lado, o ser humano é movido a 2 mil calorias diárias, e essa é uma perspectiva pobre sobre a existência de um ser humano. Essa é puramente a demanda necessária entre proteína e energia, ergo "carbono/enxofre" + carboidrato (carbono/

hidrogênio etc.), para que uma pessoa esteja apta a sobreviver. Após mais de 150 mil anos de história de enfrentamentos contra a escassez, criamos ciência, tecnologia, cultura, sociedade, e com isso, podemos e devemos assumir uma outra perspectiva no food system sobre a experiência do humano com o alimento. Além da nutrição, promover gratificação e encantamento, com saúde e sustentabilidade (é a estética com ética nos negócios que citamos anteriormente, tudo feito com excelência).

A questão é que segurança alimentar não é ração para humanos. A provocação é que podemos incluir beleza no processo de relacionamento com o alimento e, assim, gerar valor emocional. Durante a pandemia da coronavírus, empresas como iFood entregaram alimentos nos domicílios dos brasileiros, fazendo-nos sentir menos isolados do mundo. De imediato, consultaram infectologistas para entender melhor os efeitos da pandemia e adaptar seus negócios de acordo com as recomendações de órgãos de saúde. Criaram um plano estratégico para que a companhia seguisse ativa cumprindo todos os protocolos de segurança. Em seguida, começaram a repensar toda a operação e passaram a permitir entregas sem contato. Segundo eles declaram, o maior segredo para o sucesso e crescimento da companhia não é a tecnologia, o porte da empresa ou os recursos que ela tem – embora tudo isso seja muito importante para alcançar bons resultados e manter a qualidade dos serviços oferecidos. O fator de sucesso do iFood é a capacidade de compreensão de comportamentos e cenários em tempo real, o ajuste constante dos produtos e os investimentos alocados onde é prioridade. E, nós autores acrescentamos como fator de sucesso também o engajamento dos tantos/as guerreiros/as entregadores/as que enfrentaram com coragem esse desafio num período tão dramático para a humanidade.

O sucesso do iFood e tantos outros empreendimentos nascidos neste século está no modelo plataforma de fazer negócios que iremos apresentar mais adiante, e a chave dele está na gestão dos dados que são transformados em inteligência de mercado. A boa notícia é que todas essas estratégias de *go to mkt* são aplicáveis por qualquer empresa, independentemente do tamanho ou mercado de atuação.

5.2 Autorrealização através do consumo consciente

Podemos não concordar cem por cento com a Pirâmide de Maslow, mas certamente ela nos ajuda a compreender melhor os fenômenos do consumo consciente. Maslow, que criou a teoria na década de 1950, acreditava que os seres humanos viviam em busca de satisfazer certas necessidades. Para ele, a força motivadora das pessoas era a perspectiva de satisfação dessas necessidades. Na época em que foi responsável pela cátedra do departamento de psicologia da Universidade Brandeis, nos Estados Unidos, ele conheceu o neurologista e psiquiatra Kurt Goldstein, o criador da ideia de autorrealização, e Maslow ficou fascinado com o percurso do desenvolvimento humano. Para Goldstein e Maslow, a autorrealização não livra o indivíduo de problemas ou dificuldades; pelo contrário, o crescimento pode trazer certa quantidade de dor e sofrimento. Goldstein observou que a autorrealização em vez de trazer tranquilidade aumenta a tensão, e procuramos atingir uma nova meta.

Goldstein considerava que o principal motivo da vida para as pessoas é a autorrealização e que todos os aspectos do funcionamento humano são basicamente expressões desse motivo que é realizar o *self*. Isso pode ser expresso de maneira simples, como se alimentar, ou de maneiras grandiosas, como as mais nobres produções criativas. Mas em última análise é o motivo que guia nosso comportamento. Cada pessoa tem potenciais internos que devem ser cumpridos no processo de crescimento. É o reconhecimento disso que permite o movimento potencial humano.

O que queremos argumentar é que o food system como meio para conquistar a dignidade, felicidade e paz, classificado como se queira, é um modelo para criação de "valor", em que dia após dia será possível dar vida a novas formas de excelência e qualidade com ética. Sinônimo de food system é dignidade.

Um bom exemplo é a Cacau Show, quando oferece acessibilidade a um chocolate de qualidade com encantamento para os menos favorecidos da sociedade. Empresas que querem se distinguir das demais, que pretendem ser cultuadas, desejadas, estimadas, necessitam investir fortemente nos 4Es (estética, ética, excelência e experiência), e agir com disciplina de gestão no go to mkt. Lembrar que pessoas são movidas por paixões, compram de quem confiam e acreditam no poder da recomendação, as pessoas gostam de comprar coisa belas, e precisam comprar coisas sustentáveis. Assim como, as empresas precisam sempre mais agir em plataformas.

Nichos, demanda e produção de alimento no Brasil não faltam, do A do abacate ao Z do zebu. O desafio é tornar isso sustentável. A propósito, para quem não sabe, o zebu ou gebo é uma subespécie asiática da espécie *bos taurus*, conhecida como gado-doméstico.

No topo da pirâmide de Maslow é onde as organizações campeãs (com suas marcas B2B e B2C) se enfrentam em desafios que se relacionam mais com o lado humano e consciente da compra e do consumo: autoestima e autorrealização. Até para o colaborador de uma organização isso se faz presente, pois todos aqueles que trabalham procuram também se expressar através do trabalho criativo. Até para reter talentos ou atrair novos precisamos agir com esse olhar humano da organização com propósito. A necessidade de autorrealização atrelada ao trabalho e ao consumo fala sobre viver todo o nosso potencial. Esse é o nível mais difícil de ser alcançado pelo ser humano neste planeta, pois, para atingi-lo, é preciso evoluir, estar bem e satisfazer antes a outras necessidades primarias, nos diz Maslow.

O grande desafio das organizações é se relacionar com pessoas vivas, reais, diferentes, com sonhos diferentes. Se no início do século XXI os mercados eram espaços de diálogo e conversações em potencial, em que as tecnologias começavam a permitir essas trocas efetivas, hoje isso é concreto.

Food system, assim, promove convívio e interação nas plataformas comunicacionais das marcas. O "direito" que todo ser humano (como indivíduo no coletivo) busca no século XXI é a satisfação e felicidade por intermédio do acesso à alimentação saudável, consciente e emocional. E isso vale também para a transformação de commodities – por exemplo, algodão e couro – em dignidade e valor no fashion, furniture, automotive, beauty system. Isso vale para o desenvolvimento do Health system.

Isso vale para o setor de bioenergia, que promove mobilidade acessível, promove economia circular.

O food system nessa abordagem é um ativo do Brasil, um amplo ecossistema de negócios o qual a partir de seis biomas promove a celebração da vida. E é possível, pois não faltam ciência nem métodos avançados de gestão para entregar isso com disciplina na quantidade/qualidade necessária. Reduzindo desperdícios e agregando diversão. Sobretudo, tornando consciente esse processo para as pessoas das organizações, e para seus consumidores. Reeducando pessoas ao ato do consumo em comunhão que não é consumismo. Parece um conceito distante da realidade, quando ainda observamos tanta fome e obesidade (por má alimentação) no mundo. Ou quando pensamos que teremos que alimentar cerca de dez bilhões de pessoas logo mais. Mas esses desafios não são incoerentes com o novo food system AgroConsciente.

Produção e consumo consciente, autoestima e autorrealização caminham juntos, dentro do espírito da nossa época. Para a quase totalidade desses seres humanos, o que observamos ser um fator comum é que o consumo precisa ser ressignificado e gerar um tipo de valor também social e ambiental, não somente pessoal. Que torne fluido todo o conceito de economia circular, capitalismo sustentável, consumo consciente, ou seja, existência digna e feliz. Desde a primeira idade do berço da criança, passando pela escola, educação, games, se trata de uma nova jornada humana AgroConsciente para conquistar essa sustentabilidade.

Maslow e Goldstein acreditam que seres humanos que buscam autorrealização provocam e sofrem um choque com a realidade porque aventuram-se em novas situações a fim de utilizar suas capacidades, o que não os livra imediatamente de problemas ou dificuldades. Mas os coloca no caminho de busca por aliados, tornando possível a mudança naquilo que, para as organizações, chamamos de Design Thinking para a criação de novos significados.

Um dos principais pontos de Maslow que queremos resgatar aqui é que nós estamos sempre desejando alguma coisa e raramente alcançamos – se não tivermos metas – um estado de satisfação. Ou seja, somos guiados pelo poder do incômodo.

Maslow sugeriu uma visão da motivação humana que distingue necessidades biológicas (sede, fome e sono, por exemplo) de necessidades psicológicas (autoestima, afeição e potencialismo, por exemplo). Segundo esse pensador, as pessoas detêm todos os recursos internos necessários ao crescimento e à cura. Na busca pelo conhecimento e nas análises e psicoterapias, por exemplo, o objetivo é remover os obstáculos para que o indivíduo consiga crescer e se curar. Seguindo o mesmo princípio de promover o autoconhecimento, as organizações, no papel AgroConsciente de plataformas dialógicas emancipatórias, podem agir a partir de suas marcas com propósito para se conectar e ajudar os indivíduos em suas buscas pessoais. A ética nunca foi tão importante. Quando falamos de ética e capitalismo consciente, estamos nos referindo a superar o consumismo para implantar um novo modelo sustentável. E para que isso ocorra, é necessária a coragem de derrubar preconceitos culturais, muros, pois onde eles existem é porque estão protegendo ou escondendo forças não sempre benéficas.

Atualmente, a Pirâmide de Maslow é vista como uma estrutura flexível. E não faltam críticas a ela. É possível, por exemplo, que certos aspectos, em alguns dos níveis, sejam pouco relevantes para a motivação de determinada pessoa. O que é certo é que todos estão ativamente buscando realizar suas necessidades em diferentes níveis. Maslow fala de necessidades, e não de pirâmide e de hierarquia. Precisamos ler a *Hierarquia de necessidades* com a fluidez que ele merece, e não com rigidez. Segundo uma leitura linear da Pirâmide de Maslow, as pessoas só passam a almejar o nível seguinte após o anterior ser preenchido, mas se fosse assim alguém com necessidades básicas não realizadas, por exemplo, com fome, não precisaria de amor. Não é bem assim. A simplificação da pirâmide traz um tema de prioridades, em que uma coisa não exclui a outra. Mas tenta, por sua vez, mostrar, de maneira mais peremptória e ampla, o que é o desafio humano, dependendo do momento social e cultural de cada um.

O que não justifica mais na década de 2020 é que o food system seja exclusivo. E é inadmissível que milhões de brasileiros passem fome. Em

2022, o Segundo Inquérito Nacional sobre Insegurança Alimentar no Contexto da Pandemia de Covid-19 no Brasil apontou que 33,1 milhões de pessoas não têm garantido o que comer – o que representa 14 milhões de novos brasileiros em situação de fome. Conforme o estudo, mais da metade (58,7%) da população brasileira convive com a insegurança alimentar em algum grau: leve, moderado ou grave[7].

E será com base na educação alimentar e no consumo consciente que conseguiremos reduzir a obesidade que assola o mundo moderno. Só no Brasil, 20,3%[8] são obesos e mais da metade está acima do peso. Reduzir assimetrias é o caminho da dialógica, por intenção e com fomento da educação sobre o alimento podemos transformar as milhares de lojas dos supermercados do Brasil em salas de aula de alimentação saudável.

Na cadeia do valor inovador, então, os agentes, sejam eles produtores, seus fornecedores ou as redes de distribuição e lojas, transferem entre si o "significado" que o alimento representa (e tudo aquilo que ele engloba). No final do ciclo, os diferentes consumidores vivenciam e comunicam para o mercado e para o produtor a sua satisfação, pagando pelo valor agregado ao produto ou falando aos outros sobre esse conteúdo. Fazem isso nas plataformas das marcas.

Assista ao vídeo do professor Victor Megido sobre inovação e food system:

https://youtu.be/XZcTACP5Af4

---

7 Agência Senado. Disponível em: https://www12.senado.leg.br/noticias/infomaterias/2022/10/retorno-do-brasil-ao-mapa-da-fome-da-onu-preocupa-senadores-e-estudiosos.

8 Disponível em: https://abeso.org.br/obesidade-e-sindrome-metabolica/mapa-da-obesidade/.

Tal agir dialógico da cadeia do valor em ecossistema dá para as organizações vantagem colaborativa para se engajar melhor na relação com o consumidor. E faz eficiência de recursos entre os parceiros do ecossistema AgroConsciente, quando todos se engajam juntos para resolver problemas reais sociais. Essa atitude agregadora das lideranças que cooperam é um dos fatores AgroConscientes de sucesso para as organizações transformadoras.

Não é a constatação das mudanças epocais que precisa ser realçada para as lideranças e os executivos no mercado. Todos, em sua grande maioria, têm acesso a informações (como as que constam neste livro). O grande desafio das empresas é romper com a crença de que tais mudanças não as afetam de imediato, de que o desafio sobre consumo consciente não é "problema meu nem da minha organização" de quem por exemplo atua no B2B e lida com commodities.

No Brasil, há cinquenta anos, praticamente não havia marcas de arroz. Os consumidores adquiriam o produto a granel, em mercearias e mercados. O arroz era sempre o mesmo. Um empresário do sul do país, da empresa Josapar, desconfiou de que as donas de casa queriam conveniência, diferenciação e que estariam dispostas a pagar mais pelos benefícios e vantagens de um arroz limpo, sem grãos quebrados ou gessados e que não precisasse ser escolhido (tirar os grãos imperfeitos). O empresário então fez uma pesquisa informal, com a qual observou que as consumidoras estavam dispostas a pagar até 20% a mais pela seleção e pela nova apresentação do arroz.

A Josapar lançou então o arroz com a marca Tio João. Ficou anos e anos trabalhando sozinha no mercado, com a sua marca de arroz. Os demais competidores achavam aquilo uma ilusão, uma grande bobagem. No começo, os supermercados não queriam aquele arroz, pois não desejavam pagar 20% a mais. A Josapar iniciou as vendas pela periferia da distribuição, vendendo via pequenos supermercados e varejistas menores. E fez isso ao longo de anos.

Com o passar do tempo, a marca foi crescendo, o consumidor experimentando e dando preferência a ela. Começou a haver uma demanda da marca também para os grandes mercados, e o arroz Tio João passou a dominar o negócio do arroz no Brasil. Somente após muitos anos, e já na virada do século XX, novas marcas surgiram e começaram a concorrer com o arroz Tio João.

O que é impactante e marcante para todos nós é pensar que esse tipo de atitude mercadológica da concorrência se deu por uma falta de vontade de ver a evidência da mudança. Não se deu devido à ausência de informação e de fatos claros sobre a mudança do consumo que surgia no negócio de alimentos do país.

Mesmo naquela época em que havia poucas marcas disponíveis, o mercado já desejava o "novo food", ou seja, estava disposto a pagar por um arroz "bonito", com sentimento de "selecionado", e acessível. Assim, o arroz de qualidade superior conquistou a liderança por décadas.

Um outro bom exemplo vem da Pepsico, vale a pena assistir à entrevista concedida por Ricardo Galvão, diretor de agronegócio.

https://www.youtube.com/watch?v=cprZ_BpTnCE

Sobre o food system e a excelência no modelo de entrega de valor, precisa fazer do jeito certo, com qualidade, certificação, mensuração, controle. E isso é uma corresponsabilidade de todos os envolvidos na cadeia de valor. Como diz Marcio Milan, vice-presidente da Associação Brasileira de Supermercados (Abras), quando se refere ao Programa de Rastreabilidade e Monitoramento de Alimentos (Rama)[9], não existe mais lixo, e o alimento

---

[9] O RAMA é um programa de rastreabilidade e monitoramento de frutas, legumes e verduras desenvolvido pela Associação Brasileira de Supermercados (ABRAS) sob a

esteticamente "fora do padrão" é consumível também, a tudo é preciso ser dado um fim justo, sustentável, esse o caminho da emancipação.

A Pirâmide de Maslow para o food system é uma abordagem que ajuda a mapear e endereçar objetivos empresariais sustentáveis. Assim como o mapa de empatia e da proposta de valor fazem para traduzir valor da empresa em valor de mercado, nos ajudando a entender melhor – do B2B ao B2C – quais necessidades estamos tentando satisfazer, quais medos tentamos reduzir, quais desejos realizar, quais dores mitigar, quais êxitos conquistar. O que é sucesso para as pessoas? O que as move em busca de autorrealização e como as marcas podem se conectar com isso? Mapas são importantes, mas pouco servem para os navegantes que não sabem se situar nele ou que não tem um porto para ir.

Vale rever aqui o mapa sugerido no início do livro, com rotas para os master and commanders do agronegócio desta década. E junto a este mapa, outro, o deflexor, realizado em cooperação com diferentes outros pesquisadores e especialistas. Mapas mentais, mapas situacionais, mapas que nos ajudam e ver o grande cenário onde atuamos, para onde podemos ir com ambidestria.

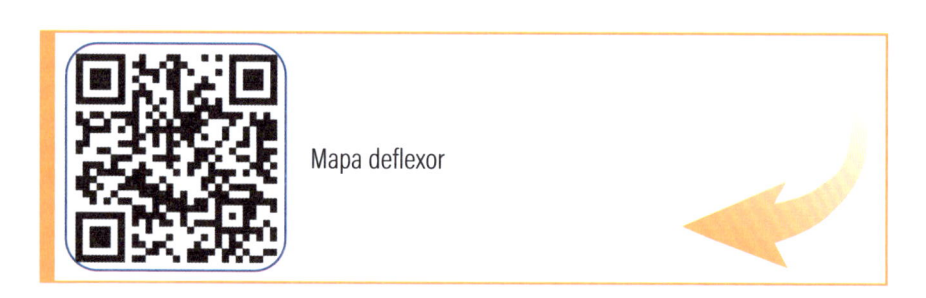

Mapa deflexor

---

operação técnica da PariPassu, com o objetivo de fomentar as boas práticas agrícolas, acompanhando as tendências mundiais do setor varejista na atenção à segurança dos alimentos oferecidos aos seus consumidores. O Programa foi criado em 2012 e está alinhado à estratégia pública e privada para o desenvolvimento sustentável da cadeia de abastecimento. Conta também com o apoio da Agência Nacional de Vigilância Sanitária (ANVISA) e do Ministério da Agricultura, Pecuária e Abastecimento (MAPA). Saiba mais em: https://www.paripassu.com.br/blog/programa-rama-como-funciona--e-quais-os-seus-beneficios#:~:text=O%20RAMA%20tem%20por%20objetivo,de%20apoiar%20a%20corre%C3%A7%C3%A3o%20do.

No mapa deflexor, por exemplo, é possível ver a nova função social das organizações conscientes perante as pessoas em busca de autoestima e autorrealização. A organização com visão sistêmica funde a sua identidade em uma ideia, em um conceito, que se torna distinto e através de suas práticas e "jeitos de fazer" determinados pela sua cultura de empresa, influencia a cadeia de valor onde atua.

Podemos considerar o food system da produção/consumo consciente como um fluir para a satisfação, uma revolução da qualidade com empatia. Plataformas comunicacionais oferecem uma escala de benefícios particularmente ampla para as pessoas com quem se engaja e relaciona: seja em nível técnico, pelas peculiaridades do processo produtivo, do design, dos materiais, demandados pela pessoa-colaborador-stakeholders; seja em nível funcional, pelas prestações de serviços de altíssimo nível demandado pela pessoa-cliente; seja em nível emotivo, pela sua capacidade de atender também às necessidades e os desejos mais profundos do ser humano-pessoa-cliente-colaborador.

É a teatralização da marca que envolve o indivíduo em seu espaço cultural. A marca então assume valores novos com o passar do tempo, transformando-se de mero instrumento de identificação em um depósito de universos simbólicos e de valores. Estamos falando de cadeia de valor, de plataformas ascensionais, de convergências afetivas, ou seja, de pontes para unir.

> Para saber mais sobre esse novo conceito de agronegócio, veja também no QR Code os 6 Ss que o Prof. Tejon apresenta, os quais alteram totalmente as percepções sobre o food system consciente.
>
> https://summitagro.estadao.com.br/colunistas/ter-um-agroconsciente-e-a-unica-forma-de-prosperidade-daqui-para-frente/

A política de marcas que agem de forma sistêmica gera valor. Isso significa criar meios para as empresas reduzirem custos, atraírem e reterem bons profissionais, integrarem a cadeia, fidelizarem o cliente. É o agir em plataforma que trataremos a seguir. Os pontos fundamentais para gerar valor são:

- gerar eficiência nos processos;
- gerar novos serviços;
- combinar rentabilidade e responsabilidade social/ambiental;
- vencer a concorrência pelos melhores talentos e retê-los;
- equilibrar metas de longo prazo a demandas de curto;
- alinhar estratégia com experiência do cliente/gestão de stakeholders;
- ser plataforma inteligente e digital;
- promover o aprendizado constante;
- fortalecer o engajamento e a performance das pessoas com a marca.

5.3 O modelo plataforma

Atuar em plataforma com pensamento de rede é agir com atitude sistêmica, é o jeito para gerar valor AgroConsciente no século XXI. Curtis Ogden, pesquisador do Instituto de Interação para a Mudança Social, fornece um resumo deste pensamento baseado em redes, denominado Network Thinking. Ele diz que um grande desafio das organizações para melhorarem a colaboração e o compartilhamento de conhecimento é fazer com que as pessoas se vejam como nós de várias redes, com diferentes tipos de relacionamento entre elas. O Network Thinking muda a visão atual baseada em relacionamentos hierárquicos. Com Network Thinking, líderes percebem mais facilmente quando estão "empurrando" soluções para sua comunidade, em vez de ouvir o que está acontecendo com elas, para poder fluir com elas. Pensar em termos de redes nos permite ver com novos olhos as oportunidades de ganhos que o mercado oferece.

Isso significa agir como dissemos no livro em ecossistemas abertos à inovação (e com Design Thinking). Isso pede conexão em redes sempre menos decentralizadas e sempre mais distribuídas para criar valor. Isso tudo pede *balance*, muita clareza sobre a essência do que é VALOR real e valor percebido nas experiências de troca, pede estratégia com estética e ética, pede excelência na execução, medição e controle. Fruto disso, uma experiência AgroConsciente. Por isso dizemos que agir em plataforma é ter a capacidade de orquestrar. É saber-se ver na cadeia de valor de forma sistêmica. Saber onde se está atuando, reconhecer os próprios desafios e gaps, mas também dos outros parceiros e aliados. Assim, poder eficazmente mediar entre expectativas e possibilidades potenciais de todos os stakeholders envolvidos. Ou seja, ter visão sistêmica significa ter o conhecimento da própria organização e do negócio como um todo até o cliente final, de modo a permitir a análise crítica e estratégica e as consequentes tomadas de decisão, de forma mais assertiva e integrada entre todas as áreas. Esse é o jeito para agir além das boas intenções.

Agir em plataforma pede liderança problem solving e real colaboração dentro do ecossistema em que a plataforma atua. Para a organização, o desafio humano é grande, pois é um tema individual e coletivo. Ambientes escassos de cooperação dificultam a atitude sistêmica de prosperar.

Atitude sistêmica é comportamento, e não cargo. Na plataforma, todas as pessoas envolvidas são importantes, pois ela é dinâmica e funcionará mais em rede distribuída, menos em redes decentralizadas. Sobre este tema, vale a pena ver o breve vídeo "O mundo está caminhando para redes mais distribuídas", do professor Augusto de Franco.

Veja mais no QR Code:

https://tvcultura.com.br/playlists/155_cafe-filosofico-citacoes_WhIs6dqCsDc.html
https://www.youtube.com/watch?v=WhIs6dqCsDc&t=4s

Um modelo de go to market em linha com os modelos de plataforma estimulam a busca de novas ideias para:

- Criar relação autêntica com stakeholders e consumidores.
- Desenvolver maior capacidade conectiva com comunidades.
- Utilizar os elos de conexão como pontos de geração de novo repertório e assim fomentar novos porta-vozes da marca, para ampliar sua popularidade.
- Fortalecer os laços desta constelação que se criam entre todos os envolvidos na cadeia de valor, em torno de identidades abrangentes, convergindo afetivamente, e pedindo muita orquestração.

De forma complementar, Sangeet Paul Choudary[10], autor do livro *Platform Revolution*, evoluiu seus estudos das redes (deixando de enxergar apenas o modelo de plataformas) e escreveu um manifesto com alguns pontos provocatórios.

Aqui no QR Code, uma fonte:
"Shift from Pipes to Platforms"

https://www.youtube.com/watch?v=57IYsA7H6tY

Em seus estudos, ele identificou como as empresas estavam migrando dos modelos de negócios lineares tradicionais, que chamou de pipeline, para novos modelos de negócio, que são plataformas. A grande mudança que aconteceu a partir de 2010 foi que os recursos com os quais costumávamos competir na economia industrial tradicional eram recursos do lado da oferta que a empresa controlava por propriedade

---

10 Sangeet Paul Choudary é o coautor de *Revolução da plataforma* e autor de *Escala de Plataforma*. Sangeet também é o fundador do Platform Mission Labs.

ou por alguma outra forma de propriedade contratual, mesmo que não estivesse dentro dos limites da empresa.

O que mudou é que, à medida que o mundo foi se tornando mais conectado, é secundário se você possui o recurso ou não. São os dados que estão se tornando um ativo muito importante porque os dados ajudam a organização a identificar, entender e alocar recursos e, em seguida, com efeito de rede, controlar as interações de mercado em torno desse recurso. No mundo tradicional, a organização tinha que controlar o recurso, para controlar as interações de mercado. Agora, a organização pode controlar as interações de mercado gerenciando dados. Por isso é essencial lidar com a transformação digital, tema que tratamos anteriormente no livro.

E agora nesta década é fundamental "ser" um Big Data, porque a vantagem competitiva não é mais limitada pelo que a organização tem internamente. Não é ter, e sim ser uma plataforma dinâmica. Pode ser qualquer recurso em torno do qual você pode coletar dados e onde você pode agregar e aprender com esses dados e gerenciar interações em torno desse recurso. Como iremos sinalizar a seguir quando trataremos do design da prosperidade no modelo cooperativista, o maior desafio é lidar com essas externalidades de rede.

Agir em plataforma é um desafio cultural antes, e depois tecnológico. Pede atitude dialógica continua (que tratamos quando falamos do Design Thinking), aponta para a necessidade de uma compreensão complexa da ação e da realidade. Ação, reação, feedbacks constantes. As ações são instadas a conjugar simultaneamente as dimensões econômicas, sociais e ambientais da cadeia de valor. O resultado "orgânico" e dinâmico desse processo é chamado de VALOR, e isso é maior que o lucro financeiro (ou as sobras como chamam as cooperativas).

Depende da cultura de inovação da organização. Depende de sua alta liderança. Depende das pessoas. Como dizia o escritor francês Jules Verne, um homem de grande criatividade e imaginação, cultor da tecnologia e ciência e sonhador de mundos possíveis em épocas ainda distantes, "tudo que um homem pode imaginar outros homens poderão realizar. Não há nada impossível; há só vontades mais ou menos enérgicas".

Agir sistêmico respeita processos, mas minimiza a burocracia, supera a microgestão, contorna obstáculos que não são relevantes para gerar VALOR, simplifica a complexidade sem superficialismos, não nega evidências, não constrói muros e sim pontes, é "smart", rápido. Como? Segundo o Professor especialista Gary Pisano, existem algumas regras de engajo para a cultura da inovação prosperar:

- Tolerância ao fracasso, mas não tolerância à incompetência.
- Disposição para experimentar, mas altamente disciplinada.
- Franqueza e segurança psicológica.
- Colaboração, mas com responsabilidade individual.
- Nivelamento, mas forte liderança.
- Liderar a jornada.

Recomendamos a leitura do artigo *A dura realidade das culturas inovadoras*, do Prof. Gary P. Pisano, da HBR, necessária para compreender tais temas de forma mais profunda.

Acesse:
https://hbr.org/2019/01/the-hard-truth-about-innovative-cultures

Por ser uma questão cultural antes, precisa de propósito e paixão para querer fazer negócios em plataforma, precisa investir em comunidades. Pois a relação entre pessoas é normalmente desenvolvida em comunidades. Uma rede, uma plataforma, um ecossistema, tudo isso são comunidades.

Comunidade é um conjunto de pessoas que se organizam sob o mesmo conjunto de normas, compartilham do mesmo legado cultural e histórico. Uma comunidade é um grupo territorial de indivíduos com relações recíprocas, que se servem de meios comuns para lograr fins comuns. Com a internet, esse conceito foi atualizado para culturas pós-modernas, onde o conceito de território é ressignificado, ou seja, o território pode ser tantos locais diferentes, reais e virtuais.

E assim fazendo e pertencendo a comunidades com propósitos AgroConscientes, vão nascendo marcas fortes, importantes nos contextos nacionais e internacionais, que passam a ser cultuadas, admiradas. Mas agem em conjunto, combinam-se e elevam à potência o valor individual da própria marca. A força do Brasil é a força de sua marca AgroConsciente. Agir em rede gera também esse benefício de reputação, de alianças que se regeneram numa proposta de valor sinérgica. O mundo é complexo demais, e competitivo demais, pra agir isoladamente.

O modelo de negócio das plataformas para geração de valor é muitas vezes validado no Canvas da proposta de valor, já citado no livro.

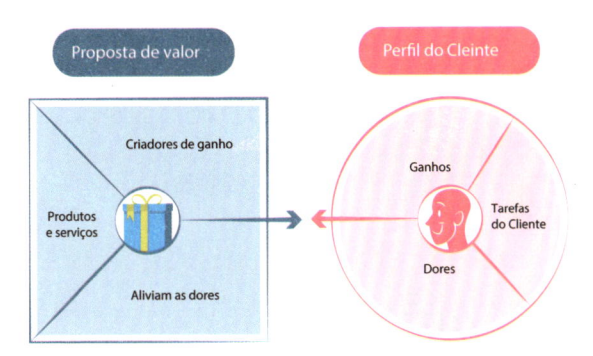

O efeito plataforma funciona onde há efetivo valor para com os diferentes stakeholders (e coloca em crise o modelo shareholder), ou seja, funciona onde há encaixe e "match" entre os dois blocos, tendo em vista que por cliente consideramos diferentes clientes. Empresas precisam compreender bem esse mapa se desejam participar do jogo. O objetivo do Canvas é ajudar a desenhar uma proposta de valor da plataforma que encaixe com as necessidades dos clientes através dos chamados jobs-to-be-done (trabalho a ser feito ou tarefas do cliente) que ajudem a organização a resolver tais problemas. Esse mapa foi criado para ser intencionalmente simples de usar. O Design Thinking existe para simplificar processos, sem ser simplório. Nesse mapa foram sintetizados conhecimentos de diferentes disciplinas, para trazer à tona um Big Picture. Vale a pena dedicar espaço para isso.

Por exemplo, o mapa da proposta de valor faz uso do "Jobs to be done", uma metodologia desenvolvida por Clayton Christensen, que foi professor da Harvard Business School. Ele sustenta que a decisão de compra do cliente é orientada pela necessidade de realizar uma tarefa, ou seja, existe um "trabalho a ser feito". E somente o compreendendo é possível desenvolver produtos, serviços ou sistemas que os clientes irão comprar. O trabalho a ser feito pelo cliente é a unidade fundamental de análise do Canvas, e não o cliente. Célebre é o caso de sucesso do milkshake do McDonald's.

Saiba mais no QR Code, onde o autor explica o caso.

https://www.youtube.com/watch?v=Stc0beAxavY

Por que isso é útil? Porque força a organização a agir com pragmatismo, a partir das tarefas do cliente. Revela todos os "vieses" e heurísticas da organização, argumentações construídas no arco do tempo e que a certo ponto vão nos arrastando para o futuro por extrapolação do passado com métodos que nem mais sabermos o porquê os usamos.

Cliente é um stakeholder com que nos envolvemos. O valor é quando ocorre um encaixe, quando se resolve um problema. Seria como a geração de uma sinapse entre dois neurônios em um cérebro. O cérebro é inteligente a partir da qualidade das sinapses[11] que gera, e não simplesmente pela quantidade de neurônios que tem.

O Canvas é uma metodologia dialógica, do Design Thinking, pois funciona a partir, por exemplo, também do mapa de empatia (oriundo da etnografia), ou outros como o "dos 5 porquês" (oriundo do método socrático da indagação), o mapa de persona (das áreas do teatro, passando pela semiótica). Para quem tiver curiosidade, recomendamos criar uma conta gratuita em uma das tantas plataformas de colaboração digital disponíveis na internet projetadas para facilitar o trabalho, a comunicação de equipes remotas e distribuídas e o gerenciamento de projetos com uso de metodologias Design Thinking. Por exemplo, o Miro, em português, onde estão disponíveis dezenas de mapas com detalhamento de cada metodologia.

Muitos desses mapas servem para nos ajudar a analisar melhor a situação, o problema, os clientes com quem buscamos gerar valor, o contexto, indo à causa raiz, desenhando o perfil daquele outro com quem buscamos relacionar. Este pode ser o "consumidor final", e existem os

---

11 Cada um dos 100 bilhões de neurônios cerebrais tem milhares de conexões com outros neurônios. Essas conexões, conhecidas como sinapses, permitem que as células possam rapidamente compartilhar informações, coordenar atividades, garantir o aprendizado e sustentar os circuitos que fazem parte da memória. Aprender significa a modificação do cérebro pela experiência. Isso não quer dizer que aprender aumenta as sinapses, e sim, que quando aprendemos ficam aquelas que deram certo e elimina-se as que não dão certo. Estudos recentes de cérebros adultos revelam que muitas conexões sinápticas ficam inativas com o tempo. Não há nada de errado com os neurônios, mas eles são desligados, como lâmpadas. Ao contrário do que se acreditava, não é apenas o maior número de neurônios que faz cérebros mais evoluídos. Se as sinapses são pensadas como os chips de um computador, então o poder do cérebro tem sua forma dada pela sofisticação de cada chip, assim como o número deles. Quanto mais sinapses, mais recursos de informações", resume o neurologista Saul Cypel, do Hospital Albert Einstein, em São Paulo. "Logo, mais inteligente ou criativo aquele cérebro tende a ser."

tantos outros clientes que chamamos de stakeholders. É preciso olhar três coisas:

Saiba mais em:
https://miro.com

- Entender o que os clientes estão tentando fazer. Os problemas que estão tentando resolver ou necessidades que estão tentando satisfazer.
- Precisa pensar e descrever as emoções negativas, custos e situações indesejadas, riscos e outras experiências ruins que o cliente pode vivenciar antes, durante ou após as tarefas listadas anteriormente.
- Por fim, descrever os benefícios que os clientes esperam, desejam ou seriam surpreendidos positivamente se existisse. Isso inclui utilidade funcional, ganhos sociais, emoções positivas e redução de custos.

Feitas tais imersões no mundo do outro, com a atenção para não enviesar o processo de indagação, é preciso refletir sobre a própria existência da organização, aquilo que é considerado a própria missão e proposta de valor. Lembrando que tal proposta se move por significados novos quando falamos do Design Thinking para o AgroConsciente. Usualmente, saber sobre a razão de existir é a primeira pergunta que os investidores fazem a uma empresa quando busca realizar um IPO. Não é banal. IPO é uma sigla utilizada para se referir ao termo em inglês: Initial Public Offering, que traduzido para o bom e velho português significa oferta pública inicial. Em resumo, essa sigla indica um processo no mercado financeiro em que uma empresa passa a ser de capital aberto com ações negociadas na Bolsa de Valores. Se a meta da empresa é captar recursos no mercado, por que as pessoas deveriam acreditar e querer investir nela?

Precisa olhar três diferentes aspectos, com muito pragmatismo e honestidade. O primeiro passo é listar todos os produtos e serviços em que a proposta de valor está baseada. Quais produtos e serviços oferece que podem ajudar clientes a realizar tarefas de ordem funcional, social e emocional ou que podem ajudá-los a satisfazer necessidades básicas? Produtos e serviços podem ser tangíveis ou intangíveis desde produtos e serviços presenciais, digitais/virtuais etc. E são "monetizáveis" de diferentes maneiras.

Depois, pensar em como os produtos e serviços criam valor. Primeiro, descrever como produtos e serviços aliviam as dores das pessoas-clientes. Como eles eliminam ou reduzem emoções negativas, custos e situações indesejadas, riscos que seus clientes vivenciam ou vivenciaram antes, durante ou depois de um job-to-be-done. E último e não menos importante, descrever como os produtos e serviços criam ganhos para os clientes no presente-futuro. Como eles criam benefícios que os clientes esperam, desejam ou seriam surpreendidos por incluir uma utilidade funcional, ganho social, emoções positivas ou redução de custos? A esfera do significado abre as janelas para as soluções, e estas precisam aterrizar no mercado presente-futuro.

A proposta de valor na abordagem do Design Thinking que guia a inovação em plataformas é eficaz por ajustar melhor os elos entre pessoas e marcas promotoras do capitalismo consciente num design da prosperidade, considerando o cenário do consumo consciente, tendo claro que nosso vetor de transformação para geração de valor econômico, social e ambiental está na sustentabilidade (que chamamos também de Food Citizenship e Heath System). E esse mapa é útil porque permite olhar para áreas onde podemos mitigar dores, e outras onde podemos criar novas oportunidades. Ou seja, agimos nos oceanos vermelhos e também azuis. Agimos para melhorar algo que já existe, e para criar algo que existe somente potencialmente.

Como a organização age para a geração de valor na cadeia do negócio onde atua? Como uma marca do novo Food System promove o consumo consciente? O maior perigo para a liderança é a miopia, é o viés cognitivo que projeta suas boas intenções nas estratégias e nos métodos de implementação dos negócios, sem considerar a luta pelas percepções.

Na nossa visão, um conceito de food system sustentável para o AgroConsciente que conjuga positivamente todos esses temas enunciados nos pontos anteriores está no design da prosperidade das cooperativas. E queremos dar ressalto a isso a seguir.

5.4 O design da prosperidade

A visão de um design da prosperidade vem de uma grande liderança cooperativista brasileira, o presidente da Organização das Cooperativas Brasileiras (OCB) Márcio Lopes de Freitas, também titular da Academia Nacional de Agricultura. Ele problematiza com grande senso de realidade a questão de qual modelo de negócio sustentável podemos adotar nesta década para tornar viável e rentável o agronegócio com impacto social e ambiental. Sobre essa visão de design do cooperativismo que ele propõe, recomendamos a leitura deste artigo:

https://www.sicoob.com.br/web/sicoobcentralscrs/noticias/-/asset_publisher/xAioIawpOI5S/content/id/26403833

O que Marcio Lopes nos traz é que prosperidade nesta década será fruto de intercooperação. Falar sobre plataformas, prosperidade e cidadania na gestão das cadeias produtivas agroalimentares aparentemente é fácil, difícil é realizar. No estudo "Design da prosperidade" que realizamos para a OCB com o apoio da empresa Biotrop[12], onde estudamos a cooperativa Cocapec[13], pudemos compreender um pouco mais desse desafio do design da prosperidade e visualizar os grandes pontos de ação.

Para quem quiser saber mais sobre o estudo, deixamos aqui o link no QR Code para poder visualizar o infográfico de síntese realizado.

Design da prosperidade.

Brevemente, conceito de prosperidade é a capacidade de gerar riqueza. Do latim *"Prosperus"* (bem-sucedido), quando levado para o conceito de plataforma, se transforma em uma governança da Esperança. Prosperidade, como tudo, está em constante mutação. Não é algo dado como fixo. *"Prosperitate... prosperare"*, obter aquilo que se deseja, é um êxito, um resultado positivo, uma recompensa por seguir as regras éticas da reciprocidade. Neste caso, estamos falando do espírito do cooperativismo e de suas regras baseadas no impacto social, no respeito ao meio ambiente, na geração de renda inclusiva, na potencialização de

---

12 A Biotrop é uma empresa com foco em pesquisa e desenvolvimento de soluções inovadoras para a agricultura sustentável e regenerativa, com soluções biológicas e naturais. Disponível em: https://biotrop.com.br/.

13 Sobre a Cocapec – Cooperativa de Cafeicultores e Agropecuaristas – começou suas atividades com apenas 300 associados, e conta com mais de 2 mil cooperados. Ela transformou o cenário da cafeicultura da região onde atua e motivou o crescimento tecnológico no campo, criando melhores condições para aquisição de produtos e dinamizando a compra e venda de café. Ela atua em mais de 15 municípios da região da Alta Mogiana, atendidos pela matriz em Franca, e núcleos nas cidades de Capetinga, Claraval, Ibiraci e São Tomás de Aquino, em Minas Gerais e, Cristais Paulistas e Pedregulho em São Paulo. Saiba mais em: https://cocapec.com.br/.

nova economia sustentável, na intenção de investir em melhoria contínua. Condição de constante desenvolvimento e progresso. Prosperidade significa que tudo o que fizer prosperará, um ato inovativo, constante e permanente. Para que assim seja, então são necessárias três sementes fundamentais: políticas de governança claras, planos de implementação efetivos e a primordial disciplina de gestão, como já dizia Peter Drucker. Para isso, criatividade e proatividade, pois aquele que espera demais não é sábio no século XXI. Quem observa aquele ponto futuro, e age com governança, gestão e inovação para conquistá-lo, é sábio.

Tendo a governança e a gestão com excelência sob atenção, a inovação é o diferencial de todas as cooperativas do século XXI, pois indo a Rochdale, Inglaterra, a primeira cooperativa nasceu ali como um ato inovador em 1844 onde 28 operários, em sua maioria tecelões empobrecidos após uma terrível crise, inovaram para criar um sistema que os salvasse da fome, da miséria e do desalento. O cooperativismo é um caso de sucesso de Design Thinking onde para resolver problemas um pequeno grupo de pioneiros tecelões decidem se unir para criar a primeira cooperativa de consumo. No Brasil, a primeira cooperativa foi criada em 1990 pelo padre Amstad, jesuíta que vivia em Nova Petrópolis, Rio Grande do Sul, também artista da inovação das almas, do fundamento dos valores da cooperação como fator ético.

Qual foi a inovação cultural promovida pelo padre Amstad? Reunir dinheiro das próprias pessoas para reinvestir nas próprias pessoas, sob o valor do trabalho e do comércio. Consta que esse jesuíta andou cerca de 60 mil km em lombo de cavalos, mulas e burros promovendo o cooperativismo. Todas as cooperativas que estudamos nasceram pequenas, com poucos fundadores, cerca de 10, 20, 30, 40, e hoje, reúnem milhares, chegando a movimentar R$ 37 bilhões, como o Sistema Aurora de Santa Catarina, com cerca de 100 mil famílias envolvidas (2022).

Plataforma e prosperidade conjugam ética, que gera impacto social, um compromisso de não deixar cooperados para trás. Mas sempre agindo com responsabilidade e intenção, pois cooperativismo não é assistencialismo. Perde a prosperidade a cooperativa quando se transforma num fundo assistencial, comprando insumos e vendendo com prejuízo para agradar os cooperados, e com isso termina por destruir o comércio privado empreendedor da cidade e da região, trazendo a médio prazo a não prosperidade.

Grande desafio desenvolver todos, ter preocupação com a prosperidade de cada membro, e para isso precisa fazer prosperar seu Mapa Interno de Valores e de Visão de Mundo, a família cooperada, a sucessão, os jovens, criando redes de suporte e desenvolvimento entre si. É o poder da reciprocidade.

A liderança para a confiança do prosperar em plataforma jamais pode se perder, ser parcial, atendendo a poucos, a alguns, ou deixar-se levar pelo grupo dos 10% mais capacitados que visam o lucro sem insistir nos mais lentos.

Cooperativismo representa a AgroConsciência de que se todos não prosperarem, ninguém conseguirá a médio e longo prazo alcançar naquela região de ação aquele ponto futuro desejado. Por isso significa sempre uma luta pedagógica, uma missão, uma jornada interminável que precisa ser bem administrada, dar lucro, ou como se chama na cooperativa, ter sobras. Precisa formar conselheiros, e associar o dever das inovações tecnológicas, digitais, administrativas, como simplesmente um dever e obrigação, sim, como os pioneiros fizeram ao longo da história deles. Design da prosperidade é um Design Thinking, como diz Marcio Lopes.

Entidades prósperas são resultado de educação, treinamento, de fazer muito bem-feito o que precisa ser feito, com qualidade, zelo, ousadia. É o ócio criativo que tratamos no livro. Sabem reconhecer quando deu errado, e mudam em velocidade para reestabelecer a rota.

As cooperativas – neste design da prosperidade – precisam se comunicar e cooperar ainda mais, para influenciar positivamente a sociedade brasileira. Elas envolvem no total mais de 15 milhões de cidadãos brasileiros[14]

---

14 Disponível em: https://anuario.coop.br/ e também em https://cooperativismodecredito.coop.br/2021/01/cooperativismo-alcanca-mais-de-155-milhoes-de-

que, somados a suas famílias, chegam a quase 50 milhões. O faturamento total delas está superior a R$ 358 bilhões[15], a maior empresa do país. No agro significa mais de 50% de tudo o que é produzido (2021).

Outro ponto importante a ressaltar do design da prosperidade é que o espírito cooperativista influencia positivamente todas as cadeias de supply chain das grandes corporações (com e sem fins lucrativos), pois oferece a elas um lastro de responsabilidade social e ambiental, que é coisa sagrada para qualquer CEO de multinacionais do Food System como Nestlé, Illy, Unilever etc.

Como todo modelo, passa pelo teste de stress do mercado, e isso ocorre dentro do conceito de melhoria contínua que já hoje é uma realidade nas cooperativas brasileiras. Se trata de implementar um princípio através de métodos, não se trata de garantir a perfeição, então falhas ocorrem, e são corrigidas.

Por décadas os desafios e as prioridades "existenciais" das cooperativas brasileiras foram sobretudo "internos":

- **Relações internas e principalmente com os cooperados.**
- **Aumento da produtividade e dos resultados.**
- **Melhorar as infraestruturas físicas: armazéns e unidade de beneficiamento etc.**
- **Montar a gestão e desenvolver a proposta comercial.**

Hoje acreditamos que os desafios sejam principalmente "externos":

- **Demanda de inovação.**
- **Lidar com as mudanças climáticas.**
- **Demanda de sustentabilidade.**
- **Mudanças radicais no ambiente comercial e tecnológico.**

---

cooperados-no-brasil/.
15 Disponível em: https://www.canalrural.com.br/noticias/agricultura/presidente-da-ocb-destaca-protagonismo-do-cooperativismo-no-brasil/.

A cultura das cooperativas sempre foi orientada a gerar pertencimento e resolver problemas tangíveis, dedicando muita atenção para as realidades locais onde atua. A partir de agora, elas precisam concentrar-se também – a as grandes já fazem isso – nos desafios sistêmicos a nível internacional, pois sobe a régua.

Os desafios continuam sendo internos e externos, um não elimina o outro, e sim eleva à potência o crescimento do Agronegócio Brasileiro sustentável em geral, onde existe muito valor ainda não visualizado e valorizado. Visto de longe, o futuro das cooperativas está claro:

- Transformação digital dos cooperados.
- Internacionalização de suas marcas.
- Agregação de valor nas commodities.
- Aceleração dos processos de inovação.
- Atendimento da demanda de sustentabilidade e governança ESG.

Estes são os temas mais relevantes e todos precisam, em medidas diferentes de escala, de um conjunto de novos comportamentos e atitudes, na grande maioria, culturais:

- Assumir o "mindset" da inovação com rapidez, leveza, agilidade, "trial & error", "prototyping", "networking", "cross pollination".
- Abraçar o método do Design Thinking.
- Incubar e acelerar startups, fazer parte de ecossistemas.
- Olhar para o futuro que já está acontecendo.
- Levar o modelo cooperativista para todos os territórios e biomas brasileiros.

Alavancar o "know-how" cooperativo

O ecossistema das cooperativas no Brasil, desde o Sicredi de 1902, tem construído um know-how cultural e operacional que representa no Brasil um valor ainda não reconhecido nem valorizado.

Existem muitas oportunidades para o sistema cooperativo valorizar seu "know-how", compartilhá-lo e aplicá-lo a outras regiões do Brasil onde este "know-how" e estas soluções podem fazer a diferença entre continuar as atividades ou sair. Além das áreas tradicionais como compras de insumo, comercialização, assistência técnica, seguro, considerados modelo "pipeline", como tratamos anteriormente quando falamos de "platform revolution", outras áreas estão entrando no radar, e estão transformando o modelo do cooperativismo em plataforma de serviço, no conceito de sharing economy. Alguns exemplos:

- compartilhamento de máquinas complexas e de alto investimento;
- compartilhamento da gestão de serviços complexos para agricultura de precisão, rastreabilidade etc;
- consórcios de irrigação;
- consórcios de logísticas para escoar a produção em lugares complexos (por exemplo, escoar peixe vivo da Amazônia);
- consórcios para acesso e gestão da conectividade de rede 4G no campo, para chegar à massa crítica necessária na aplicação de novas tecnologias e soluções IoT;
- criação de uma plataforma cooperativista digital conectada, um Big Data;
- compartilhamento de serviços para a implementação de práticas e iniciativas de inovação, para agregar valor;
- construções de cadeias onde o produto final é o resultado de uma série de atividades altamente especializadas;
- criação de narrativas, marcas, novas experiências de consumo e eco turismo.

No Brasil de seis biomas e mais de 5 milhões de produtores rurais, país tão diferente em suas agriculturas e regiões, mas com problemas culturais tão similares, entendemos que o "know-how" do cooperativismo pode virar um serviço de consultoria de alto impacto social para alavancar o PIB do agronegócio agora AgroConsciente. Ainda mais tendo em vista que a inovação será o fator chave para o futuro

Existem níveis diferentes de atuação na introdução da inovação. A demanda de inovação precisa ser atendida em níveis diferentes do ecossistema do cooperativismo brasileiro. Para as altas lideranças o trabalho de inovação estratégica está no papel de *"pathfinder"* para abrir as frentes mais disruptivas, fomentar a experimentação de soluções mais avançadas, olhar para o futuro no médio e longo prazo, visualizar o caminho a ser trilhado com ambidestria.

As grandes cooperativas com força financeira podem implementar as inovações que precisam de escala, de uma mentalidade industrial, de um gerenciamento sofisticado. Mas como em qualquer setor econômico da sociedade brasileira, o desafio principal está em alavancar aquele grupo maior de produtores e empresas situadas no "meio do caminho" que representa o volume dos menos preparados e dos mais necessitados em receber apoio. Os melhores já alcançaram padrões internacionais, mas, às vezes, são poucos em número e quantidade. Cabe alavancar todos, se quisermos dar sustentabilidade social ao modelo.

Para isso, a função da alta liderança na inovação é, antes de tudo, uma questão de mapeamento de cenários. É evidente que várias cooperativas já estão individualmente liderando, de várias maneiras, a inovação em setores e áreas diferentes. Isto deve ser incentivado a continuar em relação aos padrões internacionais. A função da alta liderança é, antes de tudo, dominar as informações e depois propor uma visão de longo prazo, com isso planejar, gerenciar e direcionar as prioridades. Se trata de orquestração com visão holística e de planejamento flexível.

Resumindo, o desafio da geração de valor em plataformas cooperativistas são:

- Geração de valor, gestão de "stakeholders", olhar para o consumidor final, engajamento, narrativa e atitude.
- Atenção à questão cultural e formação de novas lideranças/sucessores.
- Validação de um pensamento inovador que olha o futuro a partir de uma perspectiva AgroConsciente, o desejável design da prosperidade.
- Engajamento com as novas gerações.

- Transformação digital, governança, gestão e outros indicadores atrelados à inovação.

Agir em plataformas é agir entre pessoas e stakeholders. Plataformas transformam hoje o modelo de valor das organizações, não somente no aspecto da comunicação e engajamento com stakeholders e consumidores, mas também na maneira como monetizam. Tal efeito é o resultado que a quantidade e pertinência de pessoas-clientes-usuários-stakeholders-intérpretes têm na cocriarão de novos significados, produtos, serviços e sistemas. Em outras palavras, quando o efeito de rede está presente, e existe um Design Thinking para religar, o benefício de um produto ou serviço aumenta de significado de valor conforme a qualidade da interação entre os intérpretes, e aumenta o valor social e econômico conforme o número de participantes engajados também aumenta. É a força da verticalização, da sharing economy, dos ecossistemas de negócios, das boas alianças.

Esse é o grande potencial do cooperativismo nos modelos de negócio empresariais, que oferece vantagem colaborativa "afetiva" para pequenos e médios empresários que sozinhos não chegariam a lugar nenhum, mas que através da plataforma de cooperação podem comprar, produzir, distribuir e rentabilizar melhor, assim como podem inovar cocriando valor, assim como todos os stakeholders envolvidos na plataforma podem fazer (fornecedores, compradores, pesquisadores), encontrando massa crítica para poder atuar e progredir na plataforma.

Importante também dar destaque para algumas organizações que agem com cultura da inovação, para, com exemplos concretos, mostrarem boas práticas. Pelo espaço limitado do livro como meio de comunicação, fomos obrigados a escolher alguns poucos exemplos. Mas criamos um site onde podemos inserir novos e mais casos de sucesso, com o intuito de criar uma agenda positiva AgroConsciente, e podermos mostrar o lado melhor do país.

https://tejon.com.br/blog

5.4 Empresas AgroConscientes

Apresentaremos a seguir alguns estudos de caso, alguns por meio de uma pesquisa qualitativa, outros com o uso de informações públicas disponíveis na internet. Agradecemos às marcas citadas pelo trabalho e exemplo que nos dão de práticas virtuosas, nos permitindo trazer uma visão pedagógica e prática daquilo que o Food system sustentável pode fazer para gerar valor com novos significados, quando observado de forma sistêmica e ampla. Em alguns casos podemos aprender com as organizações da ciência e tecnologia do antes da porteira, em outros com empresas agro do Fashion System, e outros do fora da porteira e dos centros urbanos.

Cacau virou luxo acessível

Quando Joãozinho Trinta afirmou o desejo das pessoas com baixa renda por luxo e beleza, Alexandre Costa tinha apenas cinco anos de idade. Doze anos se passaram até que esse empresário do ramo de chocolate no Brasil traçasse o objetivo de atender a esse desejo de luxo a preço acessível.

A Cacau Show é uma empresa brasileira especializada na fabricação de chocolates, fundada em 1988 por Alexandre Costa. O empreendimento se estabeleceu inicialmente numa sala de 12m² da empresa dos pais de Alexandre. Costa e um amigo produziam o chocolate e depois saíam vendendo em padarias, contando também com a ajuda de revendedores. Não tardou para que houvesse a necessidade de mudar aquela estrutura de distribuição, pois ela já não estava mais se mostrando eficiente o bastante para a empresa.

Alexandre optou então por atender diretamente a pequenos pontos de venda, como bares e lanchonetes, sem contar com a intermediação de atacadistas ou distribuidores. A comercialização do produto sempre foi o ponto forte de Costa e, ao sair vendendo seus produtos de loja em loja, Alexandre teve acesso a uma fonte inesgotável de informações: o cliente.

Os produtos de qualidade a preços acessíveis rendiam ganhos em volume de vendas para a Cacau Show. O "Cerejão" foi o primeiro produto da empresa a ser vendido ao longo do ano todo (não era sazonal) e contava ainda com boas vantagens de custo, pois com um recheio mais simples do que a massa de chocolate podia ter seu preço de venda reduzido. Costa investiu também para ampliar o seu catálogo de produtos e passou a vender outros produtos adequados também ao verão.

No ano 2000, a empresa implantou o sistema de franquias Cacau Show em São Paulo. No final de 2005 contabilizou 211 lojas espalhadas em 19 Estados. Em 2007, já com 353 lojas, a Cacau Show abandonou sua antiga fábrica de cinco mil metros quadrados, na capital paulista, e inaugurou uma nova unidade de 17 mil metros quadrados em Itapevi, na Grande São Paulo, para dar conta da expansão.

O diferencial da empresa Cacau Show é a qualidade acessível a todos. A empresa busca imprimir um ar de sofisticação aos produtos, com embalagens e lojas semelhantes às de marcas de primeira linha do mundo. A diferença que foi o fator de sucesso está no preço: em média 25% do que é cobrado pelo principal concorrente no mercado local. Outro fator importante para o sucesso da marca é a renovação do portfólio de produtos com embalagens mais modernas, visualmente atraentes e inovadoras. O processo de fabricação do produto é aliado a um eficiente processo logístico, com um sistema de entrega que leva 48 horas da encomenda ao destino.

Desde que a empresa se instalou em Itapevi, ela mantém um relacionamento estreito com as autoridades da região e busca fazer sua parte para a melhoria de vida da população do entorno. Com a necessidade de se estruturar para ser realmente um ponto de apoio para crianças e adolescentes, em 2010 a empresa iniciou a criação do Instituto Cacau Show, que nasce com premissas de educação.

A Cacau Show é um exemplo de como transformar um produto em verdadeira experiência de compra. Seus resultados vêm sempre do investimento no produto e na estética. Uma comunicação inovadora, que busca transformar a marca em um elemento cultural. Seu foco implica sempre maiores investimentos na área da Experiência, dando grande atenção ao ponto de venda e na relação com o cliente final, e na área da Ética, investindo para melhorar o próprio ambiente local e a educação de um modo geral, por meio do Instituto Cacau Show.

A uva que faz história

Um caso de sucesso na indústria vinícola caracterizado pela persistência, cultura da qualidade e do trabalho, atenção artesanal, mas com respeito à inovação e tecnologia, é a marca Salton, exemplo de vinho de qualidade acessível a um público educado para a excelência.

Em meio a um cenário singular, na Serra Gaúcha, a Vinícola Salton mantém uma missão que teve início no século passado: elaborar vinhos, espumantes e sucos saudáveis e de alta qualidade, promovendo a máxima satisfação dos consumidores, funcionários e acionistas.

A Salton é reconhecida como uma das principais vinícolas do país e, na extensa lista de conquistas de seus mais de cem anos de história, comemora o fato de ser uma empresa familiar e 100% brasileira (2022). A Salton se tornou recentemente a primeira e única marca nacional de vinhos a conquistar o top 1, no ranking Wine Brand Power (Wine Intelligence), conquista até então exclusiva de marcas estrangeiras.

A vinícola se destaca por uma trajetória marcada por inovações constantes. Na visão e nos valores da empresa entendemos a sua performance de sucesso: ser reconhecida como a melhor vinícola brasileira na percepção do cliente interno e externo, e investir em inovação, educação, comprometimento, seriedade, lealdade, espírito de equipe, ética, honestidade, responsabilidade frente a gerações futuras.

Desde 2004, quando transferiu a empresa para o distrito de Tuiuty e implantou o enoturismo, a Vinícola Salton já recebeu mais de 50 mil pessoas interessadas nos passeios que revelam paisagens cinematográficas, informações sobre o mundo do vinho, cursos de degustação e gastronomia típica acompanhada pelos mais premiados vinhos do país. Mais do que elaborar vinhos de qualidade, a Salton ganhou destaque no cenário turístico nacional como uma excelente opção de lazer e experiência.

Quem visita a vinícola fica impressionado com a bela arquitetura do lugar. As sensações vêm sucessivamente ligadas à imagem do lugar de compra, reforçando ou colocando em discussão as escolhas. Um ambiente agradável e confortável cria sentimentos de felicidade e satisfação que podem incrementar as compras por impulso.

O projeto da vinícola também marca pelo ineditismo: pela primeira vez no país foi incorporada a uma indústria a visitação turística planejada. A proposta permite mostrar aos visitantes os processos de fabricação do vinho, de maneira didática, objetiva e segura.

Planejada para receber clientes e visitantes com muito conforto, funcionalidade e beleza, a nova área de vendas no varejo da Salton foi ampliada para 300 metros quadrados, onde, além dos vinhos, os clientes têm a oportunidade de conhecer e adquirir uma ampla linha de acessórios e *souvenires*. A loja funciona no prédio da vinícola e sua ambientação valoriza as características originais das antigas adegas.

Um amplo balcão para degustação, em formato curvo e tampo de granito, atende a vários grupos, enquanto um recanto com confortáveis mesas permite uma pausa para melhor apreciação dos produtos. Revistas relacionadas com a enogastronomia e livros didáticos sobre uvas e vinhos também estão entre os produtos encontrados na loja.

O resultado é um ambiente onde as pessoas sentem prazer em permanecer, além de dar oportunidade para que elas conheçam de perto os produtos da Salton e os acessórios que deixam a arte do vinho ainda mais interessante.

A empresa oferece sistematicamente cursos didáticos de degustação de vinhos e espumantes. Numa estrutura completa e ambientação adequada para a prática, enólogos e *sommeliers* da empresa ministram aulas com um vocabulário simples e material audiovisual. Após, é feita a visitação acompanhada por enólogos, quando é visualizado todo o processo de elaboração dos vinhos, sucos e espumantes e seu engarrafamento.

A Salton desenvolve ainda um projeto de responsabilidade social e investe na cultura da região, com a realização de mostras artísticas, na educação de crianças, com o desenvolvimento da consciência de preservação da natureza, e na ampliação do conhecimento de jovens e adultos.

Mostras fotográficas, de máscaras, vestimentas históricas e obras de arte, como esculturas e telas, ganham espaço no *hall* de acesso da vinícola. A Salton abre esse espaço para os artistas locais e do estado para que possam divulgar seu trabalho e, ao mesmo tempo, permitir que os turistas tenham mais uma atração cultural ao conhecer a vinícola.

O crescimento turístico promovido pela empresa na região teve início em 2004 e se reflete diretamente na economia do município, aumentando as oportunidades de emprego e o poder aquisitivo das pessoas, alcançando, dessa forma, o principal objetivo da Salton: possibilitar uma melhor qualidade de vida para toda a comunidade.

Aos visitantes também são garantidas todas as facilidades, eles podem escolher a maneira mais confortável de buscar informações sobre a vinícola, os passeios, cursos de degustação ou produtos, e também podem elogiar, criticar e dar sugestões.

Preservar a tradição de uma empresa centenária com o dinamismo de uma companhia em constante transformação se torna o principal desafio da nova geração. A partir do desenvolvimento técnico, tanto na viticultura de precisão quanto no domínio dos mais modernos processos enológicos, surgiu recentemente Domenico, a primeira marca conceito da companhia. São rótulos singulares, edições especiais e limitadas que expressam a essência da região de origem dos seus frutos.

O algodão sustentável

A Associação Brasileira dos Produtores de Algodão – ABRAPA – e SOU de algodão são uma história de sustentabilidade. Porque o algodão brasileiro é uma fibra natural, biodegradável, confortável e sustentável.

A história do algodão começa em 1760, no estado do Maranhão. Naquela época os governadores já queriam cobrar impostos dos agricultores. E eles impuseram taxas tão altas que acabou inviabilizando a cultura. Foi bem na época em que acontecia a Revolução Industrial na Inglaterra. Por conta disso, o Brasil perde uma grande chance de se industrializar e de se tornar um grande fornecedor de algodão para o mundo.

Mas a iniciativa de sermos grandes produtores de algodão não terminaria aí. Nas décadas de 1970 a 1990, o Brasil aparece de novo como um grande produtor mundial de algodão, plantando 4,2 milhões de hectares. Hoje plantamos 1,4 milhão de hectares, então era 3 vezes e meio o que temos hoje (2022). Na década de 1990, o Brasil se torna o segundo maior importador de algodão, só perdendo para a China. Atualmente, 96% do algodão brasileiro é produzido no cerrado.

Em 31 anos, hoje o Brasil tem a maior produção de algodão não irrigado do mundo. Nós conseguimos produzir o dobro de pluma na mesma área de cultivo – no mesmo hectare – do que nosso colega norte-americano, e nos tornamos o quarto maior produtor mundial de algodão, além de sermos o segundo maior exportador. Então, qual a importância do algodão para o Brasil? Os produtores fornecem cerca de 700 mil toneladas para a indústria têxtil brasileira e exportam o excedente.

Fruto do acaso? Não, fruto da intenção e boa orquestração.

A Abrapa é um stakeholder proativo nesse sucesso. É uma entidade que preza pela produção do algodão sustentável e responsável. A Abrapa se uniu em "Design Thinking" à Embrapa (Empresa Brasileira de Pesquisa Agropecuária), a universidades públicas e privadas, fornecedores de insumos, e foram indagar formas de cultivo na Austrália, Estados Unidos e Israel. Uma forma de aprendizado, um verdadeiro design research.

Para tanto, criaram o selo ABR (Algodão Brasileiro Responsável), que visa dar a garantia de que á fibra é produzida e vendida dentro das normas mais exigentes quanto a sua qualidade e rastreabilidade. A ideia é que o algodão tenha uma forma de produção e consumo consciente, desde o primeiro passo no plantio até o último, junto ao consumidor final – este tendo a possibilidade de ver nas etiquetas das peças o caminho traçado. A exemplo do BCI (Better Cotton Iniciative) – organização sem fins lucrativos, criada em 2005, com sede em Genebra, Suíça –, o ABR quer dar visibilidade a todo processo produtivo do algodão, concedendo a seus implicados condições justas inseridas na Organização Mundial do Trabalho, assim como o fomento por uma fibra livre de implicações que andem contra as regras da Abrapa – cujos pilares são ações econômicas, sociais e ambientais.

A Abrapa tem rastreabilidade, que é o SAI (Sistema Abrapa de Informação). Com ele, a entidade sabe como cada fardo de algodão foi produzido, por quem e onde foi beneficiado. O que a Abrapa deseja é conquistar mais mercados.

A saber – na década de 1970, os brasileiros compravam 80% de suas roupas feitas de algodão, e hoje são 49%. Ou seja, o algodão foi perdendo mercado ao longo do tempo, e no mundo esse índice cai para 23%. Mas o trabalho da Abrapa existe para reverter esses números. Até porque, se formos olhar bem para o mundo, existe ainda uma parcela enorme de seres humanos que precisa ser vestida com dignidade. Então modelos de negócio AgroConscientes inclusivos para a base da pirâmide do mundo é uma grande oportunidade.

Sou de Algodão

Em 2016 nasce o Sou de Algodão, a partir de um plano estratégico que foi montado por meio de uma pesquisa, que teve início em meados de 2014 e terminou em 2015, ou seja, um ano e meio de trabalho. Se trata de uma plataforma com três pilares muito claros: informacional, o de negócios e o promocional. E dentro desses pilares vai se desdobrando o movimento em várias ações tangíveis. Todo ano de trabalho se estabelece no mínimo dez metas que são cruciais para o Movimento Sou de Algodão. As marcas parceiras são fundamentais porque não adianta dizer ao consumidor final "compre algodão", precisa dizer onde, quais marcas, mostrar como olhar a etiqueta. A convergência com as marcas parceiras tem a ver com a ideia do coletivo, do engajamento. A Abrapa não poderia trabalhar um movimento como esse sozinha ou só com os produtores, ou seja, com o início da cadeia. O setor têxtil é o segundo em termos de transformação do País e em geração de empregos, boa parte da cadeia é feminina, então precisam dessa aproximação com o coletivo e com as marcas para chegar ao consumidor final.

Mas nem tudo foi simples. No começo, tudo o que eles achavam que estavam construindo, em termos de sustentabilidade e rastreabilidade, não chegava ao consumidor final, porque os fardos eram etiquetados, mas durante o processo isso se perdia e o consumidor final ficava sem as informações.

Então a grande estratégia da Sou de Algodão foi dizer ao consumidor final tudo o que faziam dentro de casa, incentivar a cadeia têxtil a fazer parte disso. Fazer ações em conjunto levou a informação a esse consumidor final. "Consulte a etiqueta, saiba o que você está comprando, qual é a composição".

Nesse círculo virtuoso, em safras mais recentes, 80% da produção é certificada. Além disso, 92% do algodão brasileiro é produzido em regime de sequeiro, ou seja, não utiliza irrigação – isso é feito única e exclusivamente com água da chuva. E por que eles frisam esses dados? Justamente porque seus maiores concorrentes, Estados Unidos e Austrália, produzem em regime de irrigação, assim sendo, a produção brasileira é mais eficiente pois consegue aproveitar melhor as janelas, as temporadas de secas e de chuvas.

A água é uma nova moeda. Cada vez mais as pessoas estão querendo se engajar nesse projeto, que leva o que o mercado está pedindo, como sustentabilidade e rastreabilidade. O produtor de algodão é um vetor positivo dessa transformação da cadeia de responsabilidade social e ambiental.

Desafio Sou de Algodão

Para incentivar cada vez mais o uso de algodão como matéria-prima na moda, a Abrapa desenvolve um outro projeto, o Desafio Sou de Algodão, voltado a estudantes de moda. Percebe-se também que há uma grande carência sobre o ensino técnico do algodão nas faculdades de moda, e o

Desafio Sou de Algodão consegue contribuir complementando esse conhecimento. O desafio objetiva que o estudante se dedique tanto à criação da coleção – como escolha de tecidos –, até a parte de conhecimento, para que estejam um pouco mais preparados para o mercado.

Sou de Algodão Conecta

O Movimento Sou de Algodão se divide em várias frentes, com a responsabilidade de explicar a importância de se usar o algodão como matéria-prima, quando falamos nas marcas, com o objetivo de incentivar novos criadores a optarem pelo tecido, e a troca de informações entre as marcas parceiras do projeto, como modelo de negócio. É uma verdadeira orquestração, um ecossistema de negócios com cultura de inovação. Atua-se em proximidade com as marcas e também entre as marcas, quase 700 marcas parceiras com quem gerar e compartilhar conhecimento, estimular networking para que todos possam se conhecer, confecções e marcas, tecelagens e confecções e assim por diante.

SouABR

Uma recente novidade do Movimento Sou de Algodão é o SouABR. O projeto, unido à carioca Reserva, do grupo AR&CO, e à Renner, pretendem oferecer informações sobre a origem certificada do algodão e o processo de produção da peça adquirida pelos consumidores brasileiros.

O principal objetivo do programa é oferecer transparência ao consumidor, e estimular escolhas mais conscientes, mostrando que o algodão presente naquela peça de roupa tem na origem a certificação socioambiental Algodão Brasileiro Responsável, que entrega à indústria o comprometimento dos produtores com os três pilares da sustentabilidade. SouABR é a primeira iniciativa de rastreabilidade, em larga escala, na cadeia têxtil nacional.

O caminho que o algodão certificado percorre começa na fazenda, onde a produção atende a um completo protocolo, que abrange desde o respeito ao meio ambiente e às leis trabalhistas, bem como zela pela eficiência econômica. A certificação ABR possui 178 itens de verificação distribuídos em 8 critérios: contrato de trabalho, proibição do trabalho infantil, proibição de trabalho análogo a escravo ou em condições degradantes ou indignas, liberdade de associação sindical, proibição de discriminação de pessoas, segurança, saúde ocupacional, meio ambiente do trabalho, desempenho ambiental e boas práticas.

Por meio da leitura do QR Code presente na etiqueta da roupa, o consumidor que compra esta peça na loja pode conhecer a fazenda onde o algodão com certificação socioambiental foi cultivado, a fiação que o transformou em fio, a tecelagem ou a malharia que desenvolveu o tecido ou a malha e a confecção que cortou e costurou. Todas as peças rastreáveis do programa SouABR usam, no mínimo, 70% de algodão, em sua composição, sendo que 100% dessa fibra natural presente no produto tem certificação socioambiental.[16]

O plástico e a borracha que conquistam as passarelas

Uma sandália de plástico e um chinelo de borracha conquistam o mundo. Como explicar o sucesso de produtos que em poucas décadas passaram de extremamente simples e acessíveis a produtos cult acessíveis. Melissa e Havaianas se tornaram um sinônimo de brasilidade e estilo, de irreverência, de "informal cool", de liberdade e lazer.

No mundo em geral, ambas as marcas se encaixaram perfeitamente como produtos tipicamente brasileiro. Falamos muito de agregar valor à commodity, de embutir criatividade nos produtos, de transformar coisas em narrativas, pois bem, estes são ótimos exemplos para o agronegócio brasileiro ter como referência de internacionalização e diálogo com consumidores finais.

Méritos para a Grendene e Alpargatas que, com uma estratégia extremamente correta de posicionamento, entenderam rapidamente a

---

[16] Disponível em: https://harpersbazaar.uol.com.br/bazaar-green/abrapa-e-sou-de-algodao-uma-historia-de-sustentabilidade-em-prol-da-pluma/.

mudança do mundo no início deste século, e foram à conquista de um espaço no país e lá fora, consolidando nesta década uma operação multinacional relevante.

Como acontece em qualquer manifestação criativa, procura-se aquilo que nunca existiu, a surpresa na inovação dos materiais, no modo de tratá-los, na concepção própria do produto que continuamente muda. É o Fashion das marcas que alavancam o plástico e a borracha.

A Melissa

A sandália de plástico Melissa foi criada pela empresa Grendene em 1979. A empresa foi inovadora desde o início em sua comunicação ao fazer *Product Placement* (*merchandising*) na televisão, com a aparição em novelas.

A Melissa adquiriu diversas facetas na tentativa de ser sempre tendência de moda. Mas seu trabalho mais importante de inovação e excelência aconteceu em 1998, quando foi criado um reposicionamento da marca que acompanhava as tendências da moda e do luxo, para atingir o público *fashion*. A partir daí muitos produtos inovadores e ousados foram criados pela Grendene.

A verdadeira transformação das sandálias Melissa no mundo do luxo acessível – que a tornou um diferencial no mercado de calçados – foi em 2002, quando a empresa começou a patrocinar a São Paulo *Fashion Week*, o maior evento da moda da América Latina, que acontece semestralmente em São Paulo.

Para concretizar a identidade de luxo já celebrada pela marca, foi inaugurada em 2005 a Galeria Melissa, em São Paulo. Esse foi um marco para a empresa, que daí em diante elevou ainda mais seu valor como símbolo de luxo e de moda. O espaço foi criado para promover as sandálias, mostrar os lançamentos e parcerias de exclusividade com os designers e também como centro de exposições de fotografias, moda, beleza, design e tecnologia. Um espaço totalmente irreverente e mutante, com design da ambientação reformulado constantemente para revitalizar o diálogo da experiência com o público.

A cada temporada são agregadas coleções totalmente inovadoras, assinadas por designers mundialmente famosos, sempre interessados em participar do projeto. Artistas plásticos, estilistas e até arquitetos consagrados fazem parte desse elenco. Isso redefiniu a identidade da marca e quem visita a Galeria Melissa aprende a visualizar e a respeitar o produto que usa, mesmo a um preço bem abaixo da média dos produtos de luxo igualmente consagrados.

A Melissa é presença marcante em desfiles de moda e exposições de design, admirada por ambas as artes, pois as integra em um só produto, como sandália *fashion* e como peça de design ultramoderno que se adere ao pé de quem a calça. Entrega um diferencial para quem a compra, desde os chinelinhos de dedo aos sapatos clássicos de festa ou trabalho. Um aspecto importante do produto é que mantém, ao longo dos anos, seu cheiro e aspecto de recém-comprada. A fórmula do perfume mantido nas sandálias é um segredo que a empresa não revela.

Meninas e mulheres do mundo inteiro são apaixonadas pela marca, participam de comunidades em sites de relacionamento, criam blogs dando e pedindo dicas, mostrando tendências e narrando a história da sandália, com suas antigas coleções, ou seus últimos lançamentos e eventos. Veneram suas Melissas como quem possui uma obra de arte.

A Melissa representa, não só no Brasil, mas também no mundo, um modelo de negócio e de posicionamento de grande sucesso do *made in Brazil*.

Havaianas: um sucesso bem construído

Um chinelo de borracha ganhou o mundo inteiro e é calçado por brasileiros de todas as classes sociais, como um produto cult. Atualmente, as Havaianas são exportadas para países de todos os continentes da aldeia global, marcando presença em lojas e butiques sofisticadas do exterior.

O sucesso dessa empresa pode ser atribuído à sua inovação e ao mesmo tempo à sua coerência com o seu DNA. As Havaianas "mudam sempre, sem mudar". Elas podem ter várias linhas diferentes, mas não perdem sua essência de brasilidade: chinelo de borracha, chinelo de dedo.

Desde a fabricação do primeiro par de chinelos Havaianas em 1962, o objetivo da empresa era criar um produto de alta escala de produção e preço acessível, visando atender às necessidades de uso da camada da população das classes C, D e E.

O slogan do produto naquela época era "não deformam, não têm cheiro e não soltam as tiras". O ambiente para a transformação do posicionamento das Havaianas surgiu a partir de 1994, com o advento do Plano Real, que elevou o padrão de vida e o poder aquisitivo da população brasileira. Nos anos 1990, a Alpargatas definiu uma estratégia de marketing que mudou completamente o status das sandálias, lançando várias versões do produto. A nova estratégia foi baseada na ampliação da linha de produtos, no suporte de mídia eletrônica e impressa com forte campanha publicitária.

Conectada nas tendências *fashion* do mercado mundial, a marca Havaianas lançou uma gama cada vez mais variada de cores de produto, novas estampas e também novos formatos de sandália.

A partir de 1994, a marca estabeleceu uma nova relação com o consumidor. Os esforços da marca se voltaram para a criação de um vínculo emocional.

Ainda nesse movimento de apostar na percepção de maior valor agregado em relação ao produto, a revitalização passou também pela criação de novas embalagens e expositores nos pontos de venda do produto. A comunicação também mudou e a Alpargatas decidiu tirar o foco do produto e colocá-lo no usuário. Com humor, descontração, simpatia e envolvimento, personalidades foram convidadas a dar seu testemunho, passando credibilidade e veracidade aos comerciais e gerando um processo de identificação do consumidor com o produto.

Os usuários passaram a se inteirar das novas coleções e também a comprar seu par favorito de Havaianas. Para levar as Havaianas para novos mercados no exterior, a Alpargatas apostou em iniciativas de comunicação de nicho. No Havaí, patrocinou campeonatos de surfe. Na França, fez parcerias com a MTV local, que lhe garantiram alta exposição com investimentos relativamente baixos.

Com o investimento forte da empresa em responsabilidade social, com a missão de melhorar, por meio do esporte, a qualidade da educação de crianças e adolescentes nas comunidades em que a Alpargatas atua, em 2003 passou a vigorar a entidade sem fins lucrativos, o Instituto Alpargatas.

Os resultados de todas essas ações são:

- uma marca cultuada (um objeto de desejo);
- não um produto, mas um acessório *fashion*;
- produtos acessíveis a diferentes públicos (não é uma questão de preço, com exceção dos modelos personalizados);
- exploração de novas ocasiões de consumo: mais do que um chinelo para uso em férias, na praia e em casa, a havaianas conquistou novos espaços como um produto de moda e ícone de comportamento;
- grande reconhecimento da marca no Brasil e no mundo;
- diversificação de produtos a partir de seu carro-chefe.

O couro sustentável que vira indústria

O couro brasileiro tem origem sobretudo no boi e movimenta mais de R$ 8 bilhões por ano com impacto positivo em diferentes indústrias, do automotivo ao beauty, do fashion ao furniture.

O couro é um dos produtos mais antigos da humanidade. Existem registros de uso da pele de animais há mais de 5 mil anos. No Brasil, o principal fornecedor de couro é o boi. O motivo é que aqui existe um dos maiores rebanhos do mundo: são mais de 214 milhões de animais, de acordo com o Instituto Brasileiro de Geografia e Estatística (IBGE). O boi é considerado um animal extremamente versátil, em que tudo dele é aproveitado. O couro é sustentável quando é gerenciado dentro da cadeia de negócio da proteína animal. Todo o mercado potencial do couro existe por um motivo: a alimentação. Os animais são criados por causa do alimento, da sua carne, para saciar a produção. É dado ao couro um destino nobre, e tornamos o potencial lixo em novo luxo, é dado a um produto que iria apodrecer e que teria que ser enterrado, uma função útil em diferentes outras indústrias brasileiras.

Um site que recomendamos o leitor visitar para estudar e saber mais sobre o couro, e para desmistificar muito do que é dito errado sobre isso, é o da organização global sem fins lucrativos Leather Naturally.

Lá eles tratam dos benefícios do couro, da economia circular do couro, e de todos os impactos positivos das boas práticas. Um dos objetivos dessa associação de produtores de couro é buscar inspirar e informar designers (de diferentes indústrias) e consumidores sobre a beleza, qualidade e versatilidade do couro. É o Design Thinking aplicado no couro.

https://www.leathernaturally.org/HomeUK

Quem no Brasil vem trabalhando com muita assertividade é a JBS Couros, importante indústria de processamento de couros do mundo, que produz couros para os setores automotivo, moveleiro, de calçados e artefatos, do beauty. Como o quesito da sustentabilidade é a condição fundamental para fazer negócios, vale ressaltar a questão da rastreabilidade. A JBS Couros possui um rigoroso sistema de rastreabilidade que permite acompanhar a matéria-prima desde sua origem até a entrega do produto final ao cliente. Como declara publicamente em seu site, esse sistema proporciona um maior controle em relação à origem sustentável dos couros ao mesmo tempo em que oferece importantes informações relacionadas a qualidade do produto. O sistema de rastreabilidade da JBS Couros é reconhecido internacionalmente. Cem por cento das unidades da empresa certificadas pelo LWG possui nota máxima nesse quesito.

Para saber mais sobre o curtimento sustentável, recomendamos navegar o site da Embrapa, e aqui vai uma das tantas fontes:

https://www.embrapa.br/busca-de-noticias/-/noticia/2195822/dia-de-campo-na-tv---tecnologias-para-a-producao-sustentavel-do-couro

O impacto do couro na indústria de cosméticos é crescente. Da crista do galo ao casco do boi, os ingredientes essenciais para a indústria da beleza são retirados de bois, frangos, peixes, ovelhas e suínos e ajudam a evitar o uso excessivo de produtos químicos, gerando menos rejeitos no processo de fabricação. Produtos cosméticos como creme, xampu ou hidratante usam algumas substâncias retiradas no processo de abate de animais para o consumo humano e são essenciais para que os produtos de beleza produzam o efeito desejado. É o caso das substâncias como o colágeno, que confere elasticidade à pele, e o ácido retinóico, um composto do retinol (vitamina A) usado para estimular a regeneração da epiderme.

Uma grande questão colocada como desafio para a indústria do couro é o impacto ambiental. A maior parte do dano proveniente da confecção deste material está no descarte inadequado do uso de produtos químicos durante o curtimento. Se o descarte dos resíduos químicos é feito sem certificação, essas substâncias vão parar na água e no solo, prejudicando plantas e animais.

Por isso, a segurança dos processos e produtos de um curtume é uma preocupação constante e torna a operação sustentável através da excelência das práticas – nos mínimos detalhes. Algumas assumem políticas próprias de substâncias restritas, o que permite um controle de todos os insumos químicos utilizados nos curtumes, promovendo o uso adequado em linha com as melhores práticas de mercado.

A indústria do couro vem promovendo um diálogo forte com as principais indústrias químicas mundiais, e desse Design Thinking em fóruns internacionais de debate, os investimentos em pesquisa e mais testes laboratoriais permitem a avaliação constante do que entra e sai das plantas industriais, garantindo a conformidade com as principais regulamentações internacionais e melhores práticas ambientais.

De outro lado, a indústria busca aprimorar os processos e depender menos de substâncias químicas como por exemplo o Cromo. Pesquisas da Embrapa (Empresa Brasileira de Pesquisa Agropecuária) buscam obter couros de qualidades semelhantes a partir da utilização de taninos naturais, que não são tóxicos, dando mais sustentabilidade à produção.

Saiba mais no QR Code:

https://www.embrapa.br/busca-de-noticias/-/noticia/34154529/pesquisa-indica-rumos-para-sustentabilidade-do-couro

Sobre a criação de gado e as emissões globais de gases de efeito estufa, uma das grandes críticas ao setor, vale ressaltar o que já foi dito nesse livro, nos planos ABC e nas práticas virtuosas de ILPF, para mudar a perspectiva sobre tais impactos negativos. Existem também outras táticas de mitigação utilizadas, como tecnologias de intervenção dietética, manipulando o ambiente ruminal, aumentando a eficiência na produção animal e reduzindo a emissão do gás metano. Uma empresa que atua forte no Brasil com práticas virtuosas no setor é a Phibro. Eles nos dizem que o aumento na eficiência da conversão alimentar, e a utilização de nutrientes na dieta é um dos objetivos para uma pecuária sustentável. A maior parte dos nutrientes ingeridos pelos ruminantes são fermentados no rúmen por microrganismos, principalmente a energia na forma de carboidrato e proteínas na forma de nitrogênio. A fermentação dos carboidratos resulta na produção de ácidos graxos voláteis (AGV) acompanhados pela liberação de gases como dióxido de carbono (CO_2) e metano (CH_4), que são eliminados para o ambiente por meio da eructação.

E quem atua com forte liderança para promover e sensibilizar todos os stakeholders do setor para adoção de práticas virtuosas é a Abiec. A Associação Brasileira das Indústrias Exportadoras de Carnes Industrializadas reúne 32 empresas responsáveis por 92% da carne exportada para mais de 150 países e tem sólida atuação na defesa dos interesses do setor exportador de carne bovina.

Segundo o líder da associação, Antônio Camardelli, a pecuária brasileira vem passando por profundas transformações, investindo de forma constante na melhoria de processos, na adoção de novas tecnologias e no fomento de uma produção que alie cada vez mais segurança, bem-estar animal, sanidade, maior eficiência no uso de recursos e a preservação ambiental. Segundo ele, todos esses elementos reunidos resultam em uma carne de altíssima qualidade, e o dever é seguir produzindo com responsabilidade, respeitando os recursos naturais e garantindo ao mundo um produto de excelência. Para isso, a inovação é parte do cardápio principal.

Um outro stakeholder importante para o mercado do couro é a indústria do luxo, e sua atenção à sustentabilidade é altíssima. É o caso da LVMH, maior empresa da Europa em valor de mercado (2022), que chegou recentemente ao top 10 do mundo. Na Louis Vuitton, eles entendem a sustentabilidade como uma jornada de longo prazo. Em uma abordagem que une ética com excelência, eles falam de humildade para prestar atenção em tudo o que já conseguiram realizar, mas também naquilo que ainda não foi feito. Com atitude sistêmica é possível melhorar constantemente e ir mais longe. Uma jornada, diz publicamente a marca, na qual estão desde 1854.

Quando olhamos para esse ecossistema do couro, percebemos que todos os stakeholders nele envolvidos têm uma preocupação em comum: ser sustentável. Essa cadeia de valor da proteína e do couro é importantíssima para o Brasil, e sua bandeira é certamente AgroConsciente.

> Saiba mais sobre as ações de sustentabilidade da empresa no site:
>
> https://br.louisvuitton.com/por-br/magazine/artigulos/sustainability

O lixo que vira luxo

Dentro do Plano ABC, agricultura de baixo carbono, o tema do biogás está presente e objetivos e indicadores são fomentados pelo Ministério da Agricultura. Utilizamos ainda muito pouco do potencial do biogás do país. E dentro das propriedades rurais, além da lucratividade possível graças à autogeração de energia elétrica acoplando biodigestores a geradores, vamos colher benefícios quando tratarmos de certificações ambientais, objetivando acesso aos mercados mais exigentes internacionais.

O agro que cresce passa pelo biogás, que reúne três peças sagradas: logística reversa, transformação dos resíduos sólidos de problema a solução, e a autonomia da energia elétrica (e que tem também como subproduto a biofertilização).

O modelo do biogás alavanca um ativo poderoso para o presente-futuro das fazendas, permite a elas serem certificadas como agroambientais, abrindo-lhes acesso ao mercado mundial. Os resíduos sólidos, estercos, entre outros restos ou "lixos em potencial" se tornam em grande síntese novo valor. O lixo vira "luxo".

Com a inteligência do biogás, podemos atuar também na segurança da saúde da propriedade rural, evitando a potencial disseminação de enfermidades dos pequenos animais mortos (durante o processo de produção) e demais resíduos potenciais formadores de ambientes que permitam a proliferação de infecções. A líder produtora rural Maria Antonieta Guazzelli, atualmente dirigente do NFA – Núcleo Feminino do Agronegócio (2022), afirma que a energia elétrica é o 3º custo na pecuária do leite e quase ninguém ainda usa o biogás.

A transformação de problemas como resíduos sólidos, estercos e o lixo das propriedades em nova solução gera impacto econômico positivo que se traduz em energia elétrica segura e barata, além de biofertilizantes de alta performance, e procedimentos que colocam esses produtores na categoria ESG, meio ambiente, responsabilidade social e governança.

Um bom exemplo é a MWM Geradores que produz no Brasil equipamentos geradores de todos os portes e também movidos a diesel, biodiesel e biogás, que está engajado no programa de levar autonomia de eletricidade para o campo.

Outro ingrediente importantíssimo para o êxito dos biodigestores está numa tecnologia disruptiva de bactérias que asseguram a melhoria da performance dos biodigestores em cerca de 30%, quando não, asseguram a sua eficiência, aumentando os fatores controláveis das bactérias que produzem gás dentro do biodigestor. Esse é o verdadeiro conceito de melhoria contínua, fazer sempre mais e com qualidade, por exemplo na pesquisa científica aplicada. Se trata da BioVirtus, uma solução biológica com tecnologia disruptiva Microbe-lift, um conjunto de bactérias benéficas isoladas controladas e testadas que podem contribuir para todo processo produtivo da biodigestão nos reatores e garantir maior produção de gás.

Um tipo de iniciativa na linha do Design Thinking que tratamos no livro, fruto de vantagem colaborativa, por exemplo, as bactérias são desenvolvidas pela Ecológical Lab dos Estados Unidos e distribuídas no Brasil pela Biovirtus. E esse sucesso se completa com uma perfeita elaboração da engenharia de construção de biodigestores em nível avançado de planejamento e execução como realiza a Auma, de Patos de Minas, uma holding empresarial que promove e cuida de uma diversidade de negócios, organizados dentro de um ecossistema de economia circular em 5 segmentos de atuação: Atividades agrícolas, Indústria & Comércio, Ciência & Tecnologia, Soluções energéticas, Tecnologia 4.0. O agronegócio virtuoso é feito de pessoas para pessoas, ou como a Auma prefere dizer, "pessoas que transformam recursos da terra."

Energia no campo com autonomia, logística reversa administrada com resíduos sólidos gerenciados, fazendas ESG – ambientais, sociais e com governança e tudo isso significando ainda lucro e saúde para todos. Biogás, por que usar no país apenas 2% desse potencial? Temos engenharia, insumos e geradores. Existe um ecossistema pronto. Acelerar é preciso.

5.5 A lei do mínimo da inovação nas organizações, um resumo

Os casos citados neste livro são exemplos de que é possível transformar commodity em plataforma comunicacional. Que venham mais casos de estudos Agroconscientes para os Chief Agribusiness Officers desta década promoverem a revolução tropical. Precisamos de uma agenda positiva e pedagógica, um local virtual de comunicação de tudo aquilo que a virtude brasileira sabe fazer e faz. Para isso, estamos lançando também junto a este livro um espaço virtual de diálogo para continuar tratando dos temas do "AgroConsciente". Pois essa revolução criativa do agro tropical precisa ser contada, muitos já fazem isso, e nós queremos fazer parte dessa comunidade da agenda positiva. para que tenhamos mais exemplos de ética, estética, excelência, experiência, geração de valor econômico, social e ambiental no agronegócio.

Saiba mais no QR Code

https://tejon.com.br/blog

Precisamos mostrar a força da experiência das lideranças brasileiras do agronegócio sustentável em suas ações estratégicas inovadoras, onde o a inovação guiada pelo Design Thinking para gerar novos significados se torne fértil para as ações criativas e de identificação de possíveis futuros (e que hoje são histórias narradas de sucesso), além de vetor de desenvolvimento de soluções inovadoras para o setor. Se olharmos novamente o mapa do agronegócio, podemos ver uma infinidade de narrativas que precisam ser contadas, em todos os segmentos, e dentro destes, milhares de nichos. Por trás deles, famílias, pessoas, investimentos, sonhos, resultados. Isso tudo sem esquecer do mundo urbano, do consumo consciente, de como tudo está ligado com o todo.

Os estudos aqui citados falaram de empresas inovadoras, sustentáveis, excelentes. Que fazem da melhoria contínua uma missão.

Em alguns casos, como no design da prosperidade, através do infográfico é possível ter uma visão sistêmica do negócio com uma narrativa que é visual, mais do que textual, e que sintetiza em mapas os conceitos, visões e oportunidades. É um trabalho de knowledge mapping e knowledge mining (Mapeamento do conhecimento e Mineração do conhecimento), sobre o qual falamos quando tratamos do Design Thinking. Com a finalidade de sintetizar os pontos nodais destes estudos, buscando uma "lei do mínimo" da inovação que apresentamos no livro, vale ressaltar alguns pontos sobre tais casos.

LEI DO MÍNIMO DA INOVAÇÃO

conflitos criativos
mudança, colaboração

cultura da
inovação

conexão

stakeholders
clientes
pessoas

liderança
empatia
propósito

design thinking
excelência

O intuito disso é – a partir das particularidades – buscar uma totalidade que nos possa guiar para o futuro em rumo ao trilhão de PIB do AgroConsciente.

> **Considerações gerais sobre os desafios da inovação nas empresas AgroConscientes:**
>
> Clareza de que a inovação tem que ser patrocinada pela alta liderança. E ela começa pelos donos, sócios e executivos. Com visão de longo prazo.
>
> Entendem e compreendem a ideia de que a inovação é tema central de qualquer organização, e de que é cultural.
>
> Não abusam do comando, controle e centralização, fomentando ambientes dinâmicos e menos burocráticos, por isso o processo de decisão precisa ser redistribuído com atitude sistêmica, e o modelo da organização precisa assumir uma nova topologia de rede distribuída.
>
> Estão abertas a novas ideias para que a inovação possa acontecer de forma fluída dentro das empresas. Fazem Design Thinking, seja na escuta ativa, e seja na prototipação ágil.

Entendem a inovação como parte do jeito de trabalhar da empresa, e promovem a atitude criativa independentemente do cargo na organização. Ela está distribuída e conectada. A área de inovação da empresa são as pessoas.

O tipo de mentalidade que é promovido nas empresas é o de criação de valor econômico, social e ambiental (para isso existem mapas, mas antes é uma questão de princípios).

A alta liderança tem clareza de que a inovação é cultural e sistêmica, e sabe que esse processo inicia pela governança. As empresas podem até ter uma cultura de inovação emergindo da base, mas sem apoio, recursos, patrocínio e investimento, dificilmente a futura geração de valor (fruto da inovação) vai sair do papel, e é isso que diferencia boas intenções de inovação real que gera valor para o mercado.

Investem em treinamento e desenvolvimento dos times para desenvolver pessoas com atitude transdisciplinar.

Não temem o conflito criativo nem a destruição criativa. Pois a inovação leva sempre a dilemas e conflitos. Promovem, portanto o "poder do incômodo" para treinar "guerreiros que não nascem prontos", fazendo duas citações ao coautor Tejon.

Tem clareza de que o agronegócio está evoluindo para o novo conceito de AgroConsciente, e passam a olhar as cadeias de negócio como um Food System interconectado com outros sistemas de valor como o Health System.

Investem na contratação de novos perfis profissionais (e dialogam com especialistas) das áreas de TI, pois nesta década o agronegócio se torna sempre mais gestão de dados.

Toleram o erro criativo e o fracasso como parte do processo de geração de valor e aprendizado, aprendem com os erros e fazem deles nova inteligência. As pessoas estão bem conectadas, e a partir das práticas conseguem fazer melhoria contínua, tornando os processos da organização eficientes com eficácia. Tais organizações não toleram a negligência, e não pactuam com a mediocridade, vitimização, mau humor e negativismo. São ambientes de real ócio criativo.

Conclusão

Agribusiness é um sistema que só funciona integrado e governado, assunto para "resolver ontem". AgroConsciente é o desafio real desta década para a nossa revolução tropical, e só existe se pudermos integrar as cadeias do agribusiness com outros setores até então não mapeados como os da Saúde (Heath System), para citar o mais relevante, assim como interligar todo o BtoB com o BtoC, tornando mais urbano e "cult" o agro brasileiro, o transformando em um novo Food System (há muito a aprender com o Fashion System), e assumindo que AgroConsciente é uma plataforma comunicacional, um conglomerado de organizações que interagem em rede. Fazem bem isso os italianos e os franceses, e podemos fazer muito bem também com as nossas poderosas narrativas tropicais. Para isso, no apêndice do livro apresentaremos um exemplo de abordagem, fazendo uma reflexão sobre a brasilidade no mundo.

AgroConsciente nesta nova década é o design da prosperidade, como nos incita a virtuosa liderança de Marcio Lopes da OCB, um modelo de geração de valor mais consono com o espírito desta década de capitalismo consciente e sharing economy, e onde o cliente final faz e promove o consumo consciente.

Por isso, AgroConsciente é uma revolução criativa tropical

Os cerca de cinco milhões de produtores brasileiros são um dos ativos desta mudança, são os protagonistas desta transformação. Sem ufanismos, os produtores são o cerne, a parte vital deste valor social e agora com papéis notáveis para a preservação do sistema de vida neste planeta como um todo.

É uma grande responsabilidade, e a boa notícia é que estamos falando em sua grande parte de pessoas que já demonstraram e demonstram competência, paixão, lucidez, para ser a mudança necessária e desejada nesta década. Os mais avançados podem e devem apoiar os menos esclarecidos. E todos, no geral, precisam de apoio. O setor produtivo precisa estar no centro das estratégias de desenvolvimento de futuro deste país, e a partir de seus biomas, das novas moedas como água e carbono, da oportunidade de gerar nova economia com impacto social positivo, e preservando a natureza, seremos liderança AgroConsciente no mundo.

Produtoras e produtores devem ser promovidos para toda população e sociedade urbana. E atenção, isso prospera, porque é empático, porque é de pessoas para pessoas. Os nossos maiores ativos são as pessoas que todos os dias, milhares delas, vivem a jornada do enfrentamento e assumem elevados riscos da atividade a céu aberto e plena de incertezas que fogem ao controle.

Por isso é sagrado um planejamento estratégico de nação que aumente a governança dos fatores controláveis através da tecnologia e disciplina de gestão, mitigando os incontroláveis. Isso representa segurança aos que plantam e criam, e a todos nós que consumimos.

Neste livro, afirmamos que isso é possível com intenção, são escolhas. Dessa forma, seja nos governos, na iniciativa privada, nas cooperativas e associações, esta é a hora e a vez dos Chief Agribusiness Officers promoverem a mudança desejada.

Como vimos, os principais desafios que as organizações e profissionais enfrentam hoje no agronegócio não são apenas complicados, mas de natureza complexa: globais, dinâmicos, mutáveis e fortemente incertos. Mudança contínua requer novas práticas que evoluem à medida que são desenvolvidas. Fazer isso é preciso porque precisamos construir nosso próprio futuro, crescer em PIB e reduzir a desigualdade social. A sustentabilidade das organizações todas envolvidas no antes, dentro e fora da porteira e de seus profissionais do Food System será altamente dependente de suas capacidades de mitigar riscos, repensar modelos, integrar, moldar este nosso futuro junto da sociedade civil e tantas outras culturas diferentes desta aldeia global. Não apenas identificando, compreendendo e resolvendo os problemas desta década, mas também antecipando, inovando e provocando a mudança em torno deles. Encantando! Precisamos de aprendizado profissional contínuo para que as organizações possam se adaptar às complexidades contemporâneas das redes distribuídas.

Aprendizagem contínua em contextos mutáveis é uma necessidade que se faz virtude, é possível e este é o propósito que nos propusemos a defender neste livro. O desenvolvimento profissional pede o cultivo do aprendizado contínuo para promover a inovação. Organizações precisam "aprender como ir junto". Trabalhando e aprendendo simultaneamente através do desenvolvimento de projetos reais com métodos do Design Thinking. Pesquisar e aprimorar enquanto se trabalha é a chave para o sucesso. Com afetividade. Este é o ócio criativo.

Design Thinking possibilita a conexão da empresa com seus stakeholders, e incorpora a diversidade. Este livro é um estímulo para a abordagem dialógica e oferece uma visão multidimensional a suporte de pessoas com atitude sistêmica em locais-chave do agronegócio brasileiro. O ecossistema brasileiro pede por um ambiente internacional de aprendizado e inovação. Sem um ecossistema de inovação aberto para tais conexões, não conseguiremos responder aos desafios do futuro.

Neste desafio, para os mais curiosos e interessados em assumir o papel de Chief Agribusiness Officer nas próprias organizações, e para aqueles que buscam orquestrar cadeias de valor, inserimos um apêndice especial sobre a **análise sistêmica de marketing em agronegócio.**

E para todos, o convite a continuar a seguir essa abordagem no site Agroconsciente, uma agenda positiva sobre a criatividade tropical do agro. As organizações que adotam a experimentação convivem bem com a incerteza e a ambiguidade, com as apostas que falamos neste livro. Elas não fingem que sabem todas as respostas óbvias nem que são capazes de racionalizar sobre como chegaram exatamente à boa ideia. Sua experiência é de aprendizado contínuo, sua postura é de geração de valor.

A liderança sistêmica é afetiva e pedagógica ao mesmo tempo pois permite a presença fundamental de franqueza (que é coragem) e oferece segurança psicológica (que não é bobagem). Segurança psicológica no ambiente profissional permite que as pessoas se expressem aberta e francamente, sem medo de represália. A colaboração é promovida, mas com responsabilidade individual. Os sistemas de inovação que funcionam bem precisam de diálogo aberto e integração significativa de esforços de diversos grupos de colaboradores. É um Design Thinking. É o pensamento inovador. Não é anarquia. Isso pede disciplina e método.

Todas as mudanças culturais são difíceis. Cabe aos líderes do agronegócio sustentável enfrentar, abrir novas rotas para o futuro, como já fizeram e fazem, cabe orquestrar. O antigo e famoso general e estadista cartaginês Anibal[1] teria dito aos seus liderados enquanto se dirigiam à antiga Roma Caput Mundi: "ou encontraremos uma estrada ou iremos construir uma". E assim de fato eles fizeram, eles "deram a volta" partindo do norte da África, passando pela Espanha e Pireneus, escalando os Alpes, com elefantes e tudo, em direção à Itália.

---

1 Aníbal realizou um grande feito militar durante a Segunda Guerra Púnica: partiu da Espanha em direção aos Alpes e Pireneus, tendo como objetivo conquistar o norte da Itália, e derrotou, ali, os romanos em grandes batalhas campais, como a de Canas, a do rio Trébia e a do lago Trasimeno.

O desafio da meta do trilhão de dólares foi lançado, **alea jacta est**,[2] ou seja, "a sorte foi lançada". A sorte que favorece os audaciosos com mentes conectadas.

---

2   Na linguagem popular, é uma expressão utilizada quando os fatores determinantes de um resultado já foram realizados, restando apenas revelá-los ou descobri-los.
Foi a frase em latim supostamente proferida por Júlio César ao tomar a decisão de cruzar com suas legiões o rio Rubicão, que delimitava a divisa entre a Gália Cisalpina (Gália ao sul dos Alpes, que atualmente corresponde ao território do norte da península Itálica) e o território da Itália.

APÊNDICE 1

E o NOSSO Brasil?

É possível tornar a cultura e ciência os fatores diferenciais do agronegócio brasileiro, o transformando em um projeto AgroConsciente tropical. Indo além da segurança alimentar, tornar o alimento e a natureza elementos totêmicos em torno dos quais as comunidades pós-modernas do mundo inteiro continuarão se reunindo. Basta ir visitar o Instituto Inhotim em Brumadinho, Minas Gerais, para testemunhar um extraordinário Museu de Arte Contemporânea e Jardim Botânico, um dos maiores museus a céu aberto do mundo. Entre os ricos biomas da Mata Atlântica e do Cerrado – e as paisagens exuberantes –, a visitação proporciona aos visitantes do mundo inteiro uma experiência única, que mescla arte brasileira e internacional com natureza. São histórias a serem lembradas e contadas. As linguagens para fazer isso são inúmeras. Linguagens poética, musical, folclórica como nas obras de cordel e xilogravura do mestre brasileiro José Francisco Borges[1] que tão bem fala do sertão e seu bioma, de suas histórias, de suas danças. É a força do forró que cada vez mais conquista o mundo.

---

1 J. Borges é um artista, cordelista e poeta brasileiro. É um dos mais famosos xilógrafos de Pernambuco.

http://www.cordelendo.com/2020/07/bloguexposicao-xilogravura-de-j-borges.html

A xilogravura é antiga, como antigas são as belezas deste mundo. Uma técnica de impressão na madeira entalhada. A gravura que disso vem a se tornar arte. Como os cactos, as flores, as frutas e toda a narrativa que devemos contar mais para o mundo e para nós mesmos.

O Brasil é o único país do mundo que tem nome de árvore – nascemos do pau-brasil. Dessa madeira, desse território, a matriz de uma história de futuro a ser contada com encanto. Ao falar com o mundo, precisamos de empatia na comunicação, de uma plataforma sofisticada e encantadora. Porque as pessoas são movidas por paixões.

Alguns temas são sagrados: sustentabilidade, meio ambiente, árvores, bem-estar animal, cooperação para diminuir a desigualdade. Isso tudo transformado em experiência com nossos biomas, marcas, em turismo, em exportação de cultura, que potencial poderoso para chegar no trilhão de dólares. Se Hollywood fez isso com *Avatar*, nós podemos fazer isso com a Amazônia.

Sobre o nosso Brasil? Uma matriz onde construir expectativas fascinantes. O mundo visualiza aqui território, área, expansão. Sentem no Brasil receptividade para a diversidade humana, pois aqui vieram etnias do mundo inteiro, e aqui miscigenaram. O sincretismo brasileiro por dimensão e quantidade é único no mundo. Brasil AgroConsciente é uma natureza de cinturão tropical e de imensas oportunidades para criar e construir vidas. Quando mostramos o cooperativismo no Brasil, encanta. Quando falamos da Embrapa, da pesquisa do Cenargen, uma arca de Noé, encanta. O mundo e tampouco a sociedade brasileira sabe que temos a quarta melhor universidade de Ciências Agrárias do planeta, a

ESALQ/USP, e isso encanta. São Paulo, capital tropical do mundo, como a maior base econômica dentre todas as cidades de países em desenvolvimento, da mesma forma encanta. E a Amazônia? Junto da marca Pelé, simplesmente é o "brand" mais poderoso do mundo. Instiga, provoca, e atrai as forças da imaginação (e medos) de uma população toda que deseja vida, assim como de uma juventude que mudará o mundo pelos próximos cinquenta anos.

Temos leis sérias e severas que protegem todas as nossas árvores e biomas. Recebemos todas as etnias do mundo neste país e juntos criamos um agronegócio que está virando algo novo, AgroConsciente. Em uma era de sustentabilidade temos no Brasil um símbolo planetário e civilizatório vivo: nós amamos as nossas árvores, se não amássemos, seríamos injustos, pois Brasil é o único no mundo que tem nome de árvore, e dos tantos países da ONU, é um dos poucos com grande parte de seu meio ambiente ainda intacto. Um novo Brazilian Food System poderá significar para cada um dos oito bilhões de humanos uma semente de felicidade *made in brazil*, uma muda de uma grande árvore: a das suas vidas e de todos que amam. Mas precisa comunicar. E fazer isso através das experiências que as narrativas promovem, seja pelas mídias, pelo metaverso, pelo turismo, pela educação em eventos nacionais e internacionais.

"A mulher de César deve estar acima de qualquer suspeita. À mulher de César não basta ser honesta, deve parecer honesta" é a famosa frase atribuída ao imperador romano Júlio César.

Cada detalhe importa na percepção do outro sobre quem você diz ser. Não se trata de criar um personagem, mas de saber transmitir as suas qualidades. O jeito como você se porta, o modo como você fala, como você se relaciona com os outros, a sua aparência, a sua vestimenta também é muito importante, porque podem ter códigos visuais que corroboram ou não quem você é. Para o setor AgroConsciente, a maneira como vai investir em transparência será um fator que poderá corroborar ou não a nossa intenção de ser sustentável.

O Brasil é um local espetacular, cheio de oportunidades, muito mais do que entraves (que existem). E precisa dialogar. Brasil é país criança, ainda menino e menina, muito jovem, mas simplesmente apaixonante, encantador de, à primeira vista, logo cair em amor.

O Brasil é um encanto de seis biomas naturais em boa parte preservados, onde é real e sempre mais possível o uso consciente dos recursos hídricos, do zeramento do carbono, integrando pecuária com lavoura e floresta, fazendo plantio direto etc. Fazendo isso no mundo real e no maravilhoso mundo novo do virtual. Precisa comunicar.

Fazer negócios com encantamento, com poesia

"O Poeta é aquele que olha. E o que ele vê? – O Paraíso. Pois o Paraíso está em toda parte; não creiamos nas aparências. As aparências são imperfeitas: balbuciam as verdades que contêm; o Poeta, por meias palavras, deve compreender –, depois redizer essas verdades. O Sábio não faz o mesmo? Ele investiga também o arquétipo das coisas e as leis de sua sucessão; recompõe um mundo por fim, idealmente simples, onde tudo se ordena normalmente. Mas essas formas primeiras, o Sábio as investiga por uma indução lenta e temerosa…". – André Gide, poeta.

O Brasil é um paraíso – perdido e reencontrado – local de encontros e grandes misturas. Neste Brasil, como escreve André Gide no *Tratado de Narciso*, estamos à margem do rio do tempo, e contemplamos um ponto; é o presente. No futuro, mais distante, as coisas, ainda virtuais, se aprestam para ser. E o poeta continua:

"Narciso as vê, e elas passam; escoam-se no passado. Narciso logo descobre que é sempre a mesma coisa. Interroga-se; depois medita. Por que várias? Ou, antes, por que as mesmas? Por serem imperfeitas é que recomeçam sempre…e todas, pensa ele, esforçam-se e lançam-se em direção a uma forma primitiva perdida, paradisíaca e cristalina. Narciso sonha com o paraíso. (…) Contudo, espectador forçado, para sempre, de um mesmo espetáculo onde ele não tem outro papel a não ser o de sempre olhar… À força de contemplá-las, ele não mais se distingue dessas coisas: não saber onde parar – não saber até onde ir! Pois é uma escravidão, afinal, se não se ousa arriscar um gesto sem que se quebre toda a harmonia. – E depois, tanto faz! esta harmonia aborrece, e o seu acorde sempre perfeito. Um gesto! um pequeno gesto, para saber –, uma dissonância... Arre! vá lá! um pouco de imprevisto." [2]

Não faltam histórias sobre heróis, desafios, apostas, medos e desejos, muita força de vontade e uma meta possível a ser conquistada, o trilhão de dólares com inclusão social e preservação da natureza, essa meta é a felicidade existencial para todos, um alegre forró. Porque é melhor ser alegre do que ser triste, canta Vinicius de Moraes em seu "samba da benção".

Mas precisa contar essa história.

---

2   GIDE, André. **O Tratado de Narciso** (1891).

APÊNDICE 2

Um modelo de marketing sistêmico

Acesse, a partir do QRCode, o capítulo que trata da análise sistêmica do marketing no agronegócio. Trata-se de um aprofundamento aos temas abordados nesta obra. Boa leitura!

Bibliografia

CHARAN, Ram; DROTTER, Stephen; NOEL, James. **Pipeline de liderança**: o desenvolvimento de líderes como diferencial competitivo. 1. ed. Rio de Janeiro: Sextante, 2018.

COBRA, Marcos; TEJON, José Luiz. **Gestão de vendas**: os 21 segredos do sucesso. São Paulo: Saraiva, 2007.

COLLIN, Catherine; GRAND, Voula; Lazyan, Merrin; Ginsburg, Joannah; Benson, Nigel; Weeks, Marcus. **O livro da psicologia**: as grandes ideias de todos os tempos. Globo Livros, 2016

DAWKINS, Richard. **The Selfish Gene**. Nova Iorque: Oxford University Press, 2016.

DE MASI, Domenico. **A emoção e a regra**: os grupos criativos na Europa de 1850 a 1950. Rio de Janeiro: José Olympio, 1997.

DE MASI, Domenico. **Criatividade e grupos criativos**: descoberta e invenção. v. 1. Rio de Janeiro: Sextante, 2005.

DE MASI, Domenico. **O ócio criativo**. Rio de Janeiro: Sextante, 2000.

GOLDBERG, Ray A. **Food Citizenship**: Food System Advocates in an Era of Distrust. Oxford: Oxford University Press, 2018.

GOLEMAN, Daniel. **Inteligência emocional**: a teoria revolucionária que redefine o que é ser inteligente. Tradução: Marcos Santarrita. São Paulo: Objetiva, 1997.

GOMPERTZ, Will. **Pense como um artista** ... e tenha uma vida mais criativa e produtiva. Rio de Janeiro: Zahar, 2015.

GRACIOSO, Francisco (Org.). **As novas arenas da comunicação com o mercado**. São Paulo: Editora Atlas, 2008.

GRACIOSO, Francisco. **Marketing estratégico**: planejamento estratégico orientado para o mercado. 6. ed. São Paulo: Editora Atlas, 2007.

HARARI, Yuval Noah. **Sapiens**: uma breve história da humanidade. Tradução: Jorio Dauster. São Paulo: Companhia das Letras, 2020 (nova edição).

JOHNSON, Steven. **De onde vêm as boas ideias**: uma história natural da inovação. Tradução: Maria Luiza X. A. de Borges. Rio de Janeiro: Jorge Zahar Editora, 2011.

JOYCE, Alexandre; PAQUIN, Raymond L. **The Triple Layered Business Model Canvas**: A Tool to Design More Sustainable Business Models. *Journal of Cleaner Production*. Amesterdã: Elsevier, 2015.

KOTLER, Philip; KARTAJAYA, Hermawan; SETIAWAN, Iwan. **Marketing 5.0**: tecnologia para a humanidade. Tradução: André Fontenelle. Rio de Janeiro: Sextante, 2021.

MACHADO, Leda Maria Vieira; BORRONI-BIANCASTELLI, Luca. **Além da segurança psicológica**. Um modelo organizacional para as Novas Organizações que Aprendem (e Inovam). Rio de janeiro, Alta Books, 2023.

MACKEY, John. SISODIA, Raj. **Capitalismo consciente**: como libertar o espírito heroico dos negócios. 1. ed. Rio de Janeiro: Alta Books, 2018.

MACQUIVEY, James. **Digital Disruption**: Unleashing the Next Wave of Innovation. Seattle: Amazon Publishing, 2013.

MCDONOUGH, William; BRAUNGART, Michael. **Cradle to Cradle**: Remaking the Way We Make Things. Nova Iorque: Editora North Point Press, 2002.

MEGIDO, Victor *et al.* **A revolução do Design**: conexões para o século XXI. São Paulo: Editora Gente, 2016.

MUKHERJEE, Siddhartha. **O gene**. 1. ed. São Paulo: Companhia das Letras, 2016.

OSTERWALDER, Alexander; PIGNEUR, Yves. **Business Model Generation**: inovação em modelos de negócios. Tradução: Raphael Bonelli. Rio de Janeiro: Editora Alta Books, 2011.

PANZARANI, Roberto; TEJON, José Luiz; MEGIDO, Victor. **Luxo for ALL**: como atender aos sonhos e desejos da nova sociedade global. 1. ed. São Paulo: Editora Gente, 2010.

PETERS, Tom. **Reimagine!** 2. ed. São Paulo: Saraiva, 2013.

PORTER, Michael E. **Vantagem competitiva**: criando e sustentando um desempenho superior. Rio de Janeiro: Editora Campus, 1989.

RICHERS, Raimar. **Marketing**: uma visão brasileira. Editora Negócio, 2000.

RODRIGUES, Roberto. **Segue a tropa**. São Paulo: Editora FGV, 2022.

SENGE, Peter M. **A quinta disciplina**: arte e prática da organização que aprende. São Paulo: BestSeller – Grupo Editorial Record, 2013.

SINEK, Simon. **Comece pelo porquê**: como grandes líderes inspiram pessoas e equipes a agir. Rio de Janeiro: Sextante, 2018.

SINEK, Simon; MEAD, David; DOCKER, Peter. **Encontre seu porquê**: um guia prático para descobrir o seu propósito e o de sua equipe. Rio de Janeiro: Sextante, 2018.

SKARZYNSKI, Peter; GIBSON, Rowan. **Innovation to the Core**: A Blueprint for Transforming the Way Your Company Innovates. Cambridge: Harvard Business Review Press, 2009.

TALEB, Nassim Nicholas. **Antifrágil**: coisas que se beneficiam com o caos. Rio de Janeiro: Best Business – Grupo Editorial Record, 2014.

VERGANTI, Roberto. **Design-driven Innovation**: mudando as regras da competição: a inovação radical do significado de produtos. Editora Pritchett do Brasil, 2012.

XAVIER, Coriolano; LUIZ, Tejon José. **Marketing e agronegócio**: a nova gestão – Diálogo com a sociedade. São Paulo: Editora Pearson, 2009.

Compartilhando propósitos e conectando pessoas
Visite nosso site e fique por dentro dos nossos lançamentos:
www.gruponovoseculo.com.br

- facebook/novoseculoeditora
- @novoseculoeditora
- @NovoSeculo
- novo século editora

gruponovoseculo.com.br

Edição: 1ª
Fonte: Adobe Devanagari